Hygienisches Taschenbuch.

Hygienisches Taschenbuch

für Medizinal- und Verwaltungsbeamte,
Ärzte, Techniker und Schulmänner.

Von

Dr. Erwin von Esmarch,
Geheimer Medizinalrat,
o. ö. Professor der Hygiene an der Universität Göttingen.

Vierte, vermehrte und verbesserte Auflage.

Springer-Verlag Berlin Heidelberg GmbH
1908.

Alle Rechte, insbesondere das
der Übersetzung in fremde Sprachen vorbehalten.

ISBN 978-3-662-35743-9   ISBN 978-3-662-36573-1 (eBook)
DOI 10.1007/978-3-662-36573-1
Softcover reprint of the hardcover 5th edition 1908

Vorwort zur ersten Auflage.

Die Zahl der in neuerer und neuester Zeit erschienenen Lehr- und Handbücher oder Leitfaden der Hygiene kleinen und großen Umfanges ist keine geringe, und es dürfte manchem überflüssig erscheinen, dieselbe noch um ein weiteres Werk ähnlichen Inhaltes zu vermehren. Das ist denn auch tatsächlich, wie übrigens der Titel „Taschenbuch" schon andeutet, vom Verfasser des vorliegenden kleinen Buches nicht beabsichtigt worden.

Die Hygiene ist in erster Linie eine praktische Wissenschaft; erst in die Praxis übersetzt, feiert sie ihre Siege und Triumphe; das kommt auch zweifelsohne in den Lehrbüchern der Hygiene vielfach und fortgesetzt zum Ausdruck, aber wie es dem Verfasser scheinen will, doch häufig nicht in dem Maße, daß der Mann der Praxis, der die von den Hygienikern geforderten Maßregeln in die Tat umsetzen soll, dadurch vollständig befriedigt werden kann. Derselbe wird sich wohl aus diesen Büchern, um ein Beispiel anzuführen, über die Anforderungen zu orientieren vermögen, welche im allgemeinen an einen Desinfektionsapparat zu stellen sind, woher aber und zu welchem Preise er die verschiedenen Apparate beziehen kann, wird er meistens, wenn er nicht speziell über den Gegenstand handelnde Werke zu Rate zieht, kaum erfahren können. Solche Werke stehen ihm aber einmal nicht immer zu Gebote, oder es wird ihm oft die Zeit fehlen, sich dieselben zu verschaffen und durchzuarbeiten. Andererseits treten aber diese letzteren Fragen, wie der Verfasser aus zahlreichen eigenen Erfahrungen entnehmen zu müssen glaubt, vielfach in den

Vordergrund, wenn es sich darum handelt, hygienische Maßnahmen in praxi durchzuführen. Für diese Fälle soll das Taschenbuch aushelfen. Es soll also nicht sowohl dem speziellen Hygieniker vom Fach als Hilfsmittel dienen, sondern vielmehr dem Medizinal- oder Verwaltungsbeamten, sowie auch dem praktischen Arzte, dem bauausführenden Techniker oder Schulmanne, welche alle im allgemeinen mehr oder weniger wohl wissen, was die Hygiene in ihrem Fache fordert, denen aber aus den eben angeführten Gründen vielfach erwünscht sein mag, kurze Fingerzeige zu erhalten, wie sie im speziellen Falle praktisch zu verfahren haben.

Aus diesem Grunde sind denn auch im Text zahlreiche Adressen, namentlich auch, wo es sich um hygienisch empfohlene, aber weniger bekannte Apparate, Stoffe und dergleichen handelt, eingefügt nebst Preisangaben, soweit dieselben von Interesse schienen. Von den einzelnen Zweigen der Hygiene haben nur diejenigen Berücksichtigung gefunden, welche in erster Linie für den Praktiker in Betracht kommen, ebenso sind nur solche Untersuchungsmethoden, diese aber ausführlich, beschrieben, welche, unabhängig von einem besonders eingerichteten Laboratorium, oder von eingehenden chemischen oder bakteriologischen Kenntnissen, meist an Ort und Stelle selbst ausgeführt werden können.

Möge das kleine Buch erfüllen, was der Verfasser von demselben erhofft, ein Ratgeber zu sein bei der Ausführung hygienischer Maßnahmen und ihrer Überwachung.

Königsberg, im Mai 1896.

E. von Esmarch.

Vorwort zur vierten Auflage.

Bei der neuen Auflage des Taschenbuches ist die alte Einteilung desselben im wesentlichen beibehalten worden, da sie sich anscheinend bewährt hat. Es ist auf diese Weise möglich gewesen, den Umfang des Buches in solchen Grenzen zu halten, daß es tatsächlich auch weiterhin auf den Namen Taschenbuch Anspruch machen darf, d. h. bequem in der Tasche mitgeführt werden kann, um bei gelegentlichen Konferenzen, Ausflügen und sonstigen Anlässen stets zur Hand zu sein.

Die Fortschritte, welche die Hygiene in den letzten Jahren gemacht hat, liegen vor allem auf praktischem Gebiet; sie sind nach Möglichkeit berücksichtigt worden und haben wiederum mannigfache Änderungen, namentlich was Bezugsquellen von Apparaten, Instrumenten und dergleichen betrifft, nötig gemacht. Es ist somit, wie Verfasser hofft, gelungen, gerade nach dieser Richtung hin das Buch auf der Höhe zu halten und so, wie das schon bei seinem ersten Erscheinen betont worden ist, dem ausführenden Hygieniker ein brauchbares Hilfsmittel zu sein, wenn es gilt, die mannigfachen Forderungen der Hygiene in die Tat umsusetzen.

Göttingen, im September 1908.

E. von Esmarch.

Inhaltsverzeichnis.

Luft . . . . **Seite 1**
   Zusammensetzung der Luft im Freien . . . **1**
     Sauerstoff 1 — Ozon 1 — Kohlensäure 1 — Kohlensäure-Nachweis 2 — Giftige Gase 3 — Kohlenoxyd-Nachweis 4 — Ammoniaknachweis 4 — Luftstaub 4 — Lufttemperatur 5 — Luftdruck 6 — Luftbewegung 6 — Luftfeuchtigkeit 8 — Wasserdampfabgabe 9 — Regen 9.

Boden **10**
   Übliche Bezeichnung von Trümmergesteinen nach der Korngröße 10 — Porenvolumen 10 — Wasserkapazität des Bodens 10 — Kapillares Aufsteigen des Wassers im Boden 10 — Temperatur des Bodens 10 — Grundwasser im Boden 11 — Mikroorganismen des Bodens 11 — Untersuchung des Bodens auf Reinheit zu Bauzwecken 11.

Wasser **13**
   Hygienische Anforderungen 13 — Beurteilung von Wasser 13 — Untersuchung von Wasser 15 — Waserbedarf 23.

   Wasserversorgung **25**
     Einzelversorgung 25 — Verbesserung des Wassers bei Einzelversorgung 30 — Zentrale Wasserversorgung 34 — Wasserbezugsquellen 35 — Reinigung des Wassers bei zentraler Wasserversorgung 38 — Straßenrohrnetz der Wasserleitung 48 — Rohrgrößen 49 — Material und Verlegung der Röhren 49 — Zapfstellung der Leitung 50 — Wasserabgabe von Wasserwerken an Private 51 — Bezahlung des gelieferten Wassers 53.

Inhaltsverzeichnis.

Bau- und Wohnungshygiene im allgemeinen . . . Seite 54
   Bauplatz 54 — Himmelsrichtung 54.
   Bebauung der Grundstücke 55
      Hausfundament 55 — Materialien für Fundamente 56 — Schutz gegen Feuchtigkeit 56 — Hausmauern 57 — Mörtel 60 — Einzelne besondere Baumaterialien 62.
   Einzelne Teile der Wohnung 66
      Zwischendecken 66 — Holzdecken 66 — Material zur Zwischendeckenfüllung 67. — Fußböden 70 — Zimmerwände 75 — Türen, Fenster, Treppen 79 — Hausdach 80 — Feuchtigkeit der Wohnungen 82 — Hausschwamm 86.

Versorgung der Wohnräume mit Licht 89
   Allgemeines 89 — Natürliche Beleuchtung 90 — Künstliche Beleuchtung 95 — Die einzelnen künstlichen Lichtquellen 98 — Ventilationseinrichtungen in Verbindung mit Beleuchtungskörpern 110 — Wahl der Beleuchtungsart für verschiedene Zwecke 111.

Ventilation 112
   Mittel zur Lufterneuerung 114 — Künstliche Ventilation 114 — Ventilationskanäle 116 — Besondere Ventilationseinrichtungen, Verstärkung der Luftbewegung in Kanälen 122 — Untersuchung von Ventilationseinrichtungen 127 — Abkühlung von Wohnräumen 128.

Heizung 130
   Allgemeine hygienische Anforderungen 130 — Der Wärmebedarf eines Raumes 132. — Wärmeabgabe von Heizkörpern 135 — Anordnung der Heizkörper in den zu erwärmenden Räumen 136 — Schornsteine 137 — Heizkörper für Einzelheizung 139 — Zentralheizung 148 — Feuerluftheizung 148 — Warmwasserheizung 152 — Heißwasserheizung 155 — Dampfheizung 157 — Prüfung der Heizanlagen 164.

Beseitigung der Abfallstoffe 167
   Menge und Zusammensetzung der Abfallstoffe 167

Inhaltsverzeichnis. XI

Seite

Fäkalien 167 — Tierische Exkremente 167 — Brauchwasser 167 — Regenwasser 168 — Hauskehricht 169 — Straßenkehricht 169.

Beseitigung der menschlichen Fäkalien . 169
Grube 169 — Tonnen 170 — Besondere Einrichtungen bei Beseitigung der Fäkalien allein 175 — Beseitigung der Abfallstoffe durch Abfluß 177 — Allgemeines Schema der Anlage 179 — Material der Straßenkanäle 179 — Drainage des Untergrundes durch Straßenabwasserkanäle 180 — Spezielle Einrichtungen der Straßenkanalisation 182 — Reinigung der Kanäle 183 — Hauskanalisationseinrichtungen 184 — Besondere Einrichtungen der Hauskanalisation 194 — Prüfung der Abflußleitungen 194 — Verbleib der Kanalwässer 195 — Einleiten in öffentliche Wasserläufe 195 — Klärung 197 — Filtration des Schmutzwassers 201 — Rieselung 203 — Prüfung von Abwasserreinigungsanlagen 207.

Beseitigung der festen Abfallstoffe . . . 207
Staub 207 — Straßenkehricht 209 — Hauskehricht 210.

Schulhäuser 214
Bauplatz 214 — Hauslage 214 — Baumaterial 214 — Klassen 215 — Aborte 218 — Kleiderablage 218 — Wasserversorgung 218 — Spielplatz 218 — Turnhalle 219 — Schulbrausebäder 219 — Inventar des Schulzimmers 221 — Subsellien 223 — Verschiedene Arten der Subsellien 225 — Schulbücher 228 — Verbesserung bestehender fehlerhafter Schulanlagen 228 — Ungefähre Kosten von Schulbauten 233 — Schulärzte 233.

Krankenhäuser 235
Auswahl des Bauplatzes 235 — Auswahl des Bausystems 235 — Anzahl der Kranken, Größe des Bauterrains, Größe und Lage der Krankenräume 237 — Einzelne Teile der Krankenräume 238 — Sonstige hygienisch wichtige Nebenanlagen des Krankenhauses 240 — Ungefährer Preis von Krankenhausbauten 243.

Inhaltsverzeichnis.

Verhütung der Infektionskrankheiten . . . . . Seite 244
Allgemeines 244 — Gesetzliche Bestimmungen 249 — Spezielles über die wichtigeren Infektionskrankheiten 256 — Cholera 256 — Typhus abdominalis, Unterleibstyphus 263 — Dysenterie, Ruhr 264 — Cholera infantum, Brechdurchfall der Säuglinge 264 — Diphtherie und Krupp 265 — Pertussis, Keuchhusten 268 — Masern 269 — Scharlach 269 — Pocken 270 — Fleck- und Rückfalltyphus 271 — Tuberkulose 272 — Cerebrospinalmeningitis, epidemische Genickstarre 274 — Granulöse Augenentzündung 275 — Pest 275 — Lepra, Aussatz 277 — Lyssa, Tollwut, Hundswut 277.

Desinfektion 279
Allgemeines 279 — Desinfektionsordnung 281 — Desinfektionsmittel 282 — Desinfektion durch Hitze 288 — Ausführung der Desinfektion im einzelnen 288.

Desinfektionsanstalten 298
Formaldehyddesinfektion 298 — Dampfdesinfektions-Apparate 302 — Aufstellung der Apparate 306 — Improvisieren von Desinfektionsapparaten 306 — Prüfung der Desinfektionsapparate 307 — Inventarausrüstung der Anstalt 309 — Ausrüstung der Desinfektoren zur Wohnungsdesinfektion 312 — Bedienungsmannschaft für die Desinfektionsapparate und Anstalt 313 — Arbeitsanweisung für Desinfektoren 314.

Vergleiche einiger wichtiger Maße und Gewichte 316

Sachregister 317

Luft.

Zusammensetzung der Luft im Freien.

Sauerstoff . . . . = O   = 20,7 Volumen %
Stickstoff (+ ca. 1% Argon) . = N   = 78,8   „   „
Wasserstoffsuperoxyd . . . . = H_2O_2 = 0,45 „   „
Kohlensäure . . . . = CO_2 = 0,03 „   „

Ein Erwachsener atmet in 24 Stunden etwa 9 cbm oder 11,6 kg Luft ein.

Die ausgeatmete Luft besteht aus: O = 15,4 %
N = 79,2 „
CO_2 = 4,4 „

Sie ist außerdem für etwa 35° C mit Wasserdampf gesättigt.

Stickstoff ist für den menschlichen Körper indifferent und dient nur zur Verdünnung der übrigen Luftgase.

Sauerstoff ist stets annähernd in obiger Menge in den unteren Schichten der Atmosphäre enthalten. Bei Verminderung auf 11 bis 12% treten Krankheitserscheinungen, bei 7,2% etwa der Tod ein. In höheren Luftschichten kommen solche Verminderungen vor, z. B. in 5000 m Höhe ist nur die Hälfte des O in 1 cbm Luft enthalten, wie in Meereshöhe.

Ozon ist in der freien Atmosphäre, wenn überhaupt, nur in Spuren enthalten und für den Menschen in dieser Verdünnung von keiner Bedeutung. In geschlossenen Räumen mit schlechter, durch die Bewohner verdorbener Luft ist es jedoch neuerdings zur Beseitigung des Geruchs mit Vorteil verwendet worden. Dazu dienen Ozonentwickelungsapparate (Ozonventilatoren). Die Betriebskosten sind gering, falls elektrischer Strom vorhanden ist.

Apparate liefern: Siemens u. Halske, Berlin, und Aktienges. für Ozonverwertung, München.

Größere Ozonmengen wirken reizend auf die Schleimhäute. Ozonhaltiges Wasser hat keimtötende Eigenschaften (siehe bei Wasserreinigung).

Kohlensäure, giftiges Gas, aber in der normal in der Luft enthaltenen Menge unschädlich; erst von 1—2% an, der

Luft beigemischt, wirkt sie krankheitserregend (Atemnot, Schwindel, Ohnmacht); bei 20—30 °/₀ etwa die Grenze für schnell tödliche Wirkung. (Siehe Tabelle pag. 3.)

Unter besonderen Verhältnissen kann es, namentlich in geschlossenen Räumen, zu bedenklicher CO_2-Ansammlung kommen.

Ein Erwachsener scheidet in 24 Stunden ca. 1000 g CO_2 aus, die ausgeatmete Luft enthält ca. 43,4 °/₀₀ CO_2; über CO_2-Produktion bei künstlicher Beleuchtung siehe dort.

Die Bodenluft enthält stets größere CO_2-Mengen, namentlich kultivierter oder verunreinigter Boden, bis 14 °/₀ und darüber, daher ist auch bei Betreten von Gewölben, Grüften, Brunnen, stets Vorsicht nötig. (Lichtprobe.)

Hygienisch zulässige Grenze der CO_2-Anhäufung in geschlossenen Räumen durch menschliche Exhalationen:

0,7 °/₀₀ in Krankenzimmern
1 " in Wohnräumen für längeren Aufenthalt
2—3 " " " " kürzeren "

Kohlensäure-Nachweis. Eine relativ einfache und bei stärkerer CO_2-Ansammlung, wie sie in Schulen, Fabriken und ähnlichen Räumen vorkommt, meist hinreichend genaue Methode ist die von Lunge-Zeckendorf.

Erforderlich: 1. Lungescher Apparat. (Glas von ca. 200 cc Inhalt mit doppeltdurchbohrtem Korken, zwei Glasröhren und einem komprimierbaren Ballon, der 70 cc Luft enthält. 4 Mk. in jeder Apparatehandlung. Der Ballon kann auch durch eine einfache Glasspritze ersetzt werden.)

2. 100 cc ¹/₁₀ Normalsodalösung (5,3 g wasserfreie Soda in 1 l Wasser gelöst, dazu 0,1 g festes Phenolphthalein, rote Lösung), im Dunkeln lange haltbar, aus der Apotheke zu beziehen.

3. Meßgefäß zu 10 cc mit Einteilung in cc.

4. Flasche mit 100 cc destilliertem Wasser (frisch von der Apotheke zu beziehen), dazu 4 cc der roten Lösung kurz vor dem Versuch.

An den Ort der Luftuntersuchung sind nur 1, 3 und 4 mitzunehmen.

Ausführung: Die Luft wird in dem Apparat an Ort und Stelle durch den Ballon oder die Spritze mehrfach erneuert, sodann 10 cc der verdünnten Lösung in den Apparat hinein. Pfropfen fest auf die Flasche. Durch Ballon (resp. Spritze) 70 cc Luft langsam in die Flasche einsaugen, so daß die Luftblasen einzeln die Flüssigkeit passieren. Flasche eine Minute lang tüchtig schütteln. Tritt keine Gelbfärbung der Flüssigkeit ein, erneutes Einbringen von Luft und Schütteln und so fort, bis Gelbfärbung erfolgt.

Es entsprechen (bis zum Gelbwerden der Flüssigkeit)
16 Füllungen $= 1{,}2\,^0/_{00}$ CO_2
 8 „ $= 2{,}0$ „ „
 7 „ $= 2{,}2$ „ „
 6 „ $= 2{,}5$ „ „
 5 „ $= 3{,}0$ „ „
 4 „ $= 3{,}6$ „ „
 3 „ $= 4{,}2$ „ „
 2 „ $= 4{,}9$ „ „

Fehler bis zu $10\,^0/_0$, namentlich in reinerer Luft, kommen vor. Zu beachten ist, daß die Luftentnahmeöffnung sich nicht in der Nähe eines Mundes befinden darf. Ähnliche Resultate gibt der Karbazidometer von Wolpert, kleiner, handlicher Apparat, zu haben nebst dem dazu gehörigen Reagens für 6 Mk. von Mechaniker Hoffmeister, Berlin C., Klosterstr. 36, oder bei Optiker Lamprecht, Göttingen.

Tabelle über die Konzentration, bei der einige wichtige zuweilen (Fabriken) in der Luft vorkommende Gase Gesundheitsstörungen bedingen (nach Lehmann).

	Konzentrationen, die rasch gefährliche Erkrankungen bedingen	Konzentrationen, die noch $^{1}/_{2}$—1 Stunde ohne schwere Störungen zu ertragen sind	Konzentration, die bei mehrstündiger Einwirkung nur minimale Symptome bedingt
Salzsäuregas	$1{,}5$—$2\,^0/_{00}$	0,05 bis höchstens $0{,}1\,^0/_{00}$	$0{,}01\,^0/_{00}$
Schweflige Säure .	$0{,}4$—$0{,}5\,^0/_{00}$	$0{,}05\,^0/_{00}$ oder weniger	—
Kohlensäure	ca. $30\,^0/_{00}$	bis $8\,^0/_0$	$1\,^0/_0$
Ammoniak	$2{,}5$—$4{,}5\,^0/_{00}$	$0{,}3\,^0/_{00}$	$0{,}1\,^0/_{00}$
Chlor und Brom . .	$0{,}04$—$0{,}06\,^0/_{00}$	$0{,}004\,^0/_{00}$	$0{,}001\,^0/_{00}$
Jod	—	$0{,}003\,^0/_{00}$	$0{,}0005$ bis $0{,}001\,^0/_{00}$
Schwefelwasserstoff	$0{,}5$—$0{,}7\,^0/_{00}$	$0{,}2$—$0{,}3\,^0/_{00}$	individuell sehr verschieden
Schwefelkohlenstoff	10—12 mg in 1 Liter	$1{,}2$—$1{,}5$ mg in 1 Liter	—
Kohlenoxyd	2—$3\,^0/_{00}$	$0{,}5$—$1{,}0\,^0/_{00}$	$0{,}2\,^0/_{00}$ unschädlich für den Menschen

Kohlenoxyd-Nachweis.

Erforderlich sind: Reine Glasflasche von ca. 10 l Inhalt mit gutem Stopfen oder Gummikappe, ein beliebiger Blasebalg, frisch bereitete 20%ige wässrige Tierblutlösung (Farbe hellweinrot), 1%ige Tanninlösung, einige Reagenzgläser.

Ausführung: In die Glasflasche werden ca. 20 cc (1 Eßlöffel) der verdünnten Blutlösung gegossen, die Flasche wird sodann mit der zu untersuchenden Luft mittelst Blasebalg gefüllt und nach Verschluß der Flasche dieselbe $1/2$ Stunde lang nicht zu heftig umgeschwenkt. Darauf wird ein Reagenzglas ein Viertel voll mit dem durchschüttelten Blut gefüllt, ein zweites Kontrollreagenzglas ebenso mit nicht geschütteltem Blut. Beide Proben werden bis nahe an den Rand des Glases mit Tanninlösung aufgefüllt und einige Male tüchtig durchgeschüttelt. Es entsteht in beiden Gläsern ein Niederschlag, der im Kontrollglas eine graubraune, im anderen bei Anwesenheit von Kohlenoxyd eine bräunlich rote Farbe zeigt. Bei geringen Mengen von Kohlenoxyd tritt der Farbenunterschied erst nach mehreren Stunden deutlich hervor, bleibt aber dann monatelang bestehen. (Proben können für gerichtliche Zwecke aufwahrt werden.) Die Methode soll ebensoviel wie die Spektralmethode leisten; für letztere, welche einige Übung erfordert, ist ein Taschenspektroskop (einfachster Apparat 20 Mk., Schmidt & Hänsch, Berlin, Stallschreiberstr. 4, oder Heele, Berlin O., Grünerweg 104) erforderlich.

Ammoniak-Nachweis in Zimmerluft. Kurkumapapier wird angefeuchtet und zur Hälfte zwischen 2 Glasplatten geklemmt. Ist Ammoniak in der Luft, färbt sich der freie Papierstreifen nach einiger Zeit dunkler.

Luftstaub. Stadtluft enthält meist Mengen von 0,2—25,0 mg pro cbm; größere Mengen bei trockenem und windigem Wetter; der Staub ist zu $2/3$—$3/4$ anorganischer, im geschlossenen Zimmer oft umgekehrt; hier natürlich auch vielfach wesentlich größere Mengen.

Luft im Freien enthält sehr wechselnde Mengen von Keimen, meist 100—1000 pro cbm; im Zimmer werden, wenn die Luft bewegt wird, bedeutend mehr Keime in der Luft gefunden, die sich jedoch, wenn die Luft zur

Ruhe kommt, größtenteils innerhalb einer Stunde wieder zu Boden senken.

Krankheitserregende Bakterien sind in der freien Luft stets in solcher Verdünnung enthalten, daß Infektionen kaum vorkommen werden. In der Zimmerluft sind sie vielfach nachgewiesen und können dort zweifellos Infektionen bewirken (siehe bei Tuberkulose, Diphtherie, Influenza, Keuchhusten). Entfernung von Staub aus der Luft siehe bei Beseitigung der Abfallstoffe.

Lufttemperatur. Dieselbe wird gemessen durch Thermometer nach Celsius, Réaumur oder Fahrenheit.

Reaumurgrade mal 5 durch 4 geteilt gibt Celsiusgrade
Celsiusgrade „ 4 „ 5 „ Réaumurgrade
Fahrenheitgrade min. 32 mal 5 durch 9 get. gibt Celsiusgrade
„ „ 32 „ 4 „ 9 „ „ Réaumurgrade.

Eichung von Thermometern. Dieselbe wird am einfachsten durch Vergleich mit einem Normalthermometer (Normalthermometer kosten 15—45 Mk. bei Fueß, Steglitz-Berlin) vorgenommen. Die Kugeln beider Thermometer werden durch einen Gummiring möglichst dicht aneinander fixiert, tief in einen Holzeimer voll Wasser getaucht. Das anfangs kalte Wasser wird durch absatzweises Zugießen von warmem Wasser und ausgiebiges Mischen in nicht zu grossen Temperaturabständen angewärmt und jedesmal nach je 5—10 Minuten langem Eintauchen der Thermometer die Temperaturangaben beider verglichen.

Ermittelung der mittleren Tagestemperatur eines Ortes.

Temperaturablesung um 6 Uhr früh, 2 Uhr nachmittags und 10 Uhr abends. Summe der Ablesung durch 3 dividiert, oder

Temperaturablesung um 8 Uhr früh, 2 Uhr nachmittags und 10 Uhr abends. Die letztere Temperatur wird zweimal genommen, die vier Temperaturen werden addiert und durch 4 dividiert.

Abnahme der Temperatur der Luft mit der Entfernung von der Erdoberfläche für 100 m ca. 0,57° C.

Wärmeabgabe des menschlichen Körpers in 24 Stunden beträgt ca. 2400 Wärmeeinheiten, davon durch Aufnahme von kühlen Speisen ca.   40—50 W.-E
durch die Erwärmung der Atemluft ca. 200—400 „
durch die Haut . . . . ca.   2000 „

und zwar durch Leitung 25%, aber bei bewegter
Luft auch viel mehr,

durch Wasserverdunstung 25%, ebenfalls bei bewegter
Luft sowie auch bei Körperbewegung viel mehr,

durch Strahlung ca. 50%, abhängig von Außentemperatur, Kleidung und besonders Umgebung des Menschen, welche Wärmeausstrahlung befördert (z. B. kalte Zimmerwände) oder hemmt (z. B. Menschengedränge).

Wärmeabgabe durch künstliche Beleuchtung, siehe dort, ebenso Wärmeverluste durch Baumaterialien, siehe bei Bauhygiene.

Eine Wärmeeinheit, W.-E. oder Kalorie ist diejenige Wärmemenge, durch welche 1 g Wasser um 1° C erwärmt wird. Durch eine Kilogrammkalorie (in der Technik braucht man stets diese) wird 1 kg, durch eine Mikrokalorie 1 mg Wasser um 1° C erwärmt.

Die Ausdehnung der Luft bei Erwärmung derselben beträgt für je 1° C ca. $1/273$ ihres Volumens.

Luftdruck. Derselbe wird gemessen durch Quecksilber- oder Aneroidbarometer, die letzteren sind einfacher abzulesen und genügen, wenn sie sorgfältig hergestellt und geeicht sind, für die meisten hygienischen Untersuchungen (Preis 20—100 Mk.); sie sind ferner auch leichter überall mit hinzunehmen.

Der mittlere Barometerstand in Meereshöhe beträgt 760 mm Quecksilber, der Luftdruck nimmt durchschnittlich für je 11 m Entfernung von der Erdoberfläche um 1 mm ab.

Stark gesteigerter Luftdruck (Arbeiten in tiefen Bergwerken, in Caissons, Taucherglocken) bewirkt Verlangsamung von Atmung und Puls, schweres Hören und Sprechen, schwereres Arbeiten.

Stark verminderter Luftdruck (z. B. meist schon in 2000 m Höhe) bewirkt zunächst Beschleunigung von Atmung und Puls, Schlaflosigkeit, Aufgeregtheit, dann Schwächegefühl, Blässe, Atemnot, Schwindel, zuweilen Blutungen und Tod. Gefährlich sind vor allem schnelle Luftdruckschwankungen höherer Grade.

Luftbewegung im Freien wird gemessen durch Windfahnen und Anemometer (Schalenkreuzanemometer, transportabel,

80—90 Mk., von Fueß, Steglitz-Berlin); die Ermittelung der Luftbewegung in Kanälen ist bei Ventilation beschrieben.

Die **Windstärke** wird in der Regel nach der folgenden Skala von Beaufort angegeben. Im Binnenlande und auf Wetterkarten rechnet man vielfach nach der halben Beaufortschen Skala zu 6 Stärken, wobei dann die ungeraden Nummern ausfallen.

Stärke-Nummer	Bezeichnung	Geschwindigkeit in m pro Sekunde	Druck in kg pro qm	Wirkung des Windes
0	Windstille	0—1,5	0—0,3	Rauch steigt gerade empor, kein Baumblatt bewegt sich.
1	Leichter Zug	3,5	1,6	
2	Leichter Wind	6	4,7	Für das Gefühl bemerkbar, bewegt einen Wimpel und leichte Blätter.
3	Schwacher Wind	8	8,4	
4	Mäßiger Wind	10	13,2	Streckt einen Wimpel, bewegt die Blätter und kleine Baumzweige.
5	Frischer Wind	12,5	20,6	
6	Starker Wind	15	29,5	Bewegt größ. Baumzweige.
7	Harter Wind	18	42,8	
8	Stürmischer Wind	21,5	61,0	Bewegt Äste u. schwächere Stämme, hemmt Gehen im Freien.
9	Sturm	25	82,5	
10	Starker Sturm	29	111,0	Bricht Äste und mäßige Stämme, entwurzelt kleine Bäume.
11	Harter Sturm	33,5	148,1	
12	Orkan	40	211,2	Deckt Häuser ab, wirft Schornsteine um, entwurzelt große Bäume.

Die **Windrichtung** wird registriert durch den Windrichtungsanzeiger des Verfassers, der die Bewegungen einer Windfahne aufzeichnet. (Preis 90 Mk. von Gebr. Ruhstrat, Göttingen.)

Luftfeuchtigkeit. Man bezeichnet als:

absolute Feuchtigkeit die Wasserdampfmenge in g, welche in 1 cbm Luft im gegebenen Falle enthalten ist;

maximale Feuchtigkeit die Wasserdampfmenge, welche bei einer bestimmten Temperatur der Luft in maximo in gasförmigem Zustande enthalten sein kann. Dieselbe steigt mit zunehmender Temperatur, und zwar vermag aufzunehmen als Wasserdampf 1 cbm Luft bei einer

Temperatur von	g Wasser	Temperatur von	g Wasser
— 10°	2,1	+12°	10,6
6	3,2	14	12
2	4,4	16	13,6
0	4,9	18	15,1
+ 2	5,6	20	17,2
4	6,4	22	19,3
6	7,3	24	21,5
8	8,1	26	24,2
10	9,4	28	27,0

relative Feuchtigkeit das Verhältnis der absoluten zur maximalen Feuchtigkeit, im gegebenen Fall in Prozenten ausgedrückt.

Eine Zimmerluft mit zwischen 30—60% relativer Feuchtigkeit wird in der Regel in bezug auf ihren Wassergehalt als in den hygienisch zulässigen Grenzen sich bewegend angesehen werden können.

Ermittelung der relativen Feuchtigkeit geschieht am einfachsten und für gewöhnliche Zwecke auch meist genügend genau durch Haarhygrometer.

Das Koppesche Hygrometer (in Handlungen für Laboratoriumsgegenstände, z. B. Lamprecht, Göttingen, Fueß, Steglitz-Berlin, für 36 Mk. zu haben) empfiehlt sich dazu besonders, weil es vor jedem Versuch leicht geeicht werden kann, was jedenfalls stets nach längerem Nichtgebrauch geschehen muß. Es gibt die Feuchtigkeit in % direkt an. Ablesung einige Minuten nach der Exposition, sobald der Zeiger nicht mehr seinen Stand verändert.

Ein ähnliches, nicht eichbares, jedoch in kleinem Etui in jeder Tasche mitzuführendes Instrument ist das Wurstersche Hygrometer. (Pr. 25 Mk., Lamprecht, Göttingen.)

Luft.

Sättigungsdefizit. Die Differenz zwischen absoluter und maximaler Feuchtigkeit. Je größer dieselbe ist, um so austrocknender wirkt die Luft.

Sehr feuchte und zugleich hoch temperierte Luft pflegt sehr unangenehm empfunden zu werden (Wärmestauung, Hitzschlag).

Wasserdampfabgabe des menschlichen erwachsenen Körpers an die Luft beträgt im Mittel in 24 Stunden 16—1700 g oder 70 g stündlich. Davon werden ca. 250 g durch die Lungen, der Rest durch die Haut ausgeschieden.

Regen. Sinkt die Temperatur einer mit maximaler Feuchtigkeit beladenen Luft, so scheidet sich Wasser in Form von Tau, Regen, Nebel, Schnee, Hagel usw. ab.

Die täglichen, monatlichen, jährlichen Niederschläge eines Ortes werden in Regenmessern gemessen (15—21 Mk.; selbstregistrierende Regenmesser, welche die Regenmengen von 2 Minuten abzulesen gestatten, 150 Mk. bei Fueß, Steglitz-Berlin).

Die jährlichen Regenhöhen in cm betragen in:

Sylt	67	Mittelitalien	84
Hamburg	72	Sizilien	60
Stettin	50	Konstantinopel	72
Tilsit	67	Alexandrien	22
Hannover	58	Sahara	31
Berlin	59	Madeira	74
Breslau	52	Sansibar	225
Brocken	124	Bombay	188
Kassel	54	Kalkutta	166
Karlsruhe	80	Cherrapunje	1209
München	71	Wladiwostock	37
Harz	106	Peking	62
Paris	58	U. S. Amerika	111
Petersburg	47	Mexiko	62
W. England	118	Habana	117
E. England	65	Argentinien	55
Dänemark	63	Chile	164
Nordalpen	121	Kapland	78

Boden.

Übliche Bezeichnung von Trümmergesteinen nach der Korngröße:

Grobkies, die Körner haben mehr als 7 mm Durchmesser
Mittelkies, „ „ „ „ 4—7 „ „
Feinkies, „ „ „ „ 2—4 „ „
Grobsand, „ „ „ „ 1—2 „ „
Mittelsand, „ „ „ „ 0,3—1 „ „
Feinsand (Lehm, Ton, Humus) unter 0,3 „ „

Als scharf wird ein Sand bezeichnet, wenn beim Zusammenpressen in der Hand die einzelnen Körner sich besonders eckig und spitz anfühlen.

Porenvolumen.

Bei gleicher Korngröße ca. 38 %; bei Mischung verschiedener Korngrößen meist wesentlich geringer bis 5 und 10 %.

Wasserkapazität des Bodens.

Bei grobporigem Boden geringer, 12—15 % der Poren = 50 Liter pro cbm.

Bei feinporigem Boden bedeutender, 80—85 % der Poren = 300—350 Liter pro cbm.

Kapillares Aufsteigen des Wassers im Boden.

In grobporigem Boden schnell, aber nur bis zu geringer Höhe (5—10 cm).

In feinporigem Boden langsam, aber bedeutend höher, bis mehrere Meter.

Temperatur des Bodens.

In 0,5 m Tiefe meist Aufhören der Tagesschwankungen,
„ 8—30 „ „ „ „ „ Jahresschwankungen;
die Temperatur entspricht dort dann der mittleren Jahrestemperatur des betreffenden Ortes.

In größerer Tiefe steigt die Temperatur meist für je 35 m um 1° C.

Grundwasser im Boden.
Jahresschwankungen des Grundwasserstandes sind sehr verschieden nach der Höhe desselben und den Bodenverhältnissen; in der Ebene meist geringer wie 0,5 m; in Tälern, an Flüssen in der Regel größer.

Die Messung des Grundwasserstandes wird in einfachster Weise in Flachbrunnen festgestellt, deren Wasserstand dem derzeitigen Grundwasserstande zu entsprechen pflegt. Es wird eine mit Kreide bestrichene Holzleiste, unten etwas beschwert, an einem Bindfaden in den Brunnen gelassen, bis man das Holz in das Wasser tauchen sieht oder hört. (Bei sehr tiefen Brunnen Licht oder Laterne mit hinunterlassen.) Die Länge des Bindfadens (Oberkante des Terrains) + Länge der nicht vom Wasser benetzten Holzleiste (an der Kreide deutlich zu erkennen) gibt die Tiefe des Grundwasserstandes unter Terrain an.

Horizontale Grundwasserströmung ist je nach Bodenart und Gefälle sehr verschieden; sie beträgt in dichterem Boden $^1/_2$ bis mehrere Meter in 24 Stunden, in lockerem Boden bedeutend mehr, aber selten über 50 m. Ermittelung derselben siehe bei Wasser.

Mikroorganismen des Bodens.
In den oberen Schichten meist ungeheure Mengen vorhanden (bis mehrere Millionen pro cc), darunter häufig Krankheitserreger (Tetanus, malignes Ödem). In 1—2 m vielfach schon schnelles Abnehmen der Keimzahl und noch tiefer in der Regel (Ausnahme: grobporiger oder zerklüfteter Boden) keine Keime mehr vorhanden. Daher auch meist Keimfreiheit des Grundwassers aus solcher Tiefe.

Untersuchung des Bodens auf Reinheit zu Bauzwecken.
In der Regel wird nach sorgfältiger Okularinspektion des Bauterrains auf etwaige verunreinigende Zuflüsse (Kanalisationsröhren, Schmutzwassergräben, Fabrikabwässer, altes Kirchhofsterrain, Dung- und Jauchegruben, Müllablagerungen) es genügen, wenn man folgende Probe anstellt.

Es wird an verschiedener Stelle und in verschiedener Tiefe eine Bodenprobe entnommen, mittelst Teller oder Röhrenbohrer oder besser durch Ausschachten einer Grube und Ausstechen der Probe aus der Wand derselben.

An dieser Probe ist gröbere Verunreinigung des Bodens schon häufig ohne weiteres durch dunkle Farbe des

Bodens und Geruch nach Fäulnis und Moder zu erkennen. In zweifelhaften Fällen werden 10—15 g des Bodens in einem trockenen Reagenzglase erwärmt, wobei der Geruch deutlicher zu werden pflegt.

Geruch nach verbrannten Haaren, Federn, Leder, Urin, Jauche deuten auf animalische, nach feuchtem Stroh auf vegetabilische Verunreinigung.

Sind Flachbrunnen in der Nähe, gibt die Untersuchung des Wassers derselben oft wertvolle Anhaltspunkte über die Reinheit des umliegenden Erdreichs.

Wasser.

Hygienische Anforderungen an ein gutes Wasser, besonders zu Trink- und Wirtschaftszwecken.

a) Es soll keine unangenehmen Eigenschaften haben, wie
Geruch nach Schwefelwasserstoff, Moder, Fäulnis, Gas usw.

Geschmack nach denselben Dingen, oder Moor, Eisen, Salz usw.

Trübungen von Jauche, Eisen, Lehm, Humusstoffen.

Es darf nicht zu weich und nicht zu hart sein.

Die Härte des Wassers wird nach Graden gerechnet.

1 deutscher Härtegrad = 1 Tl. Kalzium- (+ Magnesium)-oxyd auf 100 000 Tl. Wasser.

1 französischer Härtegrad = 1 Tl. Kalziumkarbonat auf 100 000 Tl. Wasser.

1 englischer Härtegrad = 1 g (0,0648 g) Kalziumkarbonat auf 1 Gallon (4,543 l) Wasser.

Wasser von über 20 Härtegraden ist für manche Gewerbebetriebe ohne weiteres nicht brauchbar, kann aber künstlich weich gemacht werden. (Siehe weiter hinten).

Die Temperatur des Trinkwassers soll zwischen 8—12° C liegen. Wasser von über 10° C ist jedenfalls kein Genußmittel mehr.

b) Es soll keine gesundheitsschädlichen Eigenschaften haben, wie

metallische Zusätze, Blei, Kupfer, Arsen.

Tierische Infektionserreger, Parasiteneier, Eingeweidewürmer, Protozoen.

Pflanzliche Infektionserreger, Bakterien, besonders der Cholera, des Abdominaltyphus, vielleicht auch der Ruhr.

Beurteilung von Wasser, besonders zu Trink- und Wirtschaftszwecken.

a) Lokalinspektion der Wasserentnahmestelle ist stets und möglichst genau vorzunehmen. Sie ist in der Regel viel wichtiger, wie der chemische und bakteriologische Befund, und hat sich zu erstrecken auf eine grobsinnliche Prüfung des Wassers auf Geruch, Geschmack,

Klarheit, Temperatur, ferner auf die Herkunft des Wassers, die Konstruktion der Wasserentnahmevorrichtungen und auf die Umgebung der betreffenden Stelle.

Oberflächenwasser (d. h. aus Flüssen, Teichen, Seen stammend) erscheint, sobald menschliche Wohnungen in der Nähe liegen, stets mehr oder weniger infektionsverdächtig. Es ist also zu achten auf verunreinigende Zuflüsse von Häusern, Fabriken, gedüngten Feldern, bei Flüssen auf Verunreinigungen oberhalb der Entnahmestelle durch Zuflüsse, Wasch- und Badeanstalten, durch Schiffe und Flöße, bei Hafenstädten auch auf Rückstau während der Flut oder bei Hochwasser.

Wasser aus Bächen oder Flüssen, die aus nicht bewohnten oder bebauten Tälern kommen (entlegenen Tälern), ebenso Wasser aus der Mitte größerer, nicht oder selten befahrener Seen, namentlich aus der Tiefe geschöpft, kann dagegen in der Regel als unverdächtig erachtet werden.

Brunnenwasser ist meist unverdächtig, wenn es aus größerer Tiefe (über 10 m) stammt und von oben her durch schlechte Brunnenkonstruktion nicht verunreinigt werden kann (siehe bei Brunnenanlagen).

Wasser aus Flachbrunnen ist in der Regel unverdächtig, wenn a) keine verunreinigten Zuflüsse von Abortgruben, Schmutzwassergräben, verdächtigem Oberflächenwasser usw. vorhanden sind (solche sind je nach der Tiefe des Brunnens und Grundwassers, nach der Stromrichtung des letzteren und nach der Durchlässigkeit des Bodens mindestens 5—30 m vom Brunnen entfernt zu halten), und wenn b) die Brunnenkonstruktion eine richtige ist (siehe Brunnenanlagen).

Kesselbrunnen sind daher stets bei Infektionsverdacht auf Undichtigkeit durch Aufdecken des Brunnenschachtes, Einsteigen in denselben (Vorsicht bei Kohlensäureanhäufung, Probe durch brennendes Licht) und Ableuchten der Brunnenwand zu untersuchen, nachdem vorher der Wasserstand durch Abpumpen möglichst gesenkt worden ist.

Ein Zuströmen von Wasser aus verdächtigen Quellen ist häufig an nassen Schmutzstreifen an der Brunnenwand zu erkennen. Eine Verbindung des Brunnens mit benachbarten Abort- oder Jauchegruben, Rinnsalen oder anderen Quellen der Verunreinigung nachzuweisen, gelingt ferner oft durch Einschütten von einem oder mehreren Litern 25 prozentiger Fluoreszein-(Uranin)-Lösung in die verdächtige Grube, das noch in sehr starker Verdünnung

(1 : 50 Millionen in ca. 1 m hohen dünnen unten mit geschwärztem Kork geschlossenen Glasröhren) an der Fluoreszenz zu erkennen ist, welche also bei Verbindung zwischen Grube und Brunnen im Brunnenwasser auftritt. Zu gleichem Zwecke kann auch Kochsalzlauge genommen werden. Es ist sodann das Brunnenwasser in Abständen auf etwa steigenden Chlorgehalt (siehe S. 18) zu untersuchen.

Quellwasser ist unverdächtig, wenn es aus größerer Tiefe stammt und die Quelle gut gefaßt ist, so daß verunreinigende Zuflüsse an der Quellfassung ausgeschlossen sind. In stark zerklüftetem Stein können aber gelegentlich auch auf weite Strecken hin Infektionen von Quellen stattfinden.

b) Chemische Untersuchung ist meist nur von Wert unter Berücksichtigung der Befundes der Lokalinspektion.

In guten Wässern findet sich in der Regel höchstens in 1 Liter

    Abdampfrückstand . . . . . 500 mg
    Chlor . . . . 20 „
    Schwefelsäure . . . . . . 80—100 „
    Salpetersäure . . . . . . 5—15 „
    Ammoniak
    Salpetrige Säure } nichts oder Spur.

Ein Sauerstoffverbrauch zur Oxydation der organischen Substanz von 2—2,5 mg = Permanganatverbrauch von 8—10 mg.

Eine Härte von 20° = 200 mg Kalzium- und Magnesiumoxyd.

Die Zahlen können aber auch nicht unwesentlich überschritten werden, z. B. in Wässern aus Tiefbrunnen, aus gipshaltigem Gestein usw., ohne daß deshalb das Wasser irgendwie als bedenklich angesehen zu werden braucht.

Blei, Kupfer und Arsen dagegen, auch in Spuren, machen das Wasser stets ungeeignet zu Trink- und Wirtschaftszwecken.

Als Grenzzahlen für Salze, welche, wenn in 1 l überschritten, ein Wasser übelschmeckend und daher zum Trinken und Kochen unbrauchbar machen, können angesehen werden (Rubner):

    Kochsalz . . . . 300—400 mg
    Gips . . . . 500—600 „
    Schwefelsaure Magnesia . 500—1000 „
    Chlormagnesium . . . . 60—100 „
    Mischung dieser Salze . . 300—400 „

Eisengehalt von 0,5 mg im l und darüber trübt das Wasser in der Regel bald nach der Entnahme und Berührung mit Luft und macht es unansehnlich, in größerer Menge auch schlechtschmeckend. Wird das Wasser durch längere Rohrleitungen fortgeführt, so können dieselben durch das Eisen verschlammt werden, weshalb letzteres vorher aus dem Wasser zu entfernen ist (siehe bei Wasserenteisenung).

Mangan findet sich nicht selten mit Eisen zusammen in wechselnden Mengen als Bikarbonat oder Sulfat in Wässern aus Alluvium oder tertiären Schichten.

Bei Berührung solchen Wassers mit Luft bilden sich braune Ausscheidungen, die ähnlich wie beim eisenhaltigen Wasser dasselbe zu Trink- und Wirtschaftszwecken (Waschen) nicht geeignet erscheinen lassen.

Zweckmäßig wird oft eine mehrfache chemische Untersuchung zu verschiedenen Zeiten und ein Vergleich mit anerkannt guten Wässern der Nachbarschaft sein.

c) **Mikroskopisch-bakteriologische Untersuchung** ist meist auch nur unter Berücksichtigung von a) von Wert.

In guten Wässern sind enthalten:
niemals Muskelfasern, verdaute Stärkekörner, Eier von Darmparasiten;
höchstens in geringer Zahl; Infusorien, Algen, Amöben, sonstige mikroskopische Wassertiere.
Bakterien in verschiedener Menge. Wässer aus gut gefaßten Quellen, tiefen Brunnen und richtig funktionierenden Filtern dürfen keine oder nur wenige Bakterien im cc enthalten. Wässer aus Flachbrunnen, besonders Kesselbrunnen, längeren Rohrleitungen, Wassertanks und Bassins, sowie aus Flüssen, Seen usw. enthalten meist mehr Bakterien, 50—200 im cc. Steigt die Anzahl über 500 im cc, so sind häufig verunreinigende Zuflüsse die Ursache, indessen werden auch nicht selten viel höhere Keimzahlen gefunden, ohne daß deshalb das Wasser irgendwie gesundheitsschädlich ist.

Ein direktes Urteil über die Beschaffenheit eines Wassers läßt sich demnach durch die bakteriologische Untersuchung allein in der Regel nur gewinnen, wenn es sich um künstlich gereinigtes Wasser handelt (siehe bei Sandfilter). Von Wert ist dieselbe ferner, wenn bei Anlage von Grundwasserversorgungen die Keimfreiheit des Grundwassers festgestellt werden soll:

Aus dem bisher angeführten geht hervor, daß eine im Laboratorium ausgeführte chemische oder bakteriologische Untersuchung allein nur in den seltensten Fällen ein richtiges Urteil über die Brauchbarkeit eines Wassers abzugeben gestattet. Es sollte daher von dem untersuchenden Chemiker oder Bakteriologen auch lediglich das Resultat seiner Untersuchung eingefordert werden, wenn er nicht selbst an Ort und Stelle durch gründliche Okularinspektion sich ein weiteres Urteil über das Wasser zu bilden imstande ist. Im anderen Falle hat diese Okularinspektion von anderen Sachverständigen zu geschehen und ist sodann von letzteren ein Urteil über das Wasser zu fällen, sowie eventuell Verbesserungsvorschläge der Wasserentnahme zu machen.

Häufig wird eine genaue chemische und bakteriologische Untersuchung des Wassers aber überhaupt ganz wohl entbehrt werden können, zumal wenn es sich darum handelt, festzustellen, ob ein Brunnenwasser aus der Nachbarschaft verunreinigt wird. Hier genügt vielfach eine qualitative chemische Untersuchung, die auch direkt an Ort und Stelle ausgeführt werden kann und sich in der Regel dann auch auf das Wasser benachbarter Brunnen zu erstrecken haben wird, um aus dem Vergleich der Wässer Schlüsse ziehen zu können.

Es wird dabei untersucht werden können auf:

Klarheit. Das Wasser wird dazu in einen mindestens 20 cm hohen weißen Glaszylinder gefüllt, der auf weißes Papier gestellt wird; zum Vergleich wird destilliertes Wasser oder ein anderes anerkannt gutes Wasser aus einem anderen Brunnen in einen zweiten Zylinder gegossen und nun durch beide Wässer von oben hindurchgesehen.

Eine gelbliche oder bräunliche Färbung, wenn sie von gelösten Stoffen herrührt, zeigt in der Regel Beimischung von Jauche, aber eventuell auch von unschädlichen Huminstoffen an. Suspendierte Stoffe können das Wasser gelblich oder grünlich (Lehm, Algen), weißlich (Algen, Kalk, Schwefel), rotbraun (Eisen), hell- oder dunkelschwarzbraun (Huminsubstanzen, Algen) färben.

Vergleichende Versuche über den Klarheitsgrad von Fluß-, Hafen-, Seen- und Abwasser kann man auch an Ort und Stelle anstellen durch Eintauchen einer ca. 10—20 qcm großen, horizontal aufgehängten weißen Porzellanplatte (event. Teller), welche je nach der Klarheit des Wassers in mehr oder weniger geringer Tiefe dem Auge entschwindet.

Geschmack. Das Wasser muß für die Geschmacksprüfung mindestens 10—20° haben; ist es kälter, muß es zunächst auf diese Temperatur gebracht werden. Manche Wässer lassen bei 20° besonderen Geschmack besser erkennen, es ist daher ein Schmecken bei dieser Temperatur zuweilen von Vorteil.

Stärkere Verunreinigungen mit Fäulnisprodukten, modrigen Bestandteilen, Eisen und anderen Salzen werden meist leicht herausgeschmeckt; sind geringere Mengen vorhanden, läßt die Geschmacksprobe aber auch oft im Stich.

Geruch. Ein Wasserglas von dem Wasser wird erwärmt, bis man das Glas gerade noch mit der Hand halten kann (ca. 50°), es wird sodann umgerührt, wobei etwa vorhandener Geruch nach Schwefelwasserstoff, Fäulnis, Moder, Leuchtgas und dergleichen am ehesten wahrzunehmen ist.

Temperatur. Das Wasser wird in einem größeren Gefäß (Eimer) aufgefangen und die Temperatur direkt nach der Entnahme mittelst eines richtig zeigenden Thermometers gemessen.

Kohlensäure. Zu 100 cc des Wassers setzt man 5 bis 10 Tropfen alkoholische Rosolsäurelösung. Bei freier CO_2 findet Gelbfärbung, bei gebundener CO_2 Violettfärbung des Wassers, auf weißem Untergrund leicht erkennbar, statt.

Chlor. Ein Reagenzglas wird zur Hälfte mit dem zu untersuchenden Wasser gefüllt, sodann einige Tropfen Salpetersäure und ebenso einige Tropfen Silbernitratlösung zugesetzt.

Bei sehr geringen Mengen von Chlor zeigt sich eine opaleszierende weiße Trübung, bei stärkerem Chlorgehalt ein mehr oder weniger reichlicher weißer käsiger Niederschlag, der sich allmählich am Lichte violett färbt.

Salpetersäure. Ein Reagenzglas wird etwa 3 cm hoch mit konzentrierter Schwefelsäure gefüllt und in letzterer einige Körnchen Diphenylamin durch Umschütteln gelöst, darauf werden vorsichtig 10 Tropfen des Wassers auf die Schwefelsäure geschichtet. Bei Anwesenheit von Salpetersäure tritt an der Berührungsstelle ein blauer Ring auf.

Zeigt sich eine stärkere Blaufärbung, so ist auch noch auf **salpetrige Säure** zu untersuchen, da die ebenerwähnte Reaktion für beide Säuren gilt.

Ammoniak. Ein Reagenzglas wird mit dem zu untersuchenden Wasser nahezu gefüllt und mit 1 cc (20 Tropfen) Neßlerschem Reagens versetzt. Bei Anwesenheit von Ammoniak tritt eine Gelbfärbung der Flüssigkeit, bei größeren Mengen von Ammoniak ein orange- oder braunroter Niederschlag auf. Auf weißem Hintergrunde am besten erkennbar. Sind die Ammoniakmengen sehr gering und die Wässer hart, kann die Gelbfärbung durch den entstehenden weißen resp. gelblichweißen Niederschlag von kohlensaurem Kalk und Magnesia verdeckt werden. Ein hierdurch etwa hervorgerufener Fehler wird aber für die Praxis in der Regel belanglos sein, so daß die angegebene Untersuchungsmethode für gewöhnlich ausreicht.

Salpetrige Säure. Ein Reagenzglas wird zu $3/4$ mit dem zu untersuchenden Wasser gefüllt, dazu kommen 10 Tropfen Schwefelsäure und 2 cc Zinkjodidstärkelösung. Die Mischung wird umgeschüttelt und 15 Minuten an einem dunklen Ort (im Untersuchungskasten) aufbewahrt. Eine deutliche Blaufärbung des Wassers läßt auf salpetrige Säure schließen; später etwa eintretende Bläuung ist nicht maßgebend. (Die Jodlösung ist von Zeit zu Zeit mit destilliertem Wasser zu prüfen, da sie sich zuweilen zersetzt und sodann auch ohne salpetrige Säure Blaufärbung eintritt.)

Die Untersuchung auf salpetrige Säure ist nur zu machen, wenn die Salpetersäurereaktion eine starke war. Auch bei starkem Eisengehalt des Wassers ist sie zu unterlassen, da auch durch Eisenoxyd eine Bläuung des Wassers erfolgen kann, in diesem Falle also ein fehlerhaftes Resultat erzielt wird.

Schwefelsäure. Ein Reagenzglas wird mit dem Wasser gefüllt, dazu kommen 5 Tropfen Salzsäure und 10 Tropfen Chlorbaryumlösung. Ein weißer Niederschlag zeigt Schwefelsäure an.

Eisen. Ein Reagenzglas wird mit dem zu untersuchenden Wasser gefüllt, dazu kommen 3—4 Tropfen Salzsäure und 4—5 Tropfen Ferrocyankaliumlösung.
Eine nach dem Umschütteln eintretende Blaufärbung zeigt Eisen an.

Geringe Mengen von Eisen, die aber hygienisch oft vernachlässigt werden können, sind nur durch Konzentrieren des Wassers mittelst Eindampfen desselben (200—500 cc) unter Zusatz von einer Messerspitze Kaliumchlorat, Aufnehmen des sich bildenden Niederschlages durch verdünnte Salzsäure und Zusatz von Ferrocyankalium zu erkennen.

Mangan. Zu 100 cc Wasser kommen 2 cc konzentr. Weinsäurelösung, Ammoniak im Überschuß (Geruch nach freiem Ammoniak) und 2 cc Ferrocyankalium. Bei Mangananwesenheit gleich oder nach einiger Zeit Trübung oder weißer Niederschlag.

Organische Substanz. Sind größere Mengen davon in dem Wasser enthalten, verraten sich dieselben meist schon durch Trübung, sonst können sie durch Glühen des Trockenrückstandes des Wassers nachgewiesen werden. Es sind zu dem Zweck etwa 200—500 cc Wasser (ein bis zwei Wassergläser voll) in einer dünnen Porzellanschale gegen Staub geschützt zur Trockne einzudampfen. Sodann wird weiter erhitzt. Bleibt dabei der Rückstand weiß, ist sicher nur wenig organische Substanz im Wasser enthalten; zeigt sich braungelbe Färbung, die bald in weiß übergeht, ist ebenfalls der Gehalt an organischer Substanz gering. Wird der Niederschlag aber dunkelbraun oder schwarz gefärbt und verschwindet die Farbe erst nach längerem Glühen, kann man auf reichliche organische Beimischungen schließen. Aus der Menge des Glührückstandes kann man in der Regel auch einen Anhalt gewinnen, ob das Wasser hart oder weich ist.

Härte. Annähernd kann man den Härtegrad eines Wassers bestimmen, wenn man zu 10 cc des Wassers im Reagenzglase Klarksche Seifenlösung (vom Apotheker oder von Merck, Darmstadt, 100 g 1,50 Mk., zu beziehen) tropfenweise zusetzt und nach je 5 Tropfen unter Verschluß des Reagenzglases mit dem Daumen dasselbe heftig schüttelt. Der Zusatz der Seifenlösung erfolgt so lange, bis feinblasiger Schaum

Wasser.

einige Minuten im Reagenzglase stehen bleibt. Die Berechnung erfolgt derart, daß man zunächst durch Eintropfen der Seifenlösung in einen Maßzylinder ermittelt, wie viel Tropfen einem cc entsprechen, und nunmehr die Anzahl der für 10 cc Wasser verbrauchten Seifenlösung in cc daraus ermittelt.

Es entsprechen dann einem Seifenverbrauch von:

1	cc	etwa	2	deutschen	Härtegraden
1,5	„	„	3—4	„	„
2	„	„	5	„	„
2,5	„	„	6—7	„	„
3	„	„	7—8	„	„
3,5	„	„	9	„	„
4	„	„	10—11	„	„
4,5	„	„	12	„	„

Ist das Wasser sehr hart, müssen also sehr viele Tropfen Seifenlösung zugesetzt werden, oder bildet sich bald nach dem Zusatz **grobblasiger** Schaum, so muß das Wasser um die Hälfte oder mehr mit destilliertem Wasser verdünnt werden; die am Ende ermittelte Härtezahl ist dann selbstverständlich mit 2 oder mehr zu multiplizieren.

Es empfiehlt sich, die Härtebestimmung dreimal hintereinander zu machen und aus den 3 Resultaten das Mittel zu nehmen.

Zur Ausführung dieser orientierenden Untersuchungen wären nötig:
1 Meßglas von 10 cc, 2 weiße Glaszylinder je 20 cm hoch, 1 Thermometer, 2 Wasser- oder gleichgroße Becherglaser, ein halbes Dutzend Reagenzgläser, 1 Pipette, 2 Porzellanschalen von 70—80 mm oberem Durchmesser, 1 Spirituslampe mit Dreifuß und Drahtnetz, ein Stück Draht und etwas Watte, um die Gläser damit reinigen zu können, und die folgenden Reagenzien:

Klarksche Seifenlösung, Salpetersäure, Salzsäure, Schwefelsäure, Neßlers Reagens, Silbernitratlösung, Zinnjodidstärke, Ferrocyankaliumlösung, Baryumchlorid, Weinsäure, Ammoniaklösung und destilliertes Wasser. Die Lösungen werden am bequemsten in etwa 30 cc fassenden sogenannten Tropfflaschen vom Apotheker bezogen. Außerdem ist noch etwas Diphenylamin in einem Schächtelchen mitzunehmen. Kleine Wasseruntersuchungskasten mit vollem Inventar für diese Untersuchungen an Ort und Stelle liefert Wachenfeld und Schwarzschild, Kassel, oder Lautenschläger, Berlin, Oranienburgerstr. Pr. ca. 20 Mk. Einen anderen, etwas größeren Kasten mit Reagenzien in Tablettenform Burroughs, Wellcome u. Comp., London, oder Linkenheil u. Comp., Berlin. 50 Mk., oder Merck, Darmstadt. 60 Mk.

Sollen Wasserproben zum Zwecke genauerer Untersuchung im Laboratorium weiterhin versendet werden, kann in der Regel nach folgender Vorschrift verfahren werden:

A. Allgemeines.

Ehe das Wasser zur Untersuchung aufgefangen wird, muß bei Brunnen 5 Minuten hindurch langsam und gleichmäßig abgepumpt werden, wobei darauf zu achten ist, daß das ausgepumpte Wasser nicht wieder in den Brunnenkessel zurückläuft.

Hat der Brunnen nur wenig Wasser oder ist kurz zuvor ein größeres Quantum Wasser abgepumpt worden, so ist die oben angegebene Zeit auf die Dauer von 1—2 Minuten zu beschränken. Sodann ist nach B. und C. zu verfahren.

Bei Brunnen ohne Pumpenrohr wird ein vorher sorgfältig außen und innen gereinigter Eimer in den Brunnenkessel hinabgelassen und mit Wasser gefüllt, das direkt zu B. und C. verwendet wird. Zweckmäßiger wird es vielfach sein, wenn in Brunnenkesseln bei der Okularinspektion sich einzelne Zuflüsse namentlich durch Schmutzstreifen an der Brunnenwand bemerkbar machen, hiervon Proben gesondert aufzufangen und zur Untersuchung einzusenden.

Quell-, Fluß-, Teichwässer werden ohne weiteres in die unter B. und C. näher beschriebenen Flaschen durch Eintauchen derselben gefüllt.

B. *Wasserprobe zur bakteriologischen Untersuchung.*

Zur Aufnahme des Wassers wird eine ca. 100—200 cc fassende reine Glasflasche mit reinem Glas- oder Korkstopfen (Arzneiflasche) oder besser Patentverschluß (Selterwasserflasche) unter geöffnetem Verschluß ausgekocht (so daß sie wenigstens 10 Minuten im kochenden Wasser liegt (Stopfen werden mitgekocht), sodann geleert, abgekühlt und möglichst bald mit dem zu untersuchenden Wasser gefüllt.

(Es ist bei dem Auffangen des Wassers darauf zu achten, daß die Finger des Füllenden nicht zu nahe an die Flaschenöffnung kommen.)

Die Flasche wird sodann sorgfältig geschlossen und auf einer Etikette der Brunnen, die Zeit (Tag und Stunde) der Wasserentnahme, sowie wenn möglich die Temperatur des Brunnenwassers notiert.

Die Flasche ist darauf auf dem schnellsten Wege (Eilpaket) in guter Verpackung, in der warmen Jahreszeit womöglich in einer Blechkiste (Konservenbüchse, Kakesbüchse), in Sägespäne, mit kleinen Eisstückchen vermischt, eingehüllt, dem Untersucher einzusenden.

(Wenn von dem Untersucher eine besondere Flasche geschickt wird, unterbleibt das Auskochen derselben.)

Sollen die Wässer auf **bestimmte Bakterienarten** untersucht werden, was nur von geübten Bakteriologen geschehen kann (Typhus, Cholera), ist wie sonst bei der Entnahme und Versendung zu verfahren, nur sollen Brunnenwässer nicht vorher abgepumpt werden.

C. Wasserprobe zur chemischen Untersuchung.

Eine beliebige reine und mit dem zu untersuchenden Wasser mehrfach ausgespülte etwa 2—5 Liter fassende Flasche wird mit dem Wasser gefüllt, vor Bruch gesichert (Kiste mit Sägespänen, Holzwolle, Torfmull) verpackt und durch die Post als gewöhnliches Paket versendet.

Zu besonders genauen Wasseruntersuchungen, wie sie zuweilen wünschenswert sind, gibt es Schöpf- und Versendungsapparate verschiedenster Konstruktion, in den meisten Apparatehandlungen sämtlich erhältlich (z. B. P. Altmann, Berlin NW., Lautenschläger oder Rohrbeck oder P. Fischer, Berlin.)

Wasserbedarf für einzelne Zwecke:

Derselbe schwankt naturgemäß in nicht allzu engen Grenzen und wird z. B. stets beeinflußt durch die für den Entnehmer mehr oder weniger bequeme Zuleitung des Wassers, die Beschaffenheit des letzteren und den Preis, um welchen dasselbe zu erhalten ist. Im allgemeinen kann man als Durchschnittsverbrauch rechnen pro Kopf und Tag:

auf dem Lande	45—50 l
in Städten bis zu 5000 Einwohnern .	50—60 „
in größeren Städten	60—100 „

Im speziellen können nach dem Vorschlage einer 1884 vom Deutschen Verein der Gas- und Wasserfachmänner niedergesetzten Kommission folgende Zahlen als Richtschnur dienen:

a) Privatgebrauch.
1. Gebrauchswasser in Wohnungen pro Kopf und Tag
   zum Trinken, Kochen, Reinigen usw. . . 20— 30 l
   zur Wäsche . . . . 10— 15 „
2. Abortspülung, einmalig . . . . . . 5— 6 „
3. Pissoirspülung, unterbrochen pro Stand und Stunde . . . . 30 „
   Pissoirspülung, ständig für 1 m Spülröhre und Stunde . . . . 200 „
4. Bäder, Wannenbad . . . . 350 „
   „ Brausebad . . . . 20— 30 „
5. Gartenbesprengung, einmalig pro qm . 1,5 „
   ebenso für Hof- oder Trottoirsprengung
6. Großvieh, tränken und reinigen tägl. 50 „
7. Kleinvieh „ „ „ „ 8—12 „
8. Wagenreinigung pro Tag . . . . . 200 „

b) Verbrauch öffentlicher Anstalten.
1. Schulen, pro Schüler und Tag . . . 2 „
2. Kasernen, pro Mann und Tag . . . 20 „
3. Krankenhäuser pro Kopf und Tag . . 100—150 „
4. Badeanstalten für Wannen- und Brausebäder, pro Bad . . . . 500 „
5. Waschanstalten, pro 100 kg Wäsche . 400 „
6. Schlachthäuser, pro geschlachtetes Vieh 300—400 „
7. Markthallen für 1 qm Fläche und einen Markttag . . . . 5 „

c) Gemeindezwecke.
1. Straßensprengung für 1 qm einmal besprengte Fläche . . . . 1—1,5 „
2. öffentliche Anlagen für 1 qm einmal besprengte Fläche . . . . 1,5 „
3. öffentliche Pissoirs pro Stand und Stunde 60—200 „
4. öffentliche Brunnen ohne ständigen Auslauf, täglich . . . . 3000 „
5. öffentliche Brunnen mit ständigem Auslauf, täglich . . . . . . 10000—15000 „

Wird das Wasser ohne Wassermesser abgegeben, sind die Zahlen für den Privatgebrauch mit $1^1/_2$ bis 3 zu multiplizieren.

Als **größter Tagesverbrauch** im Jahre kann die anderthalbfache Menge des durchschnittlichen Tagesverbrauches, als **größter Stundenverbrauch** am Tage des größten Tagesverbrauchs etwa 8% des letzteren genommen werden.

Der Wasserbedarf während eines Tages schwankt beträchtlich in den einzelnen Stunden desselben; er beträgt durchschnittlich stündlich in Prozenten des täglichen Gesamtbedarfs ausgedrückt:

Morgens 6—9 Uhr . . . . 4—6 %
Vorm. 9—12 „ . . . . 6—8 „ Maximum von 11—12 Uhr

Nachm. 12—2 „ . . . . 6 „
„ 2—6 „ . . . . 6—8 „ Maximum von 3—4 Uhr

Abends 6—8 „ . . . . 4—5 „
„ 8—9 „ . . . . 3 „
Nachts 9—6 „ Morgens. 1,5 „

Wasserversorgung.

Einzelversorgung.

1. **Regenwasser** ist als Trinkwasser nur im Notfall zu verwenden und dann nur von Flächen zu entnehmen, welche Verunreinigungen durch Menschen nicht ausgesetzt sind, z. B. nicht von Dächern mit Dachwohnungen. Ebenso ist Wasser von Stroh- oder Dachpappdächern, häufig auch solches von Ziegeldächern, nicht zu genießen. Es wird gesammelt am besten durch Rohre aus glasiertem Ton und aufgespeichert in

Holzregenfässern; dieselben sollen an einem kühlen Ort schattig aufgestellt sein und mit gut schließendem Deckel versehen sein. Das Wasser ist im Sommer stets mehr oder weniger verunreinigt durch Algen, Bakterien und Infusorien.

Zisternen sind aus gut gefugtem Mauerwerk oder aus Beton mit innerem glatten Zementverputz herzustellen. Wasserdichte Abdeckung. Oberkante $^1/_2$—1 m unter Terrain. Überlauf so anzulegen, daß kein Wasser von außen durch ihn in die Zisterne einfließen kann. Einsteigeöffnung zum Reinigen mit doppelten Deckeln. Reinigen meist einmal jährlich nötig. In geeigneten Fällen kann auch am Boden der Zisterne eine Abflußleitung angebracht werden, durch welche gelegentlich der Schlamm abgelassen werden kann. Zu vermeiden ist die Nachbarschaft von Abort- und Dunggruben, Gräben für Schmutzwasser und dergleichen.

An der Einströmungsstelle ist zweckmäßig ein Schlammfang für gröbere Verunreinigungen mit Gazegitter am Auslauf anzubringen. Entnahme des Wassers durch ein Pumprohr, nicht mit Eimern. Das Pumprohr muß selbstverständlich im oberen Teil gegen die Zisterne wasserdicht abgeschlossen werden (siehe auch bei Kesselbrunnen), am besten wird die Pumpe einige Meter seitlich von der Zisterne verlegt. Saugeteil des Pumprohres etwa $1/2$ m über dem Boden der Zisterne. Filtrieren des Wassers empfehlenswert entweder durch kleine Sandfilter in besonderem Bassin, ähnlich konstruiert wie die großen Sandfilter (siehe dort), oder durch einen um das Saugerohr angebrachten mit Sand oder Kohle gefüllten Korb. Diese Filter sind öfter zu reinigen und liefern dann wohl klares, aber nicht keimfreies Wasser. In vielen Fällen erhält man auch klares Wasser, wenn man die Zisterne durch eine halbsteinstarke Wand aus porösen Steinen mit Zement vermauert teilt. Der Zulauf ist in die eine, die Pumpe in die andere Abteilung zu verlegen.

Größe der Zisterne etwa dem vierteljährigen Bedarf an Wasser entsprechend, in regenarmen Gegenden natürlich auch größer. Die jährlich zu erwartende Regenwassermenge erhält man in cbm nach der Gleichung cbm $= 0,7 \cdot F \cdot h$., in welcher F. die Auffang- (Dach-) fläche in qm, h. die durchschnittliche jährliche Regenhöhe in Metern für den Ort ist.

2. **Quellwasser**, als Trinkwasser meist am besten. In zerklüftetem Gestein (Kalksteinformation) kann das Wasser jedoch zuweilen von weit her in bedenklicher Weise verunreinigt werden, dann meist Trübungen und Zunahme des Keimgehaltes nach stärkeren Regengüssen. Zu fordern ist in jedem Falle gute Fassung mit Eisenrohr, das 2—5 m tief in den Quellgrund zu treiben ist, oder durch Stollen, gemauerte kleine Bassins, Brunnenstuben, welche zugleich als Reservoir dienen. Die Umgebung der Quellfassung ist auf etwa vorhandene bedenkliche Zuflüsse zu untersuchen und, wenn solche vorhanden, sind dieselben entweder sicher abzuleiten, oder die Stelle der Quellfassung zu verlegen. In Epidemiezeiten und bei Auftreten von Typhus, Ruhr oder Cholera im Ort ist das Waschen und Spülen an der Quelle zu verbieten.

3. **Fluß- und Seewasser** ist für Einzelversorgung wegen meist leichter Infektionsgefahr und wegen der wechselnden Temperatur des Wassers (im Sommer meist zu warm, im Winter zu kalt) nicht zu empfehlen. Jedenfalls ist die Wasserschöpfstelle vor Verunreinigungen zu schützen; sie ist möglichst weit vom Ufer ins Wasser hinein zu verlegen (Rohrleitung). Verbot von Einleiten von Schmutz- und Brauchwasser in den Fluß, Teich oder See. Beschränkung eventuell Aufhebung des Flösserei- und Schiffahrtsverkehrs in Epidemiezeiten, vor allem auch des Ankerns von Flußfahrzeugen und des Waschens, Badens und Spülens in der Nähe der Wasserentnahme. (Reinigung durch Filter, siehe hinten.

4. **Grundwasser.** Bei Entnahme aus geringer Tiefe unter 4—5 m, bei grobkörnigem Boden noch tiefer, sind Infektionen des Grundwassers von oben her möglich; daher ist in solchen Fällen die Umgebung des Brunnens vor Verunreinigungen besonders zu schützen, durch Lehmschlag, Zementierung, Asphaltierung in der Nähe des Brunnens. Möglichst weit entfernte Lage von Abortgruben, Rinnsteinen usw. Wasserdichte Konstruktion der letzteren (siehe Abortgruben). Verbot des Waschens und Spülens in der Nähe des Brunnens. Bei tieferem Grundwasserstande sind Infektionen kaum zu fürchten, wohl aber durch schlechte Brunnenkonstruktion Infektionen des **Brunnenwassers** möglich; daher geben nur gutkonstruierte Brunnen unbedenkliches Wasser.

Kesselbrunnen, d. h. solche mit weitem Schacht, sind besonders leicht Infektionen ausgesetzt. **Gute Konstruktion:** Undurchlässige Wand bis zum Grundwasser, womöglich wenigstens bis 3 m tief. Steine in Zement gefugt, Außenfläche mit Zement verputzt und mit Ton- oder Lehmschlag umgeben, oder Schacht aus Zement-(Monier-)röhren.

Wasserdichte Abdeckung des Schachtes durch Überwölbung, Stein- oder Eisenplatte, darüber 20 cm dicke Ton- oder Lehmschicht mit Überschüttung von Sand oder Grand, oder Erhöhung des Brunnenkranzes über Terrain und sodann Abdichtung, dabei seitliche Verlegung des Pumprohres nötig.

Das Saugerohr der Pumpe ist je nach dem Wasserstande $1/2$—1 m vom Brunnengrund entfernt zu halten. Wasserdichte Durchleitung des Rohres durch die Brunnenabdeckung, bei eisernen Pumpenrohren durch eisernen

Fuß an der Durchgangsstelle, der mit Schrauben an die Abdeckung befestigt und mit Blei gedichtet wird, oder besser, seitliche Fortführung des Saugerohres bis zu der 5 oder mehr Meter entfernten Pumpe, wodurch ein Rückfließen von der Pumpe zum Brunnenkessel (beim Waschen infizierter Wäsche z. B.) am sichersten vermieden wird. In sehr vielen Fällen, so z. B. immer, wenn das Wasser Schwefelwasserstoff enthält, ist eine Lüftung des Brunnenkessels nötig. Es wird zu dem Zweck ein Blech- oder Holzkanal aus dem Brunnenschacht durch die Abdeckung des Brunnens nach außen geführt; besser noch ist es, zwei Kanäle anzubringen, von denen der eine tief in den Brunnenkessel hineinreicht und dicht über der Brunnenabdeckung endigt, der andere dicht unter der Abdeckung beginnt und höher über Tage hinausgeführt wird.

Verbesserungen schlechter Kesselbrunnen, bei reichlichem Brunnenwasser. Nach gründlicher Reinigung des Brunnens von Schlamm und dauernder Beseitigung etwa vorhandener bedenklicher Zuflüsse von der Seite, Einbringen eines eisernen Saugerohrs auf den Grund und Anfüllen des Brunnenschachtes unten mit Kies, oben mit reinem Sand, darüber Lehm;

bei wenig Grundwasser entweder Tieferlegen des Brunnens und eventuell Abdichten des Brunnengrundes bei Wegsickern des Wassers, oder Vergrößerung der Saugefläche des Rohres durch flache tellerförmige Konstruktion desselben, sodann Ausfüllen des Brunnenschachtes in Höhe des Grundwassers mit gewaschenen Feldsteinen, darüber grober, dann feiner Kies, endlich Sand (siehe Konstruktion der Sandfilter), oder Vermauerung des Brunnenschachtes in 2—3 m Tiefe unter Terrain resp. Herstellung einer horizontalen Bühne daselbst aus Holz oder Stein mit Sandschüttung darauf. Konstruktion des Pumpenrohres wie oben angegeben (seitliche Verlegung).

Röhrenbrunnen (abessinische, bei natürlichem Zutagetreten des Wassers artesische genannt) sind den Verunreinigungen durch Infektionsstoffe bei weitem weniger ausgesetzt wie Kesselbrunnen, daher stets vorzuziehen, wenn Untergrundverhältnisse es erlauben. In besonderen Fällen ist das Brunnenrohr durch Verlängerung des inneren Rohres über Erdgleiche noch besonders zu schützen (F. Butzke u. Comp., A.-G. für Metallindustrie in Berlin).

Flachbrunnen, bei einem Grundwasserstand nicht tiefer als 9 m von der Erdoberfläche. Einbringen der mit einer Spitze und Saugeteil versehenen Röhre meist leicht durch Einbohren oder bei schwerem Boden durch Rammen bis in die wasserführende Schicht. Sauge-, d. h. durchlöcherter Teil des Rohres mindestens 80—100 cm lang, da sonst häufig Brunnen wenig ergiebig. Bei längerer Benutzung des Brunnens muß der Saugeteil gut verzinkt sein. Bei feinkörnigen wasserführenden Schichten muß der Saugeteil mit verzinkter oder verkupferter Messinggaze umgeben werden. Die richtige Maschenweite des Filterkorbes bestimmt man durch Sieben einer Bohrprobe. Diejenige Weite der Maschen ist zu wählen, welche $^2/_3$ der Erdprobe durchläßt. Nach Einbringen des Saugeteils ist der Brunnen 2—3 Tage tüchtig abzupumpen, so daß der durchtretende Sand mit in die Höhe kommt, dann ist in der Regel keine Verstopfung mehr zu befürchten.

Bei ganz unbekanntem Boden ist es überhaupt oft zweckmäßig, mittels Erdbohrer sich über die Untergrundverhältnisse vorher zu orientieren.

Versuche über die Ergiebigkeit der wasserführenden Schicht siehe bei Zentralwasserversorgung.

Verstopfen später Inkrustationen von Kalk oder Eisenoxyd die Maschen des Filters, sind dieselben durch Eingießen von verdünnter Salzsäure, Wiederabpumpen nach 10—15 Minuten, meist wieder zu entfernen oder auch durch Ausspritzen des Filtersiebes.

Tiefbrunnen mit einem Grundwasserstand von mindestens 9 m unter Terrain.

Einbringen der hier meist weiteren Rohre je nach dem Boden mehr oder weniger schwierig und kostspielig. Verschiedene Methoden der Bohrung mittelst Letten-, Sand-, Kiesbohrer, Bohrlöffel, Schlangenbohrer, Bohrmeißel, Freifallbohrer oder mit Wasserspülung anwendbar. In die weiteren Bohrrohre wird ein Saugerohr eingesetzt.

Infektion des Wassers von unten her nicht zu fürchten, Wasser aber zuweilen durch Eisen, Schwefelwasserstoff, Huminsäuren und dergleichen verunreinigt und nicht direkt brauchbar. (Über Entfernung dieser Stoffe siehe bei Zentralwasserversorgung.)

Brunnenpreise: 1 m Kesselbrunnen, Ziegel in Zementmörtel verlegt, kostet pro qm Brunnenkesselgrundfläche über Wasser ca. 6 Mk., unter Wasser 12—18 Mk. Brunnenrohr pro Meter ca. 6 Mk., Pumpe 70—120 Mk., aus Eisen etwas mehr.

Ein Abessinierbrunnen komplett 5 m tief kostet ca. 150 Mk., pro jeden Meter tiefer bis 10 m ca. 10 Mk. mehr; von 10—20 m Tiefe pro Meter ca. 10—20 Mk. und mehr, je nach den Bodenverhältnissen.

Verteilung des Wassers im Hause.

a) Bei genügendem Druck durch gewöhnliche Leitung und Zapfstellen wie bei der zentralen Anlage, siehe dort.

b) Fehlt ein solcher Druck, muß ein Reservoir, das zweckmäßig den Maximaltagesbedarf fassen kann, auf dem Boden des Hauses frostsicher und vor Verunreinigung geschützt, aufgestellt werden und durch Handbetrieb oder wenn möglich durch einen kleinen elektrischen Motor das Reservoir täglich gefüllt werden.

Neuerdings stellt man das Reservoir zur Vermeidung von Frostschäden und um eine gleichmäßige Temperatur des Wassers zu gewährleisten, im Keller des Hauses auf und setzt es unter Druck, der ebenfalls wie oben täglich erneuert wird.

Einrichtungen derart stellen her:
Max Brandenburg, Berlin SO. 36.
H. Hammelrath u. Komp., Köln-Lindenthal.
Union Wasserversorgungs- u. Pumpenindustrie, Charlottenburg.
Zenker u. Quabis, Breslau X.

Verbesserung des Wassers bei Einzelversorgung.

a) Verbesserung der Wasserentnahmestelle durch Aufdecken fehlerhafter Anlagen und Abänderung derselben, soweit es möglich ist, nach den früher angeführten Gesichtspunkten.

b) Zusatz von Chemikalien.

Die bisher zur Reinigung des Trinkwassers gebrauchten und empfohlenen Präparate, wie Alaun, Eisenchlorid, Chlorkalk, Bromkali usw., klären meist gut, sind aber in ihrer keimtötenden Wirkung nicht immer zuverlässig, zum Teil auch in ihrer Handhabung recht umständlich. Jedenfalls wird ein Filtrieren und Abkochen des Wassers in praxi meist sicherer und bequemer zum Ziele führen.

c) **Filtration des Wassers durch Kleinfilter.**

Die meisten Kleinfilter halten gröbere suspendierte Teile gut zurück und klären daher das Wasser, wenn es trübe war. Infektionserregende Keime werden nur durch wenige und von diesen meist nur auf kurze Zeit sicher zurückgehalten. Ein absolut sicherer Schutz gegen Infektion wird demnach durch keines der Filter erreicht, wenn das Rohwasser krankheitserregende Bakterien enthält. Daher ist es in solchen Fällen sicherer, das Wasser zu kochen, bis durch Verbesserung oder Veränderung der Wasserentnahmestelle für einwandfreies Wasser gesorgt ist*). Die gebräuchlicheren Filter sind:

Steinfilter aus Sandstein, Lavatuff u. dergl.
: Die Klärung des Wassers kann ziemlich gut sein, die Bakterien dagegen passieren das Filter oft direkt, spätestens nach 2—3 Tagen. Ergiebigkeit meist gering, einige Liter pro Stunde, in der Regel auch bald noch weiter abnehmend, so daß dann Reinigung nötig wird.

Kohlenfilter, aus plastischer Retortenkohle, fein gesiebter Kohle, Kokepulver und Verbindungen der verschiedenen Präparate. Preis meist zwischen 30 u. 70 Mk.
: Dieselben filtrieren ähnlich wie Steinfilter, also Bakterien meist sofort oder sehr bald durchgehend, Ergiebigkeit aber größer und Reinigung seltener nötig; häufig starke Vermehrung der Bakterien im Filter, so daß das Filtrat dann weit bakterienreicher wie das unfiltrierte Wasser ist. Dasselbe gilt für Papierfilter, Eisenschwammfilter und einer großen Reihe von anderen Filtern, welche aus Kombinationen der eben angeführten Materialien bestehen.

Asbestfilter, aus feinzerfasertem Asbest, der als Brei oder gepreßt und oft vermischt mit anderen Materialien zur Verwendung kommt. Sie werden übrigens jetzt weniger zum Zurückhalten von Bakterien, als zum Klären trüber Flüssigkeiten (Bier, Öl, Wein etc.) und zum Entfernen von Eisen aus dem Wasser gebraucht, siehe bei Enteisenungsverfahren.

---

*) Eine Ausnahme machen vielleicht nur die Kieselgur-, Porzellan- und einige Asbestfilter, welche bei sehr sorgfältiger und häufiger Reinigung die Keime länger zurückhalten. Eine wiederholte bakteriologische Kontrolle des Filtrates wird aber stets zweckmäßig sein.

Zu haben bei Arnold u. Schirmer, Berlin NO., Gr. Frankfurterstr. 123, oder H. Jensen u. Komp., Hamburg, Grosse Reichenstr. 20.

Tonfilter, verschiedene Muster im Handel, z. B. nach Hesse, Olschewski usw., filtrieren alle nur kurze Zeit keimfrei, in der Regel um so kürzer, je ergiebiger sie Wasser liefern.

Porzellanfilter von Chamberland-Pasteur in sogenannter Kerzenform; dieselben, für hohen Filtrationsdruck hergestellt, filtrieren meist einige (5—6) Tage keimfrei. Ergiebigkeit der einzelnen Filterkerze aber sehr gering, ca. 20 l pro Tag, und meist schnell noch weiter abnehmend, daher nur zu Filterbatterien vereinigt brauchbar. Reinigung und Herstellen der alten Ergiebigkeit nur durch Kochen und Ausglühen möglich, nicht einfach.

Kerzen für niedrigen Druck filtrieren höchstens 3 Tage keimfrei, die Ergiebigkeit ist anfangs eine größere. Die Reinigung ist dieselbe. In Deutschland zu beziehen durch Lautenschläger, Berlin, Oranienburgerstr.

Kieselgurfilter in Kerzenform, aus Infusorienerde von der Berkerfeld-Filtergesellschaft, Celle-Hannover, filtrieren verschieden lange keimfrei, in der Regel einige Tage, häufig auch länger, bis zu 3—4 Wochen. Ergiebigkeit $^3/_4$—2 l pro Minute bei 1—2^1/$_2$ Atmosphären Druck (Druck der meisten städtischen Wasserleitungen genügt). Ergiebigkeit nimmt langsam ab, ist aber einfach durch Abwischen oder Abbürsten der Filterkerze bis nahezu auf die Anfangsleistung wieder zu heben. Sterilisieren der Kerzen durch langsames Erwärmen im Wasserbade möglich und ziemlich einfach.

Preis pro Filter im Gehäuse zum Anschrauben an die Wasserleitung 30—35 Mk., kleinere 13—16 Mk., als Pumpenfilter 46—200 Mk. Preis einer Ersatzkerze 4,50 Mk., eines Armeefilter (ca. $^1/_2$ l pro Minute) 30 Mk., einer transportablen Pumpe 160 Mk.

Die Kieselgurfilter sind, soweit es bei der Filtration auf Keimfreiheit und Ergiebigkeit zugleich ankommt, zweifellos bisher die besten Filter; bei täglichem Sterilisieren wird man mit ziemlicher Sicherheit auf ein fortdauerndes keimfreies Filtrat rechnen können.

Nahezu gleich den Berkefeldfiltern an Form, Preis und Filterwirkung sind die neuerdings von Schuler in Isny (Württemberg) aus Kunststein hergestellten Filter.

d) **Abkochen des Wassers.**

Durch einfaches einmaliges Aufkochen (100° C.) wird ein Wasser sicher von allen für gewöhnlich in Betracht kommenden belebten Krankheitserregern befreit.

Es ist zu berücksichtigen, daß bei Gebrauch von verdächtigem Wasser nicht allein das Trinkwasser, sondern auch das zum Abwaschen der Eß- und Kochgeschirre, sowie das zur Körper-, besonders Mundreinigung nötige Wasser gefahrbringend sein kann. Das gekochte Wasser schmeckt fade, der Geschmack ist aber durch Zusatz von Kaffee, Tee, Fruchtsäuren und -säften oder besser durch Imprägnieren mit Kohlensäure leicht zu verbessern. Apparate zum Imprägnieren mit Kohlensäure (Herstellen von Selter- und Sodawasser) liefert L. Heck & Sohn, München, Baderstr. 7, für stündlich 100 Flaschen ca. 300 Mk., kleinere für 60 Flaschen ca. 100 Mk.

Sollen größere Mengen Wasser für Familien, Krankenhäuser, Schulen, Fabriken, Schiffe usw. und diese längere Zeit hindurch, z. B. bei Epidemien, abgekocht werden, sind besondere Kochapparate zu empfehlen, von denen nachstehend einige angeführt sind.

Dieselben haben meist den Vorteil, daß das Wasser gleich wieder abgekühlt wird und sofort gebraucht werden kann.

Apparate der Deutschen Kontinentalgasgesellschaft in Dessau für Gasheizung liefern pro Stunde 30 l mit 300 l Gas. Preis 75 Mk.

Apparate von Grove, Berlin, Friedrichstr., für Gasheizung zum Anschrauben an die Wasserleitung, liefern stündlich 70—100 l mit 400 l Gasverbrauch. Preis 300 Mk. Ablaufendes Wasser ca. 5° wärmer, wie das zulaufende.

Apparate von Siemens u. Co., Berlin, liefern stündlich ca. 35 l (100 l brauchen $^1/_2$ cbm Gas). Preis 45 Mk., mit empfehlenswertem Kontrollapparat 75 Mk. Das ablaufende Wasser ist ca. 6—10° wärmer, wie das zufließende.

Apparate von Schäffer u. Walcker, Berlin, für Gasheizung liefern ca. 30—40 l stündlich.

Apparate von Pape u. Henneberg, Hamburg, für Gas-, Petroleum- und Kohlenfeuerung mit automatischer Selbstregulierung des zufließenden Wassers. Die kleineren Apparate liefern stündlich ca. 250 l. Preis 760 Mk. 1 cbm Wasser erfordert ca. 8 cbm Gas oder 12 kg Kohlen.

Apparate von C. Aug. Schmidt Söhne, Hamburg-Uhlenhorst. Apparate für ganze Häuser, Lazarette usw., ebenfalls mit automatischer Selbstregulierung des Zuflusses. Bei 100—150 l stündlicher Leistung kosten die Apparate 700—1200 Mk.

Fahrbarer Apparat von Rietschel u. Henneberg, Berlin, für Armeen und Epidemien. Ca. 300 l stündlich liefernd; kleinere tragbare Apparate geben etwa 100 l Wasser pro Stunde.

e) Destillation des Wassers, besonders für Schiffe geeignet, da Meerwasser verwendet werden kann. Verschiedene Apparate bewährt, z. B. von Niemeyer, Hamburg, Steinwärder, oder Kirkaldy, London oder A. B. Fräser u. Comp., Liverpool. Betrieb meist ziemlich kostspielig. 1 kg Dampf gibt ca. 1—$^1/_2$ kg. Trinkwasser. 1 cbm Wasser kostet ca. 1,50—3 Mk. Über Schmackhaftmachung des Wassers siehe bei d).

Zentrale Wasserversorgung.

Qualität. Die Anforderungen an dieselbe (siehe S. 13) sind besonders hoch zu stellen, da die Gefahr einer Epidemie bei schlechter Wasserbeschaffenheit bedeutend vermehrt ist.

Quantität hat sich zu richten nach Wasserbedarf, der nach den früher (S. 24) angegebenen Zahlen zu ermitteln ist. Etwaige Vergrößerung des Wasserwerkes stets vorsehen. In der Regel werden pro Kopf und Tag 70 bis 125 l genügen.

Zuführung ist möglichst bequem für die Entnehmer einzurichten. Bei kleinen Anlagen und in Orten ohne Kanalisation als öffentliche Brunnen; besser als Leitungsnetz bis in die Häuser, aber hier nur einwandfreies Wasser zu gestatten. Ist keine Kanalisation vorhanden, macht die Einführung einer Wasserleitung in die Häuser eine solche meist nötig.

Getrennte Leitung mit minderwertigem Wasser (z. B. Seewasser) für Straßenreinigung, Kanalspülung, Springbrunnen zuweilen zu empfehlen, dagegen ist solches Wasser nicht in die Häuser zu führen.

Wasserbezugsquellen.

1. **Quellwasser.**

    Vorzüge desselben sind: Infektionsgefahr meist ausgeschlossen. Gute Temperatur, meist Fehlen von das Wasser unansehnlich machenden Beimischungen, wie Trübungen usw. Bei Anlage zentraler Quellenleitungen sind genaue Vorstudien nötig über Ergiebigkeit, Reinheit des Wassers, geologische Verhältnisse des Untergrundes Beschaffenheit des die Quelle speisenden Niederschlagsgebietes.

    Forderungen an Fassungen von Quellen.

    Verunreinigungen von außen (durch Schmutz oder oberflächliches Meteorwasser) sind sorgfältig abzuhalten.

    Quellmündung muß frostfrei gelegt werden.

    Quellfassungsraum muß gereinigt werden können.

    Quellfassungsraum muß ventiliert sein.

    Ausführung von Quellfassungen.

    Quellkammern. Brunnenstuben. Einfache Ausführung: Ausschachtung des Vorterrains der Quelle und Anfüllen des Schachtes mit Geröll-Schottersteinen. Abschluß nach außen durch Lehmabdeckung. Ventilation durch eingeführtes Rohr.

    Bessere Ausführung: Massiv gemauertes Bassin mit Mannloch und Ventilationsrohr.

    Vermehrung der Wassermenge häufig möglich durch seitlich fortgeführte Sickerstollen. Bei Quellen in der Ebene, Tiefstollen eventuell mit Stautüren zum Aufspeichern von unterirdisch fließendem Wasser.

    Bei sandführenden Quellen ist ein Sandfang einzuschalten, Verminderung der Stromgeschwindigkeit auf 0,5—50 mm pro Sekunde.

    Bei zeitweise, z. B. nach Regen, sich zeigenden Trübungen ist nachzuforschen, ob unreine Zuflüsse zur Quelle gelangen. (Bakteriologische Prüfung.)

2. **Grundwasser.**

    Vorstudien nötig über Beschaffenheit (bes. Eisen, Mangan, Schwefelwasserstoff, Humin, Lehmtrübungen, Bakterien) und Ergiebigkeit desselben. Anlage von Probebrunnen.

    Messung der Höhe der wasserführenden Schicht, Ermittelung, ob Grundwasser ruht (meist geringe Ergiebigkeit) oder fließt, durch Einnivellieren von 3 benachbarten

Brunnen (verschiedene Höhe des Grundwasserspiegels zeigt Fließen an, wenn das Grundwasserbecken dasselbe ist).

Geschwindigkeit der unterirdischen Ströme kann oft ermittelt werden durch Einschütten von ca. 150—200 kg Kochsalz in konzentrierter Lösung in den obersten Brunnen; in den tieferen Brunnen Kulminationspunkt des Kochsalzgehaltes durch Chlorbestimmungen in kurzen Abständen ermitteln. Zeitliche Differenz zwischen Einschütten des Kochsalzes im ersten und Kulminationspunkt im zweiten Brunnen ist gleich Länge der Zeit, die das Wasser nötig hat, um von einem zum anderen Brunnen zu fließen. (Bei ungleicher Bodenbeschaffenheit Trugschlüsse durch Vorhandensein von gröberen Erdspalten möglich.)

Wochenlang fortgesetzte Pumpversuche an den Probebrunnen, dabei Messung der geförderten Wassermenge, der Absenkung des Wasserspiegels im Versuchsbrunnen und in den benachbarten Brunnen.

Bei der Untersuchung auf Bakterien, welche namentlich bei nicht tiefer Grundwasserentnahme nötig ist, muß das Wasser aus den frisch gebohrten Brunnen, nachdem diese letzteren desinfiziert sind (siehe hinten), unter sorgfältiger Vermeidung jeglicher Verunreinigung geschöpft werden. Die Untersuchung kann nur durch einen geübten Bakteriologen ausgeführt werden.

Entnahme von Grundwasser aus oberen Erdschichten

a) bei reichlichem Grundwasser. Schachtbrunnen 2 bis 15 m im Durchmesser (Konstruktion siehe bei Kesselbrunnen) oder Röhrenbrunnen 5—10 cm weit (wie bei Einzelwasserversorgung), oft viele miteinander verbunden als gekoppelte Ring- oder Reihenbrunnen (bei flachen Grundwasserschichten). Abstand der Brunnen voneinander ca. 4—20 m;

b) bei spärlichem Grundwasser. Sammelgalerien, konstruiert als Sickergräben, mit Kies und Steinschlag gefüllt, oder als Drainageanlagen, dabei ist die Nachbarschaft von Bäumen der Wurzeln wegen zu beachten (siehe Rieselfelder), oder als gemauerte Kanäle mit Schlitzen oder teilweise offenen Fugen.

Alle Galerien sollten mindestens 3 m von der Erdoberfläche mit ihrem Scheitel entfernt sein (Infektionsgefahr von oben). Bei Nachbarschaft von gedüngten Feldern, von Flüssen oder der See Vorsicht, damit nicht von dort her bei starkem Wasserverbrauch bedenkliches oder unbrauchbares Wasser eintritt.

Entnahme von Grundwasser aus tieferen Erdschichten, meist durch einen oder mehrere Röhrenbrunnen. Durchmesser bis 60 cm. Schutz gegen Verschlammung oder Versandung durch herausnehmbare Filterkörbe oder durch Umgeben der Brunnen mit Kies und Sand, siehe auch Röhrenbrunnen für Einzelversorgung.

3. **Oberflächenwasser** ist unbedenklich und ohne weiteres als Leitungswasser zuzulassen nur, wenn es aus unbewohnten Gegenden (Gebirgstälern und Seeen) oder aus der Mitte großer und tiefer Seeen ohne Schiffsverkehr stammt; sonst ist es stets vorher zu reinigen (siehe nächste Seite).

Aufspeicherung des Wassers in entlegenen Tälern durch Talsperren.

Vorstudien nötig über Größe der sich sammelnden Niederschläge und Ergiebigkeit etwaiger Quellen. Undurchlässigkeit der Talsohle (event. durch Tonbelag künstlich zu erreichen). Festigkeit des Untergrundes an der Stelle des projektierten Abschlußdammes; ferner über Fehlen etwaiger verunreinigender Zuflüsse (event. Ankauf und Abbruch von Wohnungen oberhalb der Talsperre).

Stauanlage als Erddamm oder besser als Staumauer mit Entleerungsventil, Überlauf, Umlaufkanal zum gelegentlichen Ausschalten der zufließenden Wässer bei starkem Regen, und Entnahmerohr mit Sieb. Wasserentnahme wenn möglich mehrere Meter von der Wasseroberfläche entfernt und ebenso vom Grunde des Bassins. Reinigung des Grundes des Staubassins von Bäumen, Sträuchern, Gras, Humus und dergleichen. Wände des Sammelbeckens in Höhe der Wasseroberfläche möglichst steil und gut befestigt. Talwände, wenn nicht schon bewachsen, aufforsten. Verbot des Betretens der Umgebung des Wasserbeckens. Stete Überwachung der Staumauer. In der Regel wird das Wasser aus Staubassins noch besonders gereinigt werden müssen (siehe Sandfiltration), in geeigneten Fällen kann auch eine Wiesendrainage mit dem Staubassin verbunden werden.

Entnahme von Wasser aus Flüssen und Seen, welche gelegentlich der Verunreinigung ausgesetzt sind.

Schöpfstelle aus Seen möglichst vom Ufer und besonders von verunreinigenden Zuflüssen entfernt, in frostfreier Tiefe und ca. 2–5 m von der Sohle des Sees zu wählen. Sieb auf die Saugeöffnung.

Schöpfstelle aus Flüssen, ebenso in die Mitte des Stromes zu legen, stets oberhalb der betreffenden Ortschaft, bei Seestädten außer Bereich der Flutwelle. Sorgfältige Revision der oberhalb der Schöpfstelle befindlichen Ufer. Verbot des Einleitens von Schmutzwässern jeder Art daselbst, event. Ankauf von an den Ufern gelegenen Anwesen. Verbot des Anlegens von Fahrzeugen und Flößen in der Nähe von der Schöpfstelle. Befestigung der Uferböschungen. Saugeöffnung flußabwärts gerichtet mit Schutzfilter versehen, mit einem Schutzbehälter umgeben zur Verhütung von Grundeisbildung.

Reinigung des Wassers bei zentraler Wasserversorgung.

a) Entfernung von Eisen, ist stets nötig, sobald das Wasser bei längerem Stehen an der Luft Eisentrübung (milchig) und später gelbbraunen Niederschlag zeigt, was bei 0,5 mg Eisen im Liter und mehr in der Regel, zuweilen sogar bei noch geringerem Eisengehalt eintritt. Wird das Eisen nicht entfernt, liegt die Gefahr einer Verschlammung des Leitungsnetzes nahe (Crenotrix).

Enteisenung durch Ozonisieren siehe bei d).

Enteisenung nach Piefke (G. Arnold und Schirmer, Berlin, Gr. Frankfurterstr. 123).

Das Wasser fällt durch Brausen verteilt 1,5–2 m hoch auf ein mit Kokes gefülltes eisernes Faß, „Lüfter" genannt; event. auch Holzfaß oder Monierkästen dafür anwendbar. Der Lüfter hat meist 2–3 m Durchmesser und ist 1–4 m hoch. Der Boden desselben besteht aus einer durchlochten (10 mm große Löcher) Eisenplatte, auf welcher die faustgroßen Kokesstücke aufgeschichtet werden. Nach der Lüftung wird das Wasser durch ein mittelfeines (4–10 mm Korngröße) Sandfilter filtriert. Bei kleinen Anlagen und wenig verfügbarem Raum können auch andere Filter, z. B. Piefkes Asbest-Zellulose-Schnellfilter, genommen werden.

Filter für 6—10 cbm Wasser stündl. 1500—1900 M.
„   „ 10—30 „   „   „   2000—3000 „

Filter ohne Lüftung des Wassers bei geringem Eisengehalt, direkt in den Brunnen zu legen

für 100—800 l stündlich . . . . . 85—550 M.
„ Küchen kleiner . . . . 54—155 „

Ein ähnliches **Asbestfilter** (vorm. Enzinger resp. Sellenscheidt) liefert die **Filter- und brautechnische Maschinenfabrik, Worms a. Rh.**

Zulässige Filtrationsgeschwindigkeit bei 3—4 mg Eisen pro 1 qm Lüfter und 1,5 m Kokesschichthöhe etwa 2—4 cbm stündlich.

Das Eisen wird bis auf unschädliche Reste von 0,1—0,3 mg im Liter entfernt.

Von Stadtbaurat Kretschmar, Zwickau, wird ein Sandfilter (Quellfilter) empfohlen, welches 60—80 cm dick aus unten grobem Flußkies, darauf Feinkies, dann Sand und zur Deckung wieder mittelgrobem Kies besteht. Das gelüftete Wasser wird von unten nach oben filtriert. Die Reinigung des Filters durch Umkehren des Wasserstromes ist besonders einfach.

Enteisenung nach Oesten (Oberingenieur, Berlin, Wilhelmstr. 51.)

Das Wasser fällt durch Brausen mit 1 mm großen Löchern 2 m hoch in ein Bassin, welches seinerseits 1 m hoch ist; dasselbe enthält auf seinem Boden eine durchlochte Eisenplatte mit 30 cm hoher Graupenkiesaufschüttung und ein Abflußrohr zum Reinwasserkanal.

Filtriert kann werden ca. 1 cbm Wasser pro qm Kiesfläche stündlich. Reinigung des Kiesfilters durch Umkehren des Wasserstromes und mechanisches Entfernen der Eisenteile aus dem Filter mittelst Harken und Piassavabesen.

Enteisenung nach Reisert, sehr ähnlich dem vorstehenden Verfahren. Hans Reisert, Köln a. Rh.

Enteisenung nach Kröhnke, ähnlich den vorstehenden Verfahren, nur ist der Filtersand in Trommeln befindlich und kann durch Rotation der Trommeln leicht gereinigt werden. Apparate bis 50 cbm und mehr Wasser stündlich gebend.

Allgemeine Städtereinigungsgesellschaft m. b. H., Wiesbaden, Sonnenbergerstr. 3.

Ähnliche Filtertrommeln liefern W. Bruch, Berlin SW., Anhaltstrasse; Bopp u. Reuther, Mannheim-Waldhof.

Weitere ähnliche Enteisenungsverfahren sind solche von Linde u. Hess (Filter aus mit Zinndioxyd imprägnierten Holzspänen von Büttner u. Meyer in Urdingen); ferner Bock (Hannoversche Eisengießerei, Anderten bei Hannover), Wasser- und Abwasserreinigung, G. m. b. H., Neustadt a. d. Hardt.

Enteisenung von Deseniss u. Jacobi, Hamburg, Der Pumpenzylinder ist mit einer kleinen Luftpumpe verbunden, welche bei jedem Pumpenschlag die nötige Luftmenge in das in die Leitung eingeschaltete Filter preßt, wodurch vollkommene Enteisenung bewirkt wird. Vollständiger Apparat 420—650 Mk.

Im Auslande sind mehrfach noch ähnliche Verfahren in Gebrauch, z. B. Verfahren von Tindel in Holland, oder das von Abraham und Marmier in Frankreich und Holland (Schiedam und Nieuwersluis). Auch durch künstliche Anreicherung mit Eisen (Anderson) hat man Niederschläge erzeugt und sodann das Gesamteisen herausfiltriert, oder durch Ferrochlorzusatz und Schnellfilterung.

Enteisenung durch Tierkohle. Sind nur geringe Mengen von Eisen im Wasser enthalten, leistet für Kleinbetrieb oft ein Tierkohlefilter, z. B. von C. Bühring u. Comp., Hamburg, Spaldingstr. 21/23, ausreichende Dienste. Hat das Filter sich totgearbeitet, kann es durch Einlegen in verdünnte Salzsäure und folgendes Ausspülen wieder regeneriert werden.

Enteisenung durch intermittierende Sandfiltration (für Kleinbetrieb).

Dieselbe läßt sich in folgender einfacher Weise bewerkstelligen. Eine mit Ablaßhahn versehene Tonne wird am Boden mit einer Schicht faustgroßer Feldsteine gefüllt, darauf kommt ein feines Drahtsieb und eine 30 cm hohe Sandschicht (1 mm Korngröße). Das eisenhaltige Wasser wird oben aufgefüllt und kann eisenfrei unten abgezapft werden, wenn das Filter eingearbeitet ist, d. h. wenn der Sand sich mit Eisenoxyd imprägniert hat, was je nach dem Eisengehalt des Wassers in einigen Tagen bis Wochen geschieht. Über Nacht muß das Filter stets leer laufen, so daß

Luft in die Sandschicht eindringt. Innerhalb eines Tages kann eine fünffache oder noch höhere Tonnenfüllung eisenfrei gewonnen werden. Verstopft sich schließlich das Filter, wird es mittelst Durchspülen und Aufrühren des Sandes leicht gereinigt.

Solche Filterfässer mit Armierung von J. S. M. Nürnberg in Hamburg für 135 Mk. zu haben.

b) **Entfernung von Schwefelwasserstoff.** Derselbe kommt häufig mit Eisen zusammen im Grundwasser vor und wird dann durch das Enteisenungsverfahren zugleich mit entfernt. Ist dies nicht der Fall, muß das Wasser gelüftet werden, indem man dasselbe je nach dem Gehalt an Schwefelwasserstoff aus verschiedener Höhe in feiner Verteilung durch Siebe oder Drahtnetze herabrieseln läßt in Ventilationstürmen, welche dem Luftzug möglichst ausgesetzt sind. Über Entlüftung von Kesselbrunnen siehe dort.

c) **Entfernung von Mangan,** welches ebenfalls nicht selten zusammen mit Eisen im Wasser vorkommt, kann zuweilen mit dem Eisen zugleich durch Lüften und Filtrieren bewirkt werden, oder durch Mischen des manganhaltigen Wassers mit anderem Wasser oder durch Zusatz von Permutit (Kalziumaluminiumsilikat von Riedel, A. G. Berlin). Kosten ca. 2—3 Pfg. pro cbm Wasser, darauf Filtration durch eine ca. 15 cm dicke Sandschicht mit 100 mm stündlicher Geschwindigkeit. Welches Verfahren das beste ist, muß in jedem Fall ausprobiert werden.

d) **Entfernung von Kalk und Magnesiasalzen** (Weichmachen des Wassers) ist für manche Gewerbebetriebe (Kesselspeisung, Färbereien, Wäschereien, Gärungsgewerbe) nötig. Sie wird erzielt durch Zusatz von Kalkwasser oder Soda und nachfolgendes Klären oder Filtrieren mittelst Filterpressen. Das Wasser wird zunächst in einem Vorwärmer auf 60—70° erhitzt, sodann Kalkmilch zugesetzt, bis empfindliches Lackmuspapier eben gebläut wird, darauf folgt der Sodazusatz, und zwar kann man ca. 24 cc einer 80 prozentigen Sodalösung für je 1 cbm Wasser und einen deutschen Härtegrad rechnen. Maschinenbauanstalt Humboldt, Kalk b. Köln. Reisert, Köln. A. L. G. Dehne, Halle a. Saale. Aktiengesellschaft f. Großfiltration, Worms a. Rh. Allgem. Städtereinigungsges. m. b. H., Wiesbaden. Berliner Wasserreinigungsges. m. b. H., Berlin-Friedenau, Arnold u. Schirmer, Berlin NO. 13.

Sehr weiches und zugleich kohlensäurehaltiges Wasser ist umgekehrt durch Einhängen von Kalksäcken in das Wasserreservoir härter zu machen, was zuweilen bei längeren Bleirohrleitungen erwünscht oder nötig ist (siehe bei Leitungsröhren, weiter hinten).

e) **Entfernung von Farbstoffen**, Huminbestandteilen aus Moorwasser, feinsten Lehmtrübungen, ist nicht immer vollkommen möglich; zuweilen ist es durch Zusatz kleiner Mengen von schwefelsaurer Tonerde (etwa 1 : 25 000—50 000) und nachfolgende Filtration, durch Ozonisierung oder durch Mischen des gefärbten Wassers mit anderem Wasser zu erreichen. Bei letzterem Verfahren bildet sich schnell ein Niederschlag, der durch Schnellfiltration zu entfernen ist.

Ozonapparate, verbunden mit Schnellfiltration, befreien Wasser von organischen Trübungen, auch namentlich eisenhaltigen, bei denen die anderen Enteisenungsverfahren versagen; der Keimgehalt wird stark herabgesetzt, eine vollkommene Sterilisation nicht immer erreicht. 1—1½ g Ozon sterilisiert etwa 1 cbm Wasser.

Eine Sterilisations- und Enteisenungsanlage für 100 bis 120 cbm stündlich kostet ca. 135 000 Mk. Ein cbm Wasser zu reinigen etwa 1 Pfg. Kleinere fahrbare Apparate, die ca. 2—3 cbm Wasser pro Stunde liefern, sind für Feldzüge und Epidemien brauchbar.

Siemens u. Halske, A.-G., Berlin-Nonnendamm. Friese, Paris. Otto, Franz. Ozongesellschaft, Nizza. Thomson-Houston-Gesellschaft, Paris.

Apparate für das Haus von Lameyer-Werke, Frankfurt a. M. an die gewöhnliche Lichtleitung anzuschließen.

f) **Entfernung von lebenden Keimen** (Bakterien) ist überall nötig, wo das Leitungswasser nicht einwandfreien (siehe oben) Ursprungs ist.

Abkochen ist wegen Kostspieligkeit im großen noch nicht praktisch durchführbar.

Ozonisieren, siehe vorher.

Reinigung in Ablagerungs-Klärbassins ist nicht genügend, aber als Vorreinigung für nachfolgende Filtration besonders bei trübem Wasser aus Flüssen sehr zu empfehlen, da der Filterbetrieb dadurch wesentlich billiger wird.

Klärbecken, gemauerte Gruben, zweckmäßig doppelt anzulegen zu alternierender Reinigung. Verlangsamung der Durchströmungsgeschwindigkeit auf

0,5—2,0 mm Geschwindigkeit pro Sekunde; danach Größe des Bassins berechnen. Ableitung des Wassers aus dem Klärbecken durch breiten Überfall mit Eintauchplatte davor. Zum Schutz gegen Frost und hohe Sommertemperatur am besten überdachen.

Unter Umständen auch natürliche Teiche als Klärbassins praktisch verwendbar.

Eine andere Art der Vorreinigung, besonders für nachfolgende Sandfiltration, besteht darin, daß man das Wasser zunächst durch grobe Sandfilter von 1-3 mm Korngröße oder durch Vorschaltfilter aus Tuch (Direktor Borchardt, Remscheid) schickt. Geschwindigkeit der Filtration etwa 2—3 m in der Stunde. Bakterien werden etwa zur Hälfte zurückgehalten. Reinigung der Filter je nach dem Rohwasser alle paar Tage durch Durchspülen mit reinem Wasser nötig.

Besondere Reinigungsvorrichtung mittelst Luft und Wasser durch Apparate von Hans Reisert, Köln a. Rh. oder nach dem Verfahren von Puech, Paris durch Vorbehandlung des Wassers in mehreren Grobfiltern unter reichlicher Licht- und Luftzuführung, sodann in mittelgroben Vorfiltern, woran sich endlich die gewöhnliche Sandfiltration anschließt. Erforderlich dafür ist reichliches Gefälle, eine Reinigung der Feinfilter dafür nur in langen Pausen nötig.

Reinigung durch Chemikalien und nachfolgende Schnellfiltration. Gebraucht werden vielfach Tonerde und Eisenchlorid, die aber nicht das Wasser keimfrei machen, wohl aber Ton und Farbstoffe aus demselben entfernen, oder Chlorkalk und Eisenchlorid mit nachfolgender Filtration durch Schnellfilter (System Duyk mit Howatsons Filter, oder Jewell Export-Filter-Kompagnie).

Reinigung durch Sandfiltration gewährt zwar nicht immer oder wenigstens nur bei durchaus zweckentsprechender Einrichtung und sehr sorgfältig überwachtem Betrieb eine vollkommene Sicherheit für Zurückhaltung der Keime, ist aber bisher das beste bekannte Verfahren zur Reinigung größerer Wassermengen von Infektionsstoffen.

Konstruktion der Sandfilter. Gemauerte Bassins, ca. 500—5000 qm groß, vollkommen wasserdicht und gut fundiert. Auf dem Boden des Bassins Backstein-

sickerkanäle mit Sammelkanal und Entlüftungsröhren.
Füllung der Bassins von unten nach oben:

1. Feldsteine 60—200 mm Durchmesser, 250 cm ⎫
2. Grober Kies 30—60 „ Korngröße, 150 „ ⎪
3. Mittelfeiner Kies 20—30 „ „ 120 „ ⎬ hohe Schicht
4. Feiner Kies 10—20 „ „ 8 „ ⎪
5. Grober Sand 3—4 „ „ 5 „ ⎪
6. Feiner, scharfer Sand 0,5—1,0 „ „ 60—140 „ ⎭

    Sämtliche Füllmaterialien müssen gut gesiebt, also gleichmäßig in der Korngröße, vollkommen rein (frei von organischen Beimengungen) und sorgfältig ausgewaschen vor dem Einbringen sein.

Überdeckung der Filter im kälteren Klima notwendig, als Pappdach mit Verschalung, Holzcementdach oder gewölbte Eindeckung mit Erdaufschüttung und Rasendecke.

Vorteile der Eindeckung. Weniger große Temperaturschwankungen des Wassers, Betrieb auch bei stärkerem Frost möglich. Längere Betriebsdauer zwischen zwei Reinigungen.

Vorteile der offenen Filter. Billiger in der Anlage, schnellere Bildung der filtrierenden Schlammdecke auf den Filtern, daher Möglichkeit, die Filter nach der Reinigung schneller in Betrieb zu nehmen.

Rohwassereinlauf in Trichterform mit Mündung nach oben, ca. ¹/₂ m über der Sandfläche, bei voller Füllung mit Sand, mündend.

Überlauf für das Rohwasser ca. 1,2—1,5 m über der Sandoberfläche bei voller Füllung mit Sand.

Entleerungsrohr ist für jedes Filter nötig; es wird gebraucht, um nach dem Anlassen des Filters das erste Wasser ablaufen lassen zu können.

Größe der Filterfläche, Anzahl der Filter, Reservefilter.

    Erstere ist abhängig von der Größe des Wasserbedarfs, der Reinheit des Rohwassers und der Beschaffenheit (Feinheit) des Filtermaterials. In der Regel liefert 1 qm Filterfläche in 10 Stunden 1 cbm Reinwasser (siehe bei Filterbetrieb), bei sehr reinem (Vorreinigung, siehe vorige Seite) Wasser mehr.

Die filtrierende Fläche ist zweckmäßig in wenigstens 4 getrennte Abteilungen zu zerlegen, bei größeren Anlagen in noch mehrere. Als Reservefilterfläche ist stets 10—25% der Gesamtfilterfläche vorzusehen.

Filterbetrieb.

Wasserfüllung der neuen oder gereinigten Filter stets von unten her, bis Wasser wenigstens 20 cm über dem Sande steht; daher Einrichtung zur Füllung vom Reinwasserbassin aus nötig.

Nach dieser Füllung Zufluß von Rohwasser bis zum Überlauf und Absitzenlassen des aufgebrachten Wassers je nach dem Gehalt des Rohwassers an suspendierten Bestandteilen, nach der Jahreszeit und je nachdem man offene oder bedeckte Filter hat, 12—48 Stunden (empirisch in jedem Fall durch fortgesetzte bakteriologische Untersuchungen der ersten Filtrate zu ermitteln).

Anlassen der Filter zunächst mit geringerer (60 mm), dann langsam steigender (bis 100 mm pro Stunde) Geschwindigkeit. Größere Geschwindigkeiten sind nur in Ausnahmefällen bei besonders gutem Rohwasser (Vorreinigung) zulässig.

Regulierung und Kontrolle der Geschwindigkeit durch eine am Ausfluß des Filters angebrachte Kontrollkammer (verschiedene Systeme in Gebrauch von Gill, Lindley, Grahn, Goetze). Dort muß abgelesen werden können: Menge des abfließenden Reinwassers, Filtriergeschwindigkeit, Höhendifferenz zwischen Rohwasser- und Reinwasseroberfläche (am besten automatische Registrierung mit elektrischer Alarmierung bei Überschreitung der zulässigen Grenze; Adressen siehe pag. 48).

Eine möglichst gleichmäßige Filtriergeschwindigkeit ist stets einzuhalten. Auf alle Fälle ist zu vermeiden ein sogenanntes „Luftmachen" des Filters durch kurzes oder längeres Schließen des Filterabflusses. Auf den Filtern ist ferner konstante Wasserhöhe zu halten. Steigt die Höhendifferenz zwischen Rohwasseroberfläche und Wasseroberfläche in der Kontrollkammer über 60 cm, muß das Filter gereinigt werden. Das nach der Reinigung zuerst durchfiltrierte Wasser muß fortgeleitet werden und darf nicht ins Leitungsnetz kommen. Wieviel fortlaufen muß, ist ebenfalls auf jedem Filterwerk durch besondere bakteriologische Versuche festzustellen. Nach Patent des Oberingenieurs Goetze, Bremen, kann man auch das Filtrat aus einem neu in Betrieb gesetzten oder frisch gereinigten Filter mittels Heber auf ein zweites Filter leiten, wodurch Wasser, Zeit und Betriebskosten gespart werden.

Reinigung der Filter. Dieselbe geht in folgender Weise vor sich:

Absperren des Rohwasserzuflusses, Ablassen des Rohwassers auf dem Filter bis ca. 30—50 cm unter die Sandoberfläche. Abtragen der obersten Schlammschicht in ca. 2 cm Dicke. Ebnen und Glätten der Sandoberfläche, Einlassen von Reinwasser von unten her bis ca. 20 cm über die Sandoberfläche und so fort wie oben. Ein gelindes ca. 2—3 cm tiefes Frieren der obersten Sandschicht beim Reinigen des Filters schadet in der Regel nicht, wohl aber ein tieferes Frieren, dann wird das Filtrat sehr schlecht. Ist durch wiederholte Reinigung die oberste Sandschicht bis auf 400—600 mm Stärke zurückgegangen, muß gereinigter Sand aufgefüllt werden. Neuerdings sind auch Reinigungsverfahren ohne vollständiges Ablassen des Rohwassers namentlich in Amerika versucht und anscheinend bewährt gefunden, z. B. in Brooklyn, New-York.

Reinigung des Sandes durch Sandwäsche in rotierenden Waschtrommeln mit Hand- oder besser Maschinentrieb. Maschinenfabrik Cyklop, Berlin, Pankstrasse 15. Kosten der Reinigung pro cbm Sand 1,50—2,50 Mk., Preis der Apparate, welche $1^{1}/_{2}$ bis 3,4 cbm Sand stündlich reinigen, 2300 bis 3400 Mk., oder durch Wasserstrahlsandwäsche von Körting, Hannover, oder Lycken und Symonis, Hamburg, Anlagekosten etwa gleich, Betrieb etwas billiger.

Reinigung des Wassers durch Steinfilter (Wormser Filter).

Zylindrische Filterkörper aus Sand und Natronsilikat gebrannt. Eine Filterbatterie liefert 120 bis 225 l Wasser pro Minute. Keime werden jedoch nicht alle zurückgehalten. Aktiengesellschaft für Großfiltration, Worms a. Rh.

Kontrolle der Filtration.

Dieselbe ist durch bakteriologische Untersuchung des Filtrates anzustellen. Bei größeren Wasserwerken sollte täglich das Filtrat eines jeden Filters einmal bakteriologisch untersucht werden, aber auch kleinere Wasserwerke werden eine öfter zu wiederholende Untersuchung nicht entbehren können. Liegt Verdacht einer Infektion des Rohwassers (Cholera, Typhus, Ruhr) vor, so ist unter allen Umständen das Filtrat jeden Filters täglich zu untersuchen und wenn dasselbe mehr als 100 Keime in cc enthält, womöglich nicht in das Leitungsnetz zu führen. Selbstverständlich muß sodann nach der Ursache der ungenügenden Filtration gesucht, das betreffende Filter so lange ausgeschaltet und eventuell langsamer filtriert werden.

Ein jedes auch kleinere Filtrationswasserwerk sollte über ein kleines bakteriologisches Laboratorium verfügen und es sollte jemand vorhanden sein, der bakteriologisch ausgebildet die Untersuchungen am besten auf dem Wasserwerk selbst ausführt. Ein Techniker wird die dazu nötigen Kenntnisse in einem bakteriologischen Kursus auf einer Universität ohne Schwierigkeiten erwerben können. Über Desinfektion infizierter Leitungen siehe hinten.

Reinwasserreservoire (siehe auch Talsperren) sind für die meisten Wasserwerke nötig oder sehr wünschenswert. (Ausgleich des wechselnden Tagesbedarfs, Vorrat für Löschzwecke, Sicherung eines genügenden konstanten Druckes in der Leitung.)

Größe etwa gleich dem gewöhnlichen Tagesbedarf bei filtriertem Wasser, dem maximalen Tagesbedarf bei Quellwasser. Minimalgröße 80—100 cbm für Löschbedarf bei Feuer.

Höhenlage des Reservoirs über dem Straßennetz 20—30 m; bei geringerer Höhe Hydranten nicht direkt als Feuerlöschhähne verwendbar.

Empfehlenswert sind mindestens 2 Reservoire, um eins gelegentlich zur Reinigung ausschalten zu können, ferner als Ausgleichsreservoire an verschiedenen Stellen der Leitung bei verschieden hoher Lage der einzelnen Stadtteile und zur Verminderung von Reibungsverlusten im Leitungsnetz.

Konstruktion der Reservoire. Niederreservoire bei natürlicher Hochlage des Wasserwerks, im Boden gut fundierte, gemauerte und überwölbte Bassins mit $1^1/_2$ m Erdschicht und Rasenbedeckung gegen Temperaturschwankungen, mit Lüftungsröhren, welche durch Siebe gegen Hineingelangen von Insekten, Fröschen und dergl. geschützt sein müssen. Ferner nötig: absperrbarer Zu- und Abfluß (dieselben sind derartig anzulegen, daß das Wasser im Reservoir nirgends stagnieren kann), Überlauf und Entleerungsventil, Wasserstandsanzeiger, eventuell mit Alarmsignal für Überlaufen, Rohrbrüche, Feuer (Elektr. Wasserstandsfernmelder, bei R. Bosch, Stuttgart; Siemens u. Halske, A.-G., Berlin; Fr. Hurxthal, Maschinenfabrik, Remscheid; D. Grau, Kassel; Gebr. Ruhstrat, Göttingen); leichter Zugang für die Reinigung, sonst aber unzugängig für Unbefugte.

Hochreservoire meist als Eisenbassins in besonderen Türmen. Gegen Temperaturschwankungen ist Ummauerung des Bassins und Einschiebung einer Luftschicht zweckmäßig, für starken Frost bei exponierter Lage Erwärmung dieser Luftschichten durch Heizschlangen mittelst Abdampf der meist vorhandenen Maschinenanlage. Im übrigen alles wie für Niederreservoire nötig.

Kleinere Reservoire für einzelne Gebäude, Villen, Krankenhäuser usw. können frostfrei auf dem Dach des Hauses oder auch im Keller aufgestellt werden. In letzterem Fall ist ein besonderer Luftkessel für komprimierte Luft nötig, um den erforderlichen Druck herzustellen (Hammelrath, Köln, Hansaring).

Straßenrohrnetz der Wasserleitung.

Verteilungssysteme.

1. Verästelungssystem mit baumartiger Röhrenverzweigung.

    Vorteil: Wasser strömt stets in derselben Richtung, Schlammaufwirbelung im Röhrennetz weniger zu befürchten.

    Nachteil: bei Rohrbrüchen oft größere Teile des Netzes außer Betrieb. Erweiterung des Netzes häufig schwierig; bei unregelmäßiger Benutzung in den Endsträngen Stagnieren des Wassers daselbst und dadurch Verschlechterung des Wassers dieser Zapfstellen.

2. **Zirkulations-Kommunikationssystem.** Verbindung der einzelnen Stadtbezirke durch kommunizierende Rohrstränge.

> Vorteil: Vermeidung der Nachteile des Verästelungssystems.
>
> Nachteil: bei stärkerer Schlammablagerung im Rohrnetz (Eisen) Möglichkeit der Aufwirbelung dieses Schlammes und Trübung des Wassers.

3. **Kombinierte Systeme**, nur die Hauptstränge der Leitung verbunden, wohl in der Regel am empfehlenswertesten.

Rohrgrößen.

Hauptzuflußrohr- (am besten doppelt zu verlegen) Weite nach Wasserbedarf und beabsichtigter Maximalgeschwindigkeit des Wassers (meist 1 m und bei Wasser, welches absetzt, 1,5 m pro Sekunde) im Rohr berechnen. Kleinster Durchmesser 80 mm.

Rohrweite für kleinere Bezirke:

für	10	Zapfstellen	19 mm	= ($3/4$ Zoll)	lichte Weite
„	10—20	„	26 „	= (1	„	)
„	20—40	„	39 „	= ($1^1/_2$	„	)

„ 1 Küchenauslaß oder Waschbecken . 13 mm
„ Klosett, Bad oder Douche . . . . 20 „
„ Feuerhähne . . . . 25 „

bei geringerem Druck Durchmesser größer. (Normalmaße der Rohre und Fassonstücke nach den Vorschlägen des Vereins deutscher Gas- und Wasserfachmänner.)

Material und Verlegung der Röhren.

Für Hauptrohre: Zement, Beton, Mauerwerk nur, wenn Druck nicht zu hoch und nicht zu wechselnd, Eisen, meist gebraucht, innen und außen geteert. (Asphalt oder Mineralteer mit Teeröl gemischt, Smithsche Anstrichmasse.)

Auf 20 Atmosphären Druck geprüft.

Frostfreie Verlegung, 1,5 m tief.

Tiefste Stellen des Systems mit Entleerungshähnen, höchste mit Entlüftungshähnen zu versehen, alle 3—500 m Revisionsschächte für eventuelle Betriebsstörungen. Automatische Entlüftungsventile für Wasserleitungen, von Tormin und Comp., Techn. Bureau, Berlin-Grunewald. 26,50 Mk.

Für Privatleitungen eiserne Röhren; im Innern der Häuser meist Bleirohre, ebenfalls auf ca. 20 Atmosph. Druck zu prüfen. Verbindung mit dem Hauptstraßenrohr durch Anbohrhähne (13—25 mm lichte Weite).

Leitung im Hause wegen Frost an den Innenwänden hochführen, eventuell durch Isoliermantel (Haare) schützen; leicht zugängig verlegen, also nicht fest vermauern, sondern in den Wänden Kanäle aussparen, die später mit Holzleiste verdeckt werden, besonders wagerechte Leitungen. Verteilung der einzelnen Steigerohre im Keller.

Entleerungshahn für das ganze System; Absperrhahn für die Behörde auf der Straße, für den Privaten nach Eintritt der Leitung ins Haus.

Sicherung der Zapfstellen im Freien gegen Frost durch Entleerungsventile.

Sicherung des Wassers gegen Aufnahme von Blei durch die Röhren. Blei kann besonders in neuen Bleiröhren auf das Wasser übergehen, wenn das Wasser sehr weich ist, oder wenn es freie Kohlensäure enthält, ferner, wenn das Röhrensystem öfter leer läuft (intermittierende Wasserversorgung).

Derartige stets sehr gefährliche Bleiaufnahme kann verhütet werden durch:

a) Zusatz von feingepulvertem Kalkspat (Natronlauge, Dessau), Marmor (Frankfurt a. M.) oder Soda (Emden); es bildet sich in den Röhren ein fester Überzug von doppeltkohlensaurem Blei.

b) Anwendung von neuen mit Zinnmantel versehenen Bleiröhren (Wilhelmshaven). Röhren sind nur mit Lötkolben nicht mit Stichflamme zu verbinden, da sonst Zinnmantel leicht schmilzt. Solche Zinnröhren mit Bleimantel liefert Moll. Géronne u. Comp., Köln a. Rh., Kamekestr.

Neue städtische Wasserleitungen mit weichem Wasser sollten stets im Anfang auf Blei mehrfach untersucht werden.

Zapfstellen der Leitung.

1. öffentliche, wenn die Leitung nicht in die Häuser geht, wenigstens für je 100 Einwohner und in Abständen von 200 m als Laufbrunnen, sind nicht sparsam; Wasser läuft langsam aus; besser daher als Ventilbrunnen,

eventuell als kombinierte Brunnen, Ventilhähne mit kleiner Durchbohrung für permanenten Auslauf. Sicherung gegen Frost im Winter, eventuell durch Entleerungshähne. Frostfreie Druckständer mit Bodenversickerung oder Schachtentwässerung sind hygienisch meist zu beanstanden, solche mit Ejektorentleerung sind einwandsfrei, wenn der Sammelschacht vollkommen wasserdicht nach außen ist. (Gute Konstruktionen dazu liefern z. B. Bopp u. Reuther-Mannheim.) In Abständen von 50 m Feuerhähne vorsehen. bei sehr geringem Leitungsdruck oder zu kleinem Rohrdurchmesser (unter 80 mm) Sammelbassins unter den Laufbrunnen aufzustellen.

2. private, möglichst für jede Wohnung wenigstens ein Hahn; unter jedem Hahn eine Abflußleitung.

Eich- oder Kaliberhähne, mit permanentem Ausfluß nur bei sehr großem Wasservorrat anwendbar.

Küken-, Konus-, Kegelventilhähne nur als Durchgangs- und Entleerungshähne zu verwenden, da sie als Zapfhähne die Leitung stark in Anspruch nehmen (Rückstoß), auch dann leicht undicht werden.

Niederschraubhähne, am empfehlenswertesten, entweder als Gummi- oder Ventilniederschraubhähne (Preis 3—7 Mk.). Sollen Überschwemmungen bei unbeachtetem Auflassen der Hähne und höherem Wasserdruck in der Leitung mit Sicherheit vermieden werden, dürfen für 50 mm-Syphons nur $^1/_2$ zöllige, für 40 mm-Syphons nur $^3/_8$ zöllige Hähne verwendet werden.

Selbstschlußhähne für Klosetts, Reservoirs usw. nehmen oft die Leitung stark in Anspruch, manche verstopfen sich auch leicht, meist als Schwimmkugelhähne konstruiert.

Wasserabgabe von Wasserwerken an Private.

Grundsätze: Wenn irgend möglich, soll das zentrale Wasserwerk ein staatliches oder kommunales sein. Das Wasser soll zu einem möglichst billigen Preise abgegeben werden. Ein Anschlußzwang für Private, wenn denselben nicht vollkommen einwandfreies Wasser zur Verfügung steht, ist, wenn möglich, anzuordnen. Anschluß an die öffentliche Kanalisation darf nur zugleich mit Anschluß an die öffentliche Wasserleitung gestattet werden.

Wasserabgabe kann erfolgen:
- durch permanent laufende Zapfstellen; nicht empfehlenswert, da viel Wasser unnütz fortläuft;
- durch intermittierende Zuleitung und Aufspeicherung des Wassers in Hausreservoiren; nicht empfehlenswert, da das Wasser dabei absteht, eine ungünstige Temperatur annimmt, und die Reservoire oft stark verschlammen, eventuell auch infiziert werden können.
- durch Wassermesser mit kontinuierlichem Wasserzufluß; zweifellos das Beste.

Niederdruckwassermesser, rotierende Trommeln oder Kippschalen, für jeden Hahn besonderer Wassermesser nötig, wenig in Gebrauch.

Hochdruckwassermesser vorzuziehen.

Turbinenartige, verhältnismäßig billig und leicht anzubringen, aber bei kleinem Konsum oft zu kleine Werte angebend (bis ca. 10 % Fehler), bei Wasserstößen in der Straßenleitung dagegen oft zu große Werte.

Bezugsquellen: Siemens & Halske, A. G., Berlin; Faller bei Spanner Wien III, 3; Meinecke, Breslau; Dreyer, Rosenkranz & Droop, Hannover; Luxsche Industriewerke, Ludwigshafen; Breslauer Metallgießerei, Siebenhufenerstr. 57/65; Groos & Graf, Berlin S., Urbanstr.; Bopp & Reuter, Mannheim; Schinzel, Wien, Löwengasse und Köln, Pfälzerstr. und andere.

Preis bei 20 mm Durchflußweite ca. 48 Mk.
„ „ 25 „   „   „ 70 „
„ „ 40 „   „   „ 100 „

Wassermesser anderer Art, wie z. B. die sonst empfehlenswerten amerikanischen Scheibenwassermesser (Hersey), ebenso Kolbenwassermesser sind in Deutschland kaum in Gebrauch.

Zur Kontrolle von Wasserverlusten durch Mißbrauch, Rohrbruch oder Undichtigkeiten dienen in die Straßenrohre eingeschaltete Distriktswassermesser oder Umlaufleitungen mit kleinen Wassermessern, oder ein Abhören der Leitung von den Hydranten aus mittels Telephon. (Hydrophon des Mechanikers Paris in Altona, Preis 150 Mk.)

Bezahlung des gelieferten Wassers am besten nach festem Tarif für wirklich verbrauchtes Wasser nach Wassermessern; eventuell mit Einsetzung einer Grundminimaltaxe; letztere fällt aber besser weg, und ist dann durch Polizeiverordnung zu verbieten, daß Hauswirte einzelne Hähne in den vermieteten Wohnungen absperren dürfen; weniger gut nach Raum- oder Zimmertarif, weil dabei von den Konsumenten oft sehr viel Wasser unnütz vergeudet wird.

Bau- und Wohnungshygiene im allgemeinen.

Bauplatz. Bei der Auswahl desselben, sofern eine solche berücksichtigt werden kann, ist zu achten auf die Bodenart; als guter Baugrund kann schwer verwitternder Fels, Sand und Mergel gelten, als schlechter: reiner Ton, Lehm, Moor, verunreinigter Boden;

ferner kommt in Betracht Grundwasser (höchster Stand), Wind- und Regenschutz, Vorflut, Nachbarschaft (Fabriken).

Feuchter Boden ist trocken zu legen durch Ausheben und Auffüllen mit reinem Material oder durch Drainage mittelst

Tondrains. Durchmesser 5 cm, durchschnittlich 1—2 m unter Terrain zu verlegen. Gefälle 1 : 50—1 : 200.

Entfernung der Drainröhrenreihen voneinander bei schwer durchlässigem Boden 5 m, bei durchlässigem Boden 7—10 m.

Erde, Sand, Faschinendrains. Gräben von 25—30 cm Sohlenbreite. Gefälle 1 : 100. Ausfüllen mit Steinschlag, Faschinen usw.

Aufwerfen der Gräben vom niedrigsten Punkt aus, Legen der Drains sodann vom höchsten Punkt der Anlage. Zu vermeiden ist die Nähe von Bäumen (Verstopfung durch Wurzeln). Der Drainierungsplan ist aufzubewahren. Die Abflußöffnung ist periodisch zu kontrollieren.

Himmelsrichtung der Gebäudemauern.

Die Westseite des Hauses pflegt durch die Sonne am stärksten erwärmt zu werden, dann die Ost- und Südseite. Nordzimmer sind oft dumpfig und feucht, wenn nicht besonders gut durch Ventilation und Heizung für Austrocknung gesorgt wird. In Deutschland ist die Westseite meist Wetterseite, erfordert also oft besonderen Wetterschutz (siehe Feuchtigkeit der Wohnungen).

Bei freistehenden Häusern sind, wenn nicht andere Rücksichten dagegen sprechen, Schlafzimmer am besten nach Osten, Wohn- und Kinderzimmer nach Süden, Küche, Speisekammer, Badezimmer, Klosett nach Norden, Treppenhaus nach Westen zu legen.

Bebauung der Grundstücke.

Dieselbe ist meistens durch Bauordnungen geregelt. Bei städtischen Grundstücken ist im allgemeinen in Deutschland vorgeschrieben:

Ein Teil des Grundstückes bleibt unbebaut, mindestens 25—30%.

Die Höfe sollen wenigstens 40 qm groß und nicht unter 5 m breit sein. (Ausnahme bei sehr kleinen flachen Grundstücken).

Die Haushöhe bis zur Decke des obersten Geschosses Giebel halb gerechnet, nach der Straße zu darf nicht höher wie die Straße breit sein, nach dem Hofe zu höchstens $1^{1}/_{2}$ mal so hoch wie der Hof breit ist. (Die letztere Bestimmung ist hygienisch nicht zu billigen.)

Die absolute Höhe der Hausfront soll 20—25 m nicht überschreiten.

Die Anzahl der Stockwerke soll höchstens 5 betragen.

Die Höhe bewohnter Räume soll nicht unter 2,5 bis 2,8 m herabgehen. (Hängeböden.)

Für 30—40 cbm Zimmerraum ist wenigstens 1 qm zu öffnende Fensterfläche vorzusehen.

Klosett und Badezimmer sollen direkten Lichtzutritt haben und zu ventilieren sein.

Bei Kellerwohnungen soll der Fußboden nicht mehr wie höchstens 0,5 m unter Terrain liegen, ferner stets $^{1}/_{2}$—1 m über dem höchsten Grundwasserstand, er ist stets gegen Feuchtigkeit ebenso wie die Wände zu isolieren. Der Boden ist auszuheben und mit reinem Kies aufzufüllen, darüber Zement und Stabboden in Asphalt verlegt.

Durch Lichtgräben vor den Fenstern kann die Wohnlichkeit von Kellerwohnungen oft wesentlich erhöht werden.

Hausfundament. Hygienische Anforderungen: Festigkeit, Trockenheit, Wasserdichtigkeit, schlechte Wärmeleitung.

Bei gutem Baugrund einfaches Ausschachten des Baugrundes und Aufmauern der Fundamente; nicht zulässig bei gefrorenem Boden. Fundament bis unter die Frostgrenze bei massiven Bauten.

Bei schlechtem Baugrund (Moor, hohem Grundwasser):

Fundierung auf Rosten (Pfahl- oder Schwellroste), Vorsicht bei Senkung des Grundwasserstandes durch Kanalisation, Drainage, Flußregulierungen. Die Roste müssen stets vollständig im Grundwasser liegen. Betonfundamente 1—2 m dick, besonders auf Moorboden bewährt, mit und ohne Pfahlrost (Pfähle in 1 m Abstand) oder, wenn Rammen nicht zulässig, auf Senkbrunnen.

Materialien für Fundamente.

Ohne weiteres geeignet sind Bruch- oder Hausteine wie Gneiß, Quarz, Granit.

Sandstein, meist viel Wasser aufsaugend, daher gegen Feuchtigkeit zu isolieren; bei hohem Eisengehalt überhaupt nicht verwendbar. Beim Mauern stets parallel der Bruchfläche zu legen, da er sonst der Verwitterung leichter ausgesetzt ist.

Kalkstein, ebenfalls oft viel Wasser aufsaugend. Zu Fundamenten ist nur ganz reines Material zu verwenden (Verwitterung). Eintauchen in heißes Leinöl ist oft empfehlenswert. Sämtliche Steine müssen vor dem Versetzen erst ablagern und sind möglichst glatt zu behauen. Aufmauern mit Zement und hydraulischem Mörtel.

Backsteine sind für Fundamente nicht zu porös zu nehmen (Zerstörung durch Frost, Feuchtigkeit).

Beton, siehe Seite 58.

Schutz gegen Feuchtigkeit vom Erdboden aus.

Austrocknen des Bodens durch Drainage, siehe bei Bauplatz.

Ausfüllen des Restes der Baugrube nach dem Aufmauern der Fundamente mit Kies oder Steinschlag und Drainage derselben nach einem tiefer gelegenen Punkt, wenn möglich.

Abfangen des Grundwassers durch rings um das Haus gelegte Drain- oder Lichtgräben, bei feuchten Fundamenten auch nachträglich noch oft mit Vorteil auszuführen.

Aufmauern der Fundamente aus möglichst wenig porösem Material; feste Bruchsteine, Beton, hartgebrannte Ziegel, Klinker.

Oberflächliche Prüfung auf Porosität durch Auftropfen eines Wassertropfens, der in poröse Steine schnell einzieht; genauere Prüfung nur in Laboratorien möglich.

Isolieren der Wände durch Zementverputz, Asphaltanstrich, Asphalt-, Glas- oder Bleiisolierplatten. (Isolierplatten aus Glasguß von Fr. Siemens, Dresden, aus Blei mit Asphalt von A. Siebel, Düsseldorf, Rath (pro qm 2—3,50 Mk.). Asphaltfilz von Beer, Söhne, Cöln qm 1,50 Mk. oder Auftragen von heißem Ceresin (Erdwachs), das darauf mit heißem Eisen zu glätten ist. Falzbaupappe direkt mit Putz zu verkleiden, auch zur Isolierung von Balkenköpfen, Decken usw. (Falzbaupappenfabrik Rawitsch, Moltkestr.; A. W. Andernach Beuel. a. Rhein). Bei stärkerem Wasserandrang ist eine 20—30 cm dicke Krümmer- oder Klinkerschicht mit fettem Traß oder Milchkalkmörtel vermauert, nötig, darüber Glas- oder Bleiisolierung. Dünne Asphaltschichten oder Bleiplättchen verwittern oft rasch, besonders in Kalk oder Zementmörtel, sie sind daher besser in Gips oder Glaserkitt einzubetten.

Asphaltieren der Innenwände macht die Räume, besonders, wenn sie bewohnt sind, oft feucht; daher ist in solchen Fällen stets für Ventilation zu sorgen.

Aussparen einer Luftschicht (15 cm) in den Fundamentmauern. Bindersteine in Asphalt tauchen. Verengerungen und partielle Ausfüllung der Luftschicht durch vorspringende Mörtelteile oder hineinfallenden Mörtel oder Steinstücke beim Aufmauern ist sorgfältig zu vermeiden, da sonst die beabsichtigte Wirkung oft vollkommen ausbleibt. Lüftung der Luftschicht durch Anschluß an einen Rauch- oder besser besonderen Ventilationskanal ist zu empfehlen.

Hausmauern.

Hygienische Anforderungen: Festigkeit, Trockenheit, schlechte Wärme- und Schallleitung.

Massive Bauten.

Materialien wie bei Fundamenten, nur hier weniger Wasserdichtigkeit als schlechte Wärme- und Schallleitung erforderlich. Das Material kann daher vielfach poröser, lufthaltiger gewählt werden.

Hau- oder Bruchsteine sind danach auszuwählen.

Betonmauern. Vorteil: schnelles Bauen. Porosität etwa der von Ziegelsteinen gleich, durch Zusätze zum Zement zu erhöhen, z. B.

für Fundamente:
1 Teil Zement zu 9 Teilen Steinschlag (Steinkohlenschlacken, zerkleinerte poröse Backsteinstücke, Tuffsteinstücke) oder
1 Tl. Zement, $1^{1}/_{2}$ Tl. Sand und $7^{1}/_{2}$ Tl. Steinschlag oder 1 Tl. Zement, 3,5 Tl. Sand, 7 Tl. Steinschlag.

für porösere Außenwände:
1 Tl. Zement zu 30 Tl. Zuschlag; mit Wasser bis zur Konsistenz von feuchter Gartenerde gemischt.

Dicke der Mauern wie bei Ziegelbau. Wände sehr hart, daher Veränderungen, Kanäle und dergl. später schwer auszuführen. Sehr gewissenhafte Ausführung nötig, entweder zwischen hölzernen, später zu entfernenden Formplatten oder zwischen bleibenden Deckplatten aus Stein, Zement und dergl. Ein Einmauern von Eisendraht (Monierkonstruktion) oder Schienen erhöht die Festigkeit derartiger Bauten sehr bedeutend, so daß häufig sehr viel dünnere Wandstärken, z. B. für Zwischenwände, wie sonst gebräuchlich, möglich sind.

Ziegelsteinmauern.

Stark gebrannte Ziegel für Grundmauern, schwächer gebrannte, porösere für Außen- und Innenwände; besonders poröse kann man herstellen durch Mischen des Tones mit 20—40 Vol.-Proz. Torf oder Kohlengrus, Sägespäne, Häcksel u. dergl. Dabei ist guter Ton und scharfes Brennen nötig. Mauern aus solchen Steinen trocknen sehr schnell aus. Gut gebrannte Steine müssen beim Anschlagen mit Metall einen hellen Klang geben, dumpf klingende Steine verwittern leicht. Steine, welche Kalkstücke enthalten, sind ebenfalls nicht haltbar, man erkennt sie, indem man sie einige Zeit in Wasser und darauf 24 Stunden an einen schattigen Ort legt, kalkhaltige springen sodann auseinander.

Dicke der Ziegelmauern. Für Umfassungsmauern $1^{1}/_{2}$ Stein stark (Normalformat 25 cm lang, 12 cm breit); wenn mehr als 2 Stockwerke vorhanden, unterstes $^{1}/_{2}$ Stein stärker; bei 5 Stockwerken unterstes 2½ Stein stark. Kellermauern stets ½ Stein stärker als Mauern des Erdgeschosses.

Aussparung von Isolierluftschichten in massiven Mauern. Vorteile: Wände sind wärmer im Winter, kühler im Sommer, trockner in jeder Jahreszeit, billiger wie massive Mauern, besser für Ventilationsanlagen geeignet, besser den Schall dämpfend, schneller austrocknend. (Wohnungen daher schneller beziehbar.) Allerdings können diese Vorteile sich auch in Nachteile verwandeln, wenn die Wände kälter werden als die isolierte Luft, deren Wasser sich dann abscheiden und die Wände wieder feucht machen kann. Ist dieses zu befürchten, müssen die Isolierschichten mit schlecht wärmeleitenden Materialien ausgefüllt werden, z. B. Kieselgur, Schlackenwolle, Korkabfällen.

Ausführung: Am besten sind stark gebrannte Ziegel zu nehmen und mit hydraulischem Mörtel zu vermauern; bei dünneren Wänden Außen- und Innenmauer je ½ Stein stark, bei stärkeren Mauern Innenmauer 1—1½ Stein stark (zum Tragen der Balken) und Außenmauer ½ Stein stark. Zwischenraum 12–14. cm stark. Vorsicht beim Aufmauern vor dem Hineinfallen von Kalk. Fugen gut abstreichen. Köpfe der Bindersteine in heißen Teer tauchen oder eiserne verzinkte Klammern dafür nehmen. Jede Isolierschicht in den einzelnen Geschoßhöhen abschließen. Dasselbe ist ebenso bei jeder Durchbrechung der Wand (Fenster, Tür) nötig.

Zweckmäßig sind oben und unten in den Isolierschichten Öffnungen zur Verbindung mit der Außenluft auszusparen, welche zur Ventilation dienen können und dann am besten in einen Kanal neben einem Schornstein münden. Die Mauern trocknen dadurch wesentlich schneller, die Öffnungen müssen verschließbar sein oder können auch später definitiv geschlossen werden.

Hohlziegelsteine sind ähnlich wie Isolierschichten zu verwenden; sie haben meist genügend Druckfestigkeit auch für massive Mauern mehrstöckiger Gebäude. Ist besondere Druckfestigkeit nicht nötig (z. B. zur Hintermauerung, zu inneren nicht tragenden Wänden usw.), werden aber besser poröse Vollsteine genommen, siehe bei besonderen Baumaterialien,

z. B. Isolier-Hintermauerungs-Steine von Büscher & Comp., Caternberg bei Essen. Ziegel im Normalformat mit 3 hohlen Rinnen. Druckfestigkeit 499 kg pro qcm. Preis wie der gewöhnlicher Ziegel.

Mörtel, zur Verbindung der Steine nötig; je weniger porös die Steine sind, um so luftdurchlässiger soll bei Hausmauern der Mörtel sein. Die Masse des bei einem Baue verwendeten Mörtels beträgt bei Backsteinbau $1/5$—$1/6$ der Steine, bei Bruchsteinen bis zu $1/3$,

    Luftmörtel, 1 Tl. Kalkbrei (Kalziumhydroxyd) auf 2 bis 4 Tl. Sand; erhärtet durch Aufnahme von Kohlensäure aus der Luft und Wasserverdunstung.
    Für Ziegelmauerwerk 1 Tl. Kalk zu 2 Tl. Sand; für Bruchsteine 1 Tl. Kalk zu 3—4 Tl. Sand; rein grober Sand gibt porösen, aber leicht rissigen Mörtel, also außerdem feinen Sand zusetzen.

    Milchkalkmörtel, 1 Tl. Kalkbrei. 1 Tl. Sand und die zum Verdünnen nötige Magermilch, ist ein zäher, rasch härtender, Flüssigkeiten schlecht leitender und am Holz gut haftender, also für manche Zwecke, z. B. in Zwischendeckenfüllung als Ersatz für Lehm sehr gut brauchbarer Mörtel.

    Wasser- (hydraulischer) Mörtel wird im Wasser steinhart und wasserdicht. Für Grundmauern in feuchtem Boden, Gruben, Kanälen geeignet. Kalk wird gemischt mit Ton, Traß, Ziegelmehl, Zement oder dergleichen;
    z. B. 1 Tl. hydraulischer Kalkmörtel (Kalk mit 20—30% Ton) zu 1—2 Tl. Sand. Abbinden (Festwerden) erfolgt sofort; es bilden sich kohlensaurer Kalk und Silikate der Tonerde;
oder 1 Tl. Kalkbrei, 1 Tl. Zement, 6 Tl. Sand, schon nach 2 Stunden haltend;
oder $\begin{cases} 1 \text{ Tl. Kalk, 1 Tl. Zement, 9—12 Tl. Sand} \\ 1 \text{ „ \quad „ \quad 1 „ \quad „ \quad 12—16 „ \quad „} \end{cases}$ gibt poröseren festen Mörtel, daher für Hausmauern über den Fundamenten anzuwenden.

    Zementmörtel überträgt Schall und Wärme mehr wie einfacher Luftmörtel. Er trocknet auch langsamer aus und bekommt an der Luft leicht Kapillarrisse. Letzteres soll durch Zusatz feinsten Holzpulvers vermieden werden können.

Gipsmörtel. Bei niedriger Temperatur gebrannter Gips (Bildhauergips) bindet rasch ab, hat aber geringe Festigkeit und ist nicht wetterbeständig, daher nur zu Gußzwecken zu verwenden.

Bei hohen Temperaturen (500—1000° C) gebrannter Gips bindet langsam ab und ist wetterbeständig auch in feuchter Luft, er ist abwaschbar und läßt sich polieren.

Grobe Zusätze, wie Kies, Steinschlag und dergleichen werden meist ohne Nachteil ertragen, feine Zusätze verringern die Festigkeit, geben aber gute Präparate, wo es weniger auf Festigkeit, als auf schlechte Schall- und Wärmeleitung ankommt. (Siehe auch besondere Baumaterialien.) Wasser ist stets nur bis zur dicken Breikonsistenz bei der Bereitung des Mörtels zuzusetzen.

Asbestabfallmörtel eignet sich besonders zum Verputzen von Wand- und Deckenflächen, da er einen besseren Wärmeschutz gibt als gewöhnlicher Mörtel.

Zu jeder Mörtelbereitung ist stets ganz reines Wasser zu verwenden (Regenwasser). Verunreinigungen mit Kochsalz und salpetersauren Salzen machen feuchte Wände und sogenannten Mauerfraß. (Bei Brunnenwasser also Vorsicht.)

Leichtere Bauten.

Blockhausbau, aus massiven Balken, warm, trocken, leicht und schnell herzustellen, sofort beziehbar. Fugen mit Moos verstopft. Wände außen (Wetterseite) mit Schindeln benagelt, innen mit gehobelten Brettern. Steinsockel. Zu empfehlen, wo Holz billig ist. In geschlossenen Orten nicht zulässig wegen Feuersgefahr.

Holzfachwerkbau auf Steinsockel 50—80 cm hoch, darauf Isolierschicht (Pappe, Bleipappe), sodann das Holzgerüst (eventuell auch als oberes Stockwerk massiver Bauten). Felder zwischen demselben durch Steine ausgefüllt (nach Stärke der Balken $^1/_2$—1 Stein stark oder zweckmäßig durch zwei hochkant gestellte Steinschichten mit Luftschicht dazwischen). Fugen mit Zementmörtel verstreichen. Auch zur Füllung der Felder leichtere Materialien, wie Schwemm-, Kork-, Tuffsteine gut, siehe Seite 63, dann Behang mit Schindeln, Schiefer, Dachziegeln (Biberschwänzen, Krümmern) oder Zementplatten außerdem nötig.

Ferner anstatt der Ausfüllung der Felder auch möglich Benagelung des Holzgerüstes innen und außen mit Brettern, außen doppelte Lage mit Asbestfilzpapier oder Hanfpapier dazwischen oder Benagelung mit Gipsdielen, Schilfbrettern, Spreutafeln, Zement, Magnesit, Xylolithplatten, siehe Seite 64.

Ausfüllung der Hohlräume zwischen den Balken mit Infusorienerde, festgestampftem Torfmull für im Winter bewohnte Räume nötig oder zweckmäßig.

Eisenfachwerk, ähnlich wie Holzfachwerk mit Magnesit, Xylolith zu verkleiden; besonders empfehlenswert als feuersichere Gebäude oder als provisorische, transportable Bauten für Kolonien, Arbeiterbaracken, Epidemiehäuser usw.

Rein eiserne Bauten sind nicht zu empfehlen, da sie zu heiß im Sommer und zu kalt im Winter sind. Stets also innen noch eine Verkleidung nötig mit Luftschicht, welche am besten durch regulierbare Ventilation soll erneuert werden können.

Baracken siehe bei Krankenhäusern.

Leichtere und dünnere Wände können in Kalk- oder Monierkonstruktion (siehe weiter hinten) als Drahtziegelwände (Stauß & Ruff, Cottbus) oder mit Streckmetalleinlage (Schüchtermann & Cremer, Dortmund) aufgeführt werden.

Einzelne besondere Baumaterialien.

Schlackensteine, aus granulierter Hochofenschlacke und Kalk. Feste, meist glasharte Steine in Ziegelformat, porös und daher gut wärmeschützend. Sie werden in der Regel nur am Ort der Produktion gebraucht, da sie beim Transport leicht leiden, sonst ziemlich billiges Baumaterial. Mansfeldsche Kupferschiefer bauende Gesellschaft, Eisleben. Georg-Marien-Hüttenverein, Osnabrück.

Kalk- oder Kunstsandsteine (Hydrosandsteine). Sandsteinähnliches Material, durch Behandeln von Kalk und Sand mit überhitzten Dämpfen hergestellt. Sowohl als Hintermauerungssteine wie als Verblendungssteine in verschiedenen Farben. In bezug auf Festigkeit, Wetter und Frostbeständigkeit gargebrannten Ziegeln nicht nachstehend. Druckfestigkeit etwa 150—350 kg pro qcm. Luftgehalt 18—24%. Pro Mille 24—30 Mk. (W. Olschewski, Berlin, Kesselstr. 31 oder Coswig i. Anhalt; W. Zeyer & Comp., Berlin SW., und andere).

Auf der Baustelle selbst aus 1 Tl. Beton und 4 Tl. Sand in besonderen Formen herzustellende Kunststeine liefert Terrast-Baugesellschaft, Berlin, Potsdamerstr. 2.

Zendrinsteine, aus Straßenschlamm und Kalk, weniger porös wie die vorigen, aber wegen etwaigen Gehalts an fäulnisfähiger Substanz nicht für Wohnhäuser zu empfehlen. Selten in Gebrauch in Deutschland.

Schwemmsteine, rheinische (Bimssandsteine, Tuffsteine) sind sehr porös und leicht. Geringere Druckfestigkeit, 27 kg pro qcm; für Innenwände vorzüglich, aber auch zu Außenwänden (Aufbau von Stockwerken auf bereits bestehende Gebäude) und Ausfüllen von Fachwerk viel gebraucht, sodann aber gegen Feuchtigkeit zu schützen.

Pro 1000 Stück 17—18 Mk., größeres Format 32 bis 34 Mk. (Rheinisches Schwemmsteinsyndikat, G. m. b. H., Neuwied a. Rh., Vereinigte Schwemmsteinfabriken, Engers am Rhein.)

Kunsttuffsteine, sehr leichte Steine aus Kieselgur, mit verschieden großen Poren oder Luftzellen, gut isolierend, in Form von Steinen, Platten oder Formstücken, zu sägen und zu nageln, für Zwischenwände, Zwischendecken, als Wärmeschutzmittel gut geeignet. Spez. Gewicht 0,20—0,45. Platten 25 cm breit, 2 m lang, 4—8 cm stark, pro qm 2,20—3,40 Mk. Dr. L. Grote, Ülzen, Hannover.

Leichtstein, besonders für Zwischenwände von Cordes & Comp., Hannover.

Korksteine, porös und sehr leicht, Druckfestigkeit 17 kg pro qcm, zu sägen und zu nageln. Sehr gute Schalldämpfer. Für Innenwände, Fachwände, zu Isolierwänden, Zwischendecken (kalte Fußböden), mit Gips zu vermauern, pro qm 2—3 Mk., auch als ganze Platten oder mit Asphaltüberzug für wasserdichte Wände. (Grünzweig und Hartmann, Ludwigshafen, Jul. Kathe, Köln-Deutz. O. Horstmann & Comp., Köln. R. Stumpf, Leipzig. A. Haacke & Comp., Celle. O. Krauer, Einsiedel bei Chemnitz. Mahla, Nürnberg. Reinhold & Comp., Hannover.)

Xylolith aus Chlormagnesium und Sägemehl gepreßt. Druckfestigkeit 850 kg pro qcm, Porenvolumen 6%. Spezif. Gewicht 1,55, wetterfest, feuerbeständig, nicht faulend, Wärme schlecht leitend, zu sägen und bohren, in 10—25 mm starken Platten, pro qm 4 bis 9 Mk. (Sening & Comp., Potschappel bei Dresden.)

Tonylith, aus gepreßter Torfstreu, Isoliermaterial für Wände und Decken. Chem. Fabrik von Grevenberg & Comp. in Hemelingen.

Magnesit aus Einlage von Jute, Magnesiazement und Sägemehl, Farbe holzähnlich. Bruchfestigkeit 126 kg, feuerfest, geringe Wärmeleitung, zu sägen und nageln, auf Holz- oder Eisengerüst anzuschrauben. 1 qm Platte, 12—20 cm stark, Gewicht 19—31 kg, kostet ca. 3 Mk. (Aktiengesellschaft für Asphaltierung, Berlin, Wassergasse.)

Gipsdielen aus Gips, Kalk und Rohr, als Voll- oder Hohlplatten ca. 7 cm dick. 1 qm 50 kg, dünnere 30—35 kg 2 Mk., zu sägen und zu nageln. Für Außenwände sind dieselben gut trocken, mehrfach mit heißem Firnis, dann mit Ölfarbe zu streichen oder mit wetterfestem Putz zu versehen, resp. mit Tonplättchen zu verkleiden. (M. Maucher, Berlin. Strelin, München. Probst, Hessenthal, Württemberg. Mack, Ludwigsburg. E. Süßmilch, Leipzig, u. andere.)

Schilfbretter, ähnlich wie die vorigen mit Hohlräumen. (Giraudi, Zürich.)

Spreutafeln, aus Stroh, Spreu, Haaren, Gips, Kalk, in Formen gegossen. Spezif. Gewicht 0,5. Stärke 10—13 cm. Gewicht pro qm 50—65 kg, mit großen Hohlräumen, auch auf der Baustelle zu fabrizieren. Preis pro qm 2,50—2,80 Mk. (Fabrik in Waiblingen, Württemberg.)

Voltzsche Faserplatten, aus Gips, Kalk, Kokesasche und Alfafaser, feuersicher, leiten den Schall schlecht, in 3—10 cm Stärke zu Wänden, in 5 cm Stärke zu Gewölbeeindeckung zu verwenden, auf Schalung und ohne solche; sie lassen sich sägen und nageln und gehen mit Mörtel gute Verbindung ein.

Druckfestigkeit 73,5 kg pro qcm, Zugfestigkeit 24,2 kg pro qcm, Gewicht pro qm 3 cm stark 29 kg, 5 cm 48 kg, 10 cm 96 kg. (Ingenieur Behn, Graudenz, oder Voltz, Straßburg.)

Holzwollegipsdielen-Platten und -Bretter, aus Holzwolle mit Stuckgips oder Zement verbunden, Schall und Wärme isolierend, feuersicher, zu Außen- und Zwischenwänden, Decken und Zwischenböden usw., zu schrauben, nageln nnd sägen.
(L. Gscheidel, Crailsheim.)

Ein Baumaterial, welches in relativ geringer Stärke erhebliche Tragekraft und Feuersicherheit gewährt, ist mit Gips, Kalk oder Zement umhülltes Drahtgewebe, meist als Rabitzgewebe oder Monierkonstruktion bokannt. Als Eiseneinlage kann auch genommen werden das Streckmetall von Schüchtermann und Kremer in Dortmund. Preis je nach Stärke und Maschenweite 1—3 Mk. pro qm. Ein anderes, jedoch viel leichteres Fabrikat sind die Drahtziegel von Stauß und Ruff in Cottbus, Drahtgewebe mit aufgepreßten und gebrannten Tonkörperchen die zur Herstellung von leichten freitragenden Wänden, von geputzten Decken, Ummantelung von Balken und Trägern verwendet werden; pro qm 0,90 Mk. und ca. 4 kg schwer. Fertige Wände ca. 4 Mk. pro qm. Decken ca. 2,50 Mk. Eine andere Art freitragender Wände für Zwischenmauern sind die aus besonderen porösen Ziegelsteinen und Bandeisen nach Prüß hergestellten, einfach oder als Doppelwand mit Luftschicht dazwischen und dann auch als Außenwände, z. B. für Baracken, verwendbar, feuersicher, pro qm fertig ca. 4 Mk. (Berlin, Schönebergerstr. 18.)

Glasbausteine. Wärme und Geräusch gut isolierend, Licht durchlassend, wie Backsteine zu vermauern, pro Stück

klein. Form. 15 ₰, Gew. 400 g, pro qm 100 St. erford.
mittl. „ 25 „ „ 700 „ „ „ 60 „ „
groß. „ 40 „ „ 1200 „ „ „ 45 „ „

in verlängertem Zementmörtel und Wasserkalk, praktisch zur Erhellung von Räumen, in denen Fenster nicht möglich (Korridore an Nachbargrenzen, Keller), auch für Gewächshäuser u. dergl., auch feuersicher mit Drahteinlage, pro qm ca. 30 Mk. (Adlerhütten, Penzig in Schlesien.) Hartglasbausteine in Ziegelformat (30 Pf.), und dünner mit Nut und Feder, hohl und in verschiedener Farbe, leicht zu vermauern, auch von den Sächsischen Glaswerken A.-G., Deuben bei Dresden.

Drahtglas kann in ähnlicher Weise wie das vorstehende Material, namentlich für Oberlichte, Fußböden über Kellern, Fenstern u. dergl. verwendet werden, in hohem Grade gegen Durchbrechen, Durchschlagen und gegen Hitze, z. B. bei Bränden, widerstandsfähig.

(Aktiengesellschaft für Glasindustrie, Dresden, und Gustav Pickhardt, Bonn a. Rhein. Platten von 7 bis 25 mm Stärke pro qm 12—50 Mk. Ferner Verein deutscher Spiegelglas-Fabriken, Köln a. Rh., Jacordenstraße)

Feuerfeste Verglasungen in eleganter Ausführung liefert ferner als sogenanntes **Elektroglas** das deutsche Luxfer-Prismen-Syndikat, Berlin, Ritterstr. 26; pro qm 28 Mk.

Tektorium, mit einer elastischen Masse umschlossenes Drahtgewebe, durchscheinend, wetterbeständig, nicht zerbrechlich, für Fabrikfenster, Oberlichter, transportable Bauten; pro qm. 5—6 Mk. (Gustav Pickhardt, Bonn a. Rhein.)

Einzelne Teile der Wohnung.

Zwischendecken. Hygienische Anforderungen: schlechte Schall- und Wärmeleiter, keine Fäulnis- und Infektionskeime enthaltend, trocken, nicht zu schwer. Möglichst schwer entflammbar.

Holzdecken.

Dübeldecke, aus massiven, dicht aneinandergereihten Balken. Schwere und teure Decke, nur in holzreichen Gegenden üblich.

Sturzdecke. Balken ca. 1 m voneinander entfernt, oder schmalere, hochkantig gestellte Bohlen in kürzerem Abstand,

a) einfach mit Fußbodenbrettern benagelt, sehr primitive Konstruktion, sehr durchlässig für Schall, Schmutz und Wasser;

b) wie vorige, nur Balken nach unten mit Brettern oder Rohr und Putz verkleidet. Nachteile fast dieselben, häufig Schall noch stärker leitend, und Schmutzreservoire;

c) mit Zwischendeckenfüllung,

vollkommener — ganze Windel- oder Wickelböden, warm, Schall gut dämpfend, aber schwer,

teilweiser — halbe Windelböden, gebräuchlicher und in der Regel genügend, doch soll der Raum für die spätere Einbringung des Fehlbodens niemals unter 20 cm hoch sein.

Die Füllung ruht auf einfachen Staken, Brettereinschub zwischen die Balken, oder auf solchen, die mit Strohlehm umwickelt sind. Beides ist einwandsfrei, wenn die Einschubbretter gesund sind und dem Lehm vor Einbringung des Fehlbodens Zeit zum vollkommenen Austrocknen gegeben wird. Die untere Seite der Balken wird mit Brettern benagelt, berohrt und verputzt. An Stelle der Berohrung auch fertige Leisten oder Gewebe zum Aufbringen des Putzes zu empfehlen, z. B. von Loth & Comp., Halberstadt. H. Rusch, Tworog in Schlesien. Stauß & Ruff, Cottbus.

Material zur Zwischendeckenfüllung.

Bauschutt alter Häuser, meist sehr unrein, mit faulenden, oft auch infektiösen Stoffen durchsetzt, vielfach auch mit Ungeziefer, Schwammsporen u. dergl., daher nicht anzuwenden, oder höchstens nach Ausglühen desselben.

Müll, Kehricht ist noch schlechter wie Bauschutt und sollte niemals verwendet werden.

Lehm darf nur eingebracht werden, wenn mit der nachfolgenden Dielung gewartet wird, bis der Lehm vollkommen trocken ist; er wird oft mit Stroh, Häcksel oder ähnlichem Material vermischt verwendet, was auch empfehlenswert ist, da die Füllung dadurch leichter, wärmer und den Schall weniger leitend wird.

Asche, nur ganz reine und ausgeglühte zu verwenden, nachdem sie lange im Freien ausgelaugt ist. Nach dem Einbringen sorgfältig vor Nässe zu schützen.

Grober oder feiner Sand ist gut in reinem Zustande, sonst vor dem Einbringen zu glühen auf eisernen Platten unter Umschaufeln. Sand ist schwer und erfordert starke Deckenkonstruktion. 1 cbm = 1400 bis 1900 kg = 4—5 Mk.

Kalktorf, 4—6 Vol.-Tl. Torfmull, 1 Tl. Kalk mit Wasser zu dünnem Brei angerührt, getrocknet und zerkleinert, nicht faulend, sehr leicht, 1 cbm = 150 bis 220 kg = 8—10 Mk. Schall und Wärme schlecht leitend, nicht brennbar, aber hygroskopisch, daher vor Nässe zu schützen durch 1 Lage Asphaltpappe unter dem Fußboden (1 qm = 1 Mk.), dann empfehlenswerte Zwischendeckenfüllnng.

Diatomeen - (Infusorien - Kieselgur) Erde, nicht faulend, unverbrennlich, leicht, hält Umgebung trocken, aber wie Kalktorf vor Nässe zu schützen. Dieses ist auch schon nötig wegen sonst eintretender, sehr lästiger Staubbildung. Schlechter Wärme- und Schallleiter. 1 cbm = 300 kg = 30—45 Mk.

Kohlenschlacke, ist stark hygroskopisch und oft sehr unrein; sie sollte nur in vollkommen reinem Zustande und am besten für Holzdecken garnicht (Schwammgefahr) verwendet werden.

Schlackenwolle. Dampf wird in glühende Schlacken geleitet. Watteähnliche Struktur, leicht, schlechter Wärmeleiter, bei schwefelhaltiger Schlacke kann Schwefelwasserstoffgeruch auftreten. Prüfung auf Schwefel: Übergiessen einer Probe mit Essigsäure; bei Schwefelanwesenheit Geruch nach faulen Eiern. Ein vollkommen dichter Fußboden ist wegen des feinen, scharfen Staubes, welcher in die Lungen eindringt, durchaus erforderlich. 100 kg = 11 Mk. (Kruppsche Hüttenverwaltung zu Sayn.)

Gipsdielen, Korksteine, Spreutafeln (siehe Seite 63 und 64) sind zu empfehlen zur Ausfüllung der Zwischendecken, müssen aber sämtlich vor durch die Dielen etwa eindringender Nässe geschützt werden (siehe Kalktorf). Besondere Lochsteine für Zwischendecken liefert die Muldensteiner Hütte bei Bitterfeld. 20—50 Mk. pro 1000 Stück.

Massive Zwischendecken. Sehr verschiedene Konstruktionen möglich.

Gewölbte Decken in Ziegel-, Monier-, Wellblechausführung, in Hohlsteinen zwischen eisernen Trägern, als ebene Steindecken, Gipsausguß mit Rabitz- oder Gitterblech- (Schüchtermann & Krehmer, Dortmund) Unterstützung, am zweckmäßigsten mit Hohlräumen zu konstruieren, welche zugleich zur Ventilation und Heizung benutzt werden können. Die

Decken erhalten ihre meist hohe Tragfähigkeit dadurch, daß die Steine oder der Beton die Druckspannungen, die Eiseneinlagen vornehmlich die Zugspannungen aufnehmen, sich beide Materialien also unterstützen.

Meist feuersichere, ziemlich schwere, etwas teuerere Decken. Für Wasser undurchlässig, daher in dieser Beziehung hygienisch als gut anzusehen. Bei der Ausführung ist zu beachten, daß die zur Versteifung in Anwendung kommenden Eisenstäbe, Gewebe oder dergl. nicht zu dünn sein dürfen und vor allem durch guten, nicht zu mageren Mörtel vor Luft und Feuchtigkeitszutritt absolut geschützt werden, da sie sonst vom Rost angegriffen werden. Wird auf Schallsicherung (Schulen, Krankenhäuser) besonderer Wert gelegt, ist über der Decke eine ca. 10 cm hohe Sandschüttung vorzunehmen, in welche die Lagerhölzer für die Dielen verlegt werden (siehe auch pag. 66). Auch kann unter Balkenköpfe und Fußboden besonderer Unterlagsfilz verwendet werden. (Akt.-Ges. Adlerhof bei Berlin.)

In folgendem mögen einige derartige Deckenkonstruktionen mit ebener Unterfläche, also speziell für Wohnräume geeignet, aufgeführt werden.

Eggert-Decke. Betondecke mit Eisenstabeinlagen, Spannweite bis 10 Meter. Stärke 8—30 cm.

Koenensche Plandecke in Moniermasse mit Eiseneinlage und unten angebrachter Schalung pro qm 7—9 Mk. Die von gleicher Firma gelieferte einfache Voutenplatte eignet sich für Wohnräume weniger, da sie den Schall zu stark durchläßt. Aktiengesellschaft für Beton- und Monierbau, Berlin, Potsdamerstr.

System Kleine. Der Raum zwischen den Eisenträgern ist durch Reihen von Loch- oder Schwemmsteinen ausgefüllt, die, mit Zementmörtel verbunden, ihren Halt durch zwischengelagerte Bandeisen erhalten; darüber kommt eine dünne Lage Beton, dann beliebige Zwischendeckenfüllung bis zur Trägerhöhe, darauf der Fußbodenbelag. Kleine & Stapf, Berlin, W.

System Moßner. Zwischen den Eisenträgern sind besondere durchlochte Formsteine eingeschaltet, welche, in Zementmörtel verlegt, auf Trägereisen gebettet sind. M. Czarnikow & Co., Berlin N.

Omegadecke. Ebenfalls aus besonders geformten Hohlsteinen zwischen Eisenträgern hergestellt. Pro qm 28 Steine. Preis 60 Mk. pro mille. Verblendsteinfabrik Boksberg bei Sarstedt. Ähnliche Steine (System Kämpfer) liefern die Sommerfelder Ziegelwerke. 43 Mk. °/oo.

Massivdecke „Germania". An Stelle der eisernen Massivträger werden Hohlträger aus Schwarzblech, die mit Zement ausgegossen werden, verwendet, deren Zwischenräume mit Hohlsteinen gefüllt werden. Gute Tragfähigkeit. C. Pötsch, Minden i. W. Preis pro qm ca. 6,20 Mk.

System Förster. Zwischen Eisenträger wird die horizontale Decke aus besonderen durchlochten Formsteinen auf provisorischer Bretterschalung in Zementkalkmörtel verlegt. Besondere Eiseneinlagen nicht erforderlich. Tragfähigkeit über 3000 kg, Preis 3 bis 6 Mk. pro qm. Hugo Förster, Langenweddingen bei Magdeburg.

System Maucher. Zwischen Eisenträgern liegen die durch besondere Profileisen gestützten Deckensteine, ähnlich der Kleineschen Decke.

Max Maucher, Berlin S., Alte Jakobstr.

Decke aus hohlen Gewölbeformsteinen aus einem Stück Ton, zwischen Eisenträger passend in Längen von 60—90 cm, von H. Breuning, Stuttgart.

System Beny. Zwischen die Balken oder Träger werden besonders geformte, leichte Steine aus Schwemmstein gefügt, welche teilweise auf Bandeisen reiten. Pro 1000 Stück 24 Mk. von den Schwemmsteinfabriken Engers a. Rhein.

Herkulesdecke. Zwischen Eisenträgern lagert auf Eisenschienen eine doppelte Schicht besonderer großer Formsteine.

Häusler und Geppert, Breslau.

Fußböden.

Für bewohnte Kellerräume. Schlecht sind Lehm und Backsteine in Kalk verlegt, besser letztere in Zementmörtel oder Zement verlegt, oder Beton 10—15 cm dick, darüber Backsteine oder Bretter in Asphalt gelegt.

Gute Asphaltmischung:
100 Tl. raffin. Asphalt + 20 Tl. Petroleumöl,
davon . . . . 15—18 Tl.
Kalksteinpulver . . . . . . 15—17 „
Sand . . . . 70—64 „

Gut isolierter Fußboden besonders für Baracken: Schüttung von reinem Sand, darauf Ziegelpflaster in Zement, auf demselben ein Rostpflaster aus Ziegelsteinen (einzelne Steinpfeilerchen mit Hohlräumen dazwischen), sodann kommt wieder ein durchgehendes Ziegelpflaster, welches mit Terrazzo, Mettlacher Fliesen oder ähnlichem Belag versehen wird (Schmieden).

Es wird auch Pechbeton gelobt aus kleingeschlagenen Ziegelsteinen mit kochendem Pech übergossen und vor Erhärtung gestampft.

Für Räume über Zwischendecken.

Einfache Holzfußböden. Dieselben sollen möglichst fugenfrei sein; sie sind nur auf ganz trockene Zwischendecken aufzubringen. Holz (Fichte und Tanne billig, aber leichter sich abnutzend und mehr schwindend als Eiche und Buche) muß ganz trocken sein.

Bei einfachem Aufnageln der Bretter bilden sich meist bald große Fugen, daher Bretter stets mit Nutung, Spundung oder Federung zu verbinden. Herzseite der Bretter nach unten. Bretter höchstens 15 cm breit.

Zweckmäßig ist auch, die Fußbodenbretter auf die Lagerhölzer aufzuschrauben, anstatt wie üblich zu nageln. Sie sind dann leichter aufzunehmen und können eventuell gegen andere Bretter ausgetauscht werden, wenn sie zu stark geschwunden sind. Zur Befestigung von Blindböden, Schalbrettern direkt auf Eisenträgern dienen die Keilhaften von Katz, Gipsdielenfabrik in Waiblingen, Württemberg.

Um Schallübertragungen an anderen Geschossen zu verringern, können zwischen Fußboden und Tragebalken Streifen von Papier oder Baumwollenfilz, Korkplatten oder Gummilagen eingebracht werden oder bei tragfähigem Fehlboden kann der Fußbodenbelag auf Lagerhölzer gelegt werden, welche zwischen den Tragebalken parallel mit diesen in den Fehlboden einzubetten sind. (Filzfabrik Adlershof, Berlin C.)

Zur besseren Dichtung des Wandanschlusses sind die Fußbodensockelleisten ebenfalls auf eine in die Wand eingelassene Leiste anzuschrauben, damit sie nach einiger Zeit wieder leicht entfernt und nach Ausspänen und Verkitten des geschwundenen Fußbodens wieder ebenso angebracht werden können. Liegt Verdacht auf Schwammgefahr vor, werden Ventilationssockelleisten (siehe bei Hausschwamm) genommen werden müssen.

Besondere fugenfreie Konstruktion, zugleich leicht aufnehmbar zur Revision der Zwischendecke, angegeben von:
  Bethe, siehe Emmerich, Die Wohnung, 1894. Verl. v. Vogel, S. 284.
  Kirchhoff, Architekt in Ludwigshafen, Pfalz.
  Patentfußboden in Klasen, Handbuch der Holzkonstruktionen. Leipzig, Felix, S. 154, oder
  Nußbaum, Das Wohnhaus, S. 672.
  Otto Hetzer, Weimar.
  H. Lauterbach, Breslau (Wahlebodenfabrik).

Bessere Holzfußböden.

Stabparkett (Band-Riemenparkett) aus kurzen Brettern (Stäben) 0,2—1 m lang, 10 cm breit, 2,5—3 cm dick, in Rahmen zusammengefaßt oder als Fischgratmuster auf Lagerhölzern oder auf einfachem Blendboden. Zu empfehlen vorherige Imprägnierung des Holzes mit 1 prozentiger Chlor-Zinklösung und nachheriger Dämpfung (A. Hertlein, München). Als besonders gegen Abnutzung und Feuchtigkeit widerstandsfähiger Riemenfußboden wird solcher aus Holz des amerikanischen Zuckerahorns empfohlen. Beiderseits gehobelt und an allen 4 Seiten gespundet, 22 mm stark, pro qm 4,40—5,72 Mk. Koefoed und Isaakson, Hamburg.

Tafelparkett, Massivparkett und fourniertes Parkett, fournierte Hölzer auf Blendboden geleimt, als Tafeln von gut nicht über 0,25 qm Größe.

Bei gutem Material und sorgfältiger Legung nebst nachheriger Bohnung mit Wachsmasse sind diese Fußböden nahezu undurchlässig für Wasser. Besondere wasserdichte Fußbodenbeläge werden erzielt durch Einlegen des Holzes in Asphalt. 1 cm dick (Mischung siehe Seite 71) in Kellern ohne Blendboden oder Holzlager auf Ziegel- oder Zement-Betonpflaster; bei Zwischendecken auf 2 cm starken Blendboden, sodann 2 cm Sand und 1 cm Asphalt.

Kosten pro qm Eichenriemenboden in Asphalt ca. 8 Mk.

Massive Fußböden (Estrich) entweder im ganzen aus Gußasphalt, Gips oder Zement, rein oder mit Steinstückchen versetzt (Terrazzo, Mosaik, Granito), oder aus Stein-Zement-Glasplatten hergestellt, für Wohnräume meist nicht zu empfehlen, da sie zu hart und gut wärmeleitend sind, dagegen wohl für Aborte, Badezimmer, Wirtschaftsräume, Korridore, Treppen und Ställe, eventuell für Wohnräume mit Linoleumbelag auf Papierunterlage.

Zur Vermeidung von Rissen und Sprüngen ist durchgehender Estrich nicht direkt auf Eisenträger oder Tragebalken zu legen, sondern durch tragfähiges Füllmaterial (Sand, Schlacken) von ihnen zu trennen, oder durch Einlegen eines Drahtgewebes oder 3—4 mm starken eisernen Bandstäben in die Masse widerstandsfähiger zu machen. Ein Raum ist stets ohne Unterbrechung an einem Tage herzustellen. Nur stark gebrannter Gips (1 Tl. Wasser zu 3 Tl. Gips) und langsam abbindender Zement darf verwendet werden. Ein Tränken des fertigen und trockenen Gipsestrichs mit Schellack, Terpentin, Wachs oder Asphalt erhöht die Undurchlässigkeit desselben bedeutend. Gipsestrich ist ferner bis zum Hartwerden vor Zug und Hitze zu schützen und ist vor demselben mit Schlagholz und Kelle sehr sorgfältig zu glätten. Zusätze von Sand u. dergl. sind zu vermeiden. (Vereinigte Gipswerke Ellrich a. Harz. A. Meyer & Comp., Walkenried a. Harz.)

Besondere massive Fußböden für Wohnräume aus Gemischen von Zement und anderen Mineralien, namentlich Magnesit, Chlormagnesium u. dergl. mit Holzmasse, Papier, Asbest usw. werden neuerdings vielfach hergestellt. Sie sind meist feuersicher und wärmer, wie gewöhnlicher Estrich, und auch weniger schalleitend, doch wird sich auch hier oft Linoleumbelag empfehlen. (3—6 Mk. pro qm.) Zur Vermeidung von später auftretenden Rissen ist unter dem Estrich die Anbringung eines dünnen Zwischenestrichs aus Korkkomposition zu empfehlen, ebenso ist gute Behandlung des fertigen Estrichs durch sachgemäße Reinigung nötig. Von den zahlreichen derartigen Fußböden seien erwähnt:

Xylolithfußboden, Sening & Komp., Potschappel bei Dresden.

Doloment, Deutsche Steinholzwerke, Berlin, Heidestraße.

Xylopalfußboden, Kühl u. Miethe, Hamburg, Admiralitätsstr. 64.

Miroment, G. m. b. H., Berlin, W. 35.

Torgamentfußboden, Fr. Lehmann, Leipzig, Hainstraße 10.

Terrastfußboden, Baugesellschaft, Berlin, Groß-Lichterfelde, baut auch Baracken aus ihrem Material.

Terralithfußboden, Mahla, Nürnberg 7.

Sanitasfußboden, Heinze u. Krause, Erfurt.

Idealestrich, Fr. Pawlowsky u. Comp., Hannover-Linden.

Lapidit, Eichwald u. Fröchte, Essen a. Ruhr.

Lignument, Lang u. Comp., München.

Dielol, Joh. Minuth. Berlin S.O.

Schwedischer Fußboden, System Scheja in Feuerbach bei Stuttgart und H. Herzog, Leipzig, Dufourstr.

Lactoleum, von lederähnlichem Aussehen von Lactoleumwerke, Berlin-Charlottenburg.

Konservierung des Fußbodens.

Anstrich mit Firnis und Ölfarbe, immer erst zu empfehlen, wenn das Holz vollkommen ausgetrocknet ist.

Ein gut konservierender Anstrich ist dünner Steinkohlenteer mit Terpentinzusatz 1:10 Teer. Anstrich dünn und warm auftragen, jährlich zu erneuern. Geruch verliert sich bald.

Wachsen und Bohnen für Parkett. Boden nachher nicht zu naß aufzuwischen.

Linoleumbelag aus Leinöl, Harz, Korkmehl, auf Jute aufgewalzt, undurchlässig für Feuchtigkeit, schlechter Wärme- und Schalleiter, wenig entzündlich; für Kranken- und Kinderzimmer, Korridore u. dergl. besonders zu empfehlen, aber nur auf ganz trockenem Boden aufzubringen, also nicht sofort in Neubauten. 1 qm ca. 2—3,50 Mk. Estrich unter Linoleum, der gleich nach dem Hartwerden belegt werden kann, soll besonders gut geglättet sein. Zementestrich unter Linoleum ist noch besonders auf Beton zu verlegen, da er sonst leicht Risse bekommt.

Besonders gut schalldämpfend ist Korklinoleum, 4—7 mm stark (Linoleumfabrik Maximiliansau oder R. Hertzog, Berlin, Breitestr. 15), oder Filzlinoleum, 4—15 mm stark (Filzfabrik Adlershof, Berlin, Neue Friedrichstr. 38—40).

Besondere Korkplatten als Linoleumunterlage von Stumpf, Leipzig-Plagwitz.

Zur Verminderung des Staubes in vielbegangenen Räumen, Korridoren, Schulen, Kasernen, Auditorien kann man die Fußboden mit staubvermindernden Ölen streichen. Die Wirkung ist deutlich. Einige Öle riechen besonders anfangs etwas, der Fußboden bekommt meist bald ein graues, schmutziges Aussehen. Preis pro kg in der Regel für 10 qm und ein halbes Jahr genügend 50 Pf. bis 1 Mk. (Dustless-Oil; Florizin, Nördlinger, Flörsheim; Staublos, Göhle u. Comp.; Rezentinol, Finster u. Meißner, München; Protektiv, R. Mäser, Chemnitz, u. a.) Siehe auch bei Staub.

Zimmerwände.

Hygienische Anforderungen. Sie sollen sein trocken, bei mangelnder sonstiger Ventilation besonders in Nordzimmern luftdurchlässig (Porenventilation allerdings meist sehr gering und auch bei Ventilationseinrichtung entbehrlich), keine giftigen Bestandteile enthalten (Arsen), leicht zu desinfizieren in Kranken-, Operations-, Schlaf- und Kinderzimmern, Schulen.

Materialien:

Kalkanstrich mit beliebigem (am besten blaßgelbrötlichem) Farbenton, billig und stets leicht durch neues Tünchen zu desinfizieren, besonders für einfache Wohnungen geeignet.

Leimfarbe, luftdurchlässig und billig, für einfache und noch nicht ganz trockene Wohnungen (Neubauten) zu empfehlen.

Ölfarbe, luftdichter Anstrich, abwaschbar (aber nicht mit schwarzer oder grüner Seife), bei sonstiger genügender Ventilation und trockener Wand einwandsfrei, besonders für Operations und Krankenzimmer, Schulen, oft auch als Sockelanstrich angewendet, 1—2 m hoch.

Besonders dauerhafte Farbenanstriche mit teilweise für die sich darauf absetzenden Keime desinfizierender Wirkung sind:
Porzellanemailfarben von Rosenzweig u. Baumann, Kassel; pro qm Anstrich ca. 50 Pf.; Fritze u. Comp.
Zoncafarbe, Zonca u. Comp., Kitzingen a. M.
Amphibolinfarbe, Amphibolinwerke von C. Gluth, Hamburg,
Hyperolinfarbe, Hyperolinwerke von Deiniger, Oberramstedt i. Hessen. 1 kg. für ca. 10 qm = 50 Pf.

Feuersichere Anstriche machen:
C. Gautsch, München, Thalkirchnerstraße; Hülsberg u. Komp., Charlottenburg, Stuttgarterplatz. Hölzer imprägnieren feuerfest G. Lebioda u. Komp., Boulogne s. Seine.

Papiertapeten, die besseren Sorten lassen kaum Luft durch; für Kranken- usw. Zimmer einfarbige oder ganz ruhige Muster sowie möglichst glatte Tapeten wählen, am besten abwaschbare, die jetzt in jeder größeren Tapetenhandlung zu haben sind. Gewöhnliche Tapeten lassen sich meist abwaschbar machen durch einen dünnen Leimwasser- und darauf folgenden Lackanstrich; der Glanz des Lackes kann durch Zusatz von Wachs oder Terpentinöl gemildert werden. Tapeten dürfen keine Spur von Arsen, auch kein Blei enthalten. Ferner beachten, daß der Kleister zum Befestigen nicht verdorben und sauer sein, auch nicht mit Arsen versetzt werden darf, (zuweilen gegen Wanzen empfohlen), sonst oft fauliger Geruch, besonders bei schwefelhaltigen (Ultramarin) Tapeten und event. Vergiftungsgefahr. Um die Fäulnis des Tapetenkleisters zu verhüten, kann man Borsäure zu demselben zusetzen, etwa 15 g pro kg Kleister.

Arsen weist man nach, indem man in ein Reagenzglas einen Finger hoch Salzsäure, darauf die doppelte Quantität Wasser, einige Tropfen Jodjodkaliumlösung, sowie etwas von der zu untersuchenden Substanz (abgekratzter Farbstoff der Tapete) und ein Stückchen Zink tut, einen Baumwollenpropf lose in das Glas hineinschiebt und die Mündung mit einem Stück Fließpapier bedeckt, auf welches man einen Tropfen Silbernitrat tropft. Bei Anwesenheit von Arsen wird der Silbernitratfleck gelb mit braunem Rand, und schwarz, wenn man darauf einen Tropfen Wasser tut. Ein Kontrollversuch ohne Farbstoffprobe ist zugleich zu machen.

Lincrusta Walton (aus Holzstoff, Leinöl und verschiedenen anderen Substanzen), dicke dauerhafte Tapete, verträgt Abseifen und Behandeln mit Desinfizientien.

Seiden- und Stofftapeten, schwer zu desinfizieren und oft arge Staubfänger; daher niemals für Schlaf-, Kinder- und Krankenzimmer zu wählen.

Holzbekleidung, als Holzspantapete, pro qm 1,40 Mk., (Hamburg-Berliner Jalousie-Fabrik. H. Freese, Berlin SO., Rungestr.), oder häufiger als Holzsockel gebräuchlich, bei kalten Außenwänden zur Isolierung gut, aber stets für Luftwechsel zwischen Holz und Mauer geeignete Ventilationsöffnungen vorsehen. Holzsockel oder Simse können auch, wenn oben offen, als Einströmungsöffnungen für Ventilations- und Heizluft dienen, sollen dann aber stets so konstruiert sein, daß man sie zwecks Reinigung der Luftkanäle leicht entfernen kann. Besondere Ventilationssockelleisten aus Holz, welche zugleich den Fehlbodenraum ventilieren sollen, sind zu haben bei A. Heym, Parkettfabrik, Leipzig-Plagwitz, pro Meter 25 Pf. bis 1 Mk. Der Zwischenraum zwischen Holz und Mauer kann auch mit trockenen Korkstücken ausgefüllt werden.

Steinbekleidung, glasierte Kacheln, Marmor, Terrazzo usw., teuer, für Operationssäle der leichten Desinfektion wegen aber zu empfehlen. (Glasfournierplatten, direkt auf den Wandputz aufzubringen, pro qm 7,50—8,50 Mk. von Hugo Albrecht, Berlin N. 24.)

Korkplatten, Kieselgurplatten und ähnlicher Belag ist besonders für kalte Außenwände zu empfehlen. Bezugsquellen siehe vorne.

Metallplatten aus dünnem Zinkblech mit einer Emailleschicht überzogen und wie Steinplatten auf der Wand mit besonderem Kitt zu befestigen, waschbar und leicht desinfizierbar, pro qm 7—9,50 Mk. von Metalloid-Gesellschaft J. Schlinz u. Comp., Berlin N. 24.

Türen. Gewöhnliche Breite für Wohnräume 0,90—1 m, für Nebenräume 0,60 m, Höhe 2 m bis 2,20 m (siehe auch bei Schulen). Türen, welche gegen Geräusche und Einbruch gewissen Schutz bieten sollen, sind nicht als „gestemmte" Türen auf Rahmen und Füllung herzustellen, sondern die Füllungen sind doppelt zu nehmen mit Verstrebungen dazwischen, sowie einer Einlage von Filz, Kork, Torf oder dergleichen. Feuersichere Türen sind aus Xylolith herzustellen oder es müssen die obigen Türen mit Asbestpappe und Eisenblech überzogen werden. Für verglaste Türen (Treppenhäuser, Korridore) ist zu dem gleichen Zweck Drahtglas oder Elektroglas zu nehmen.

Feuer- und diebessichere Türen liefert fertig F. Spengler, Berlin und Aug. Schwarze, Brackwede-Bielefeld.

Fenster. Über Größe, Form, Verglasung siehe bei Beleuchtung und Schulen. Fensterrahmen meist aus Holz, dasselbe muß hart oder harzreich sein (nicht Fichtenholz). Wasserschenkel am besten aus Eichenholz. Eiserne Fensterrahmen sind oft vorzuziehen, wenn die Innenräume viel Licht gebrauchen, Ateliers, Zeichensäle, Klassenräume, auch für Wasch- und Kochküchen (gut im Anstrich halten.) Auf dichten Abschluß zwischen Futterrahmen und Mauer ist bei Einsetzen des ersteren zu achten, Dichtung durch Filzstreifen oder Hanf. Später etwa an den Verbindungsstellen auftretende, Zug verursachende Spalten sind mit Ölkitt zu dichten und mit Tapetenborte zu überkleben.

Außer der gewöhnlichen Fensterkonstruktion auch Kipp- und Drehflügel (siehe bei Ventilation) in Gebrauch. Schiebefenster, besonders bei Fehlen von Doppelfenstern, für Landhäuser, Laboratorien usw. von Vorteil, aber nur gute Konstruktion (z. B. von F. Spengler, Berlin, Alte Jakobstr.). Fensterflügel schlagen am besten nach innen auf. Vorteile: leichtere Reinigung, kein Geräusch bei Wind, Möglichkeit, Jalousien vor denselben anzubringen.

Doppelfenster stets wünschenswert. Vorteil: besserer Wärme- und Kälteschutz, verminderte Schallübertragung von außen nach innen. Verminderte Schwitzwasser- und Eisblumenbildung im Winter. Dadurch bewirkter Lichtverlust, siehe hinten. In geringerem Maße sind diese Vorteile auch durch doppelte Verglasung einfacher Fenster zu erzielen. Es ist hierbei auf vollkommen dichten Abschluß des Glaszwischenraumes gegen Staub und Wasserdampf zu achten.

Treppen, mit geradem oder gewundenem Lauf, in letzterem Fall soll der Durchmesser der zentralen Spindel mindestens gleich der Länge der Treppenstufen sein. Nach je 12—15 Stufen ein Absatz oder Ruheplatz, womöglich mit einem Ruhesitz (Klappsitz) ausgestattet.

Länge der Treppenstufen je nach der Benutzung der Treppe verschieden, siehe bei Schul- und Krankenhäusern. Breite der Stufen (Auftrittsbreite) 24—30 cm. Höhe derselben 14—16 cm. Ein gutes Verhältnis für Wohngebäude ist z. B. 24:16 cm. Treppen im Freien müssen wesentlich breiteren Auftritt und eine Stufenhöhe nicht über 12 cm haben.

Material der Stufen darf sich nicht leicht abnutzen, darf nicht zu glatt sein und muß leicht zu reinigen sein. Für Holzbelag eignet sich nur hartes Holz, für Stein-, und Eisentreppen ist Linoleumbelag zu empfehlen, auf Holzstufen und Podeste ist Linoleum nur aufzubringen, wenn das Holz vollkommen trocken ist. Ausgelaufene Treppenstufen, auch hölzerne können durch Steinholzeinlagen oder Überzug wieder erneuert werden, Vorderkante der Stufen dann zweckmäßig durch Schienen zu schützen.

Treppenvorstoßschienen von Prinz & Comp., Oligs im Rheinland oder L. Mannstaedt & Comp., Kalk bei Köln.

Treppengeländer ist 80—90 cm über den Stufen anzubringen, der Handläufer soll glatt, ohne Vertiefungen, leicht zu reinigen sein (Infektionen). Seile als Geländer geben schlechten Halt beim Anfassen. Wird die Treppe viel von Kindern benutzt, sind Knöpfe auf dem Handläufer anzubringen (siehe Schule).

Treppenhäuser sind mit hellem, glattem, abwaschbarem Wandbelag zu versehen, für gute natürliche und künstliche Beleuchtung ist Sorge zu tragen, desgleichen für Lüftung. Keller und Boden sind durch massive Türen abzuschließen, ebenso wird zweckmäßig zur Erhöhung der Feuersicherheit das gesamte Treppenhaus mit massiven Wänden versehen. Bei Oberlicht am besten Abdeckung durch Drahtglas. Eiserne und Steintreppen sind ohne weiteres nicht feuersicher, sie werden es erst durch Ummantelung mit Gipsdielen, Monier- oder Rabitzputz u. dergl. Dagegen können gemauerte Treppen mit hartem Holzbelag als feuersicher angesehen werden. Eine Rauchabzugsklappe im oberen Teile des Treppenhauses kann unter Umständen bei Verqualmung des letzteren wertvolle Dienste leisten. (In manchen Bauordnungen vorgeschrieben.)

Hausdach. Hygienische Anordnungen: Schutz gegen atmosphärische Niederschläge, gegen Sturm und Blitz und gegen Feuer. Schlechter Wärmeleiter, besonders wenn Dachwohnungen vorhanden. Mit Ventilationseinrichtungen zu versehen gegen Wasserkondensation, Ansammlung schlechter Luft und Wärme.

Materialien.

Stroh, Schilf, Holz geben meist guten Schutz gegen Niederschläge und sind der schlechten Wärmeleitung halber zweifellos sehr beachtenswerte Bedeckungsstoffe. Auf der anderen Seite schränkt ihre Feuergefährlichkeit die Anwendung ganz wesentlich ein.

Ziegel, am besten hartgebrannte, die besten auf die Wetterseite zu legen. Um dieselben ganz wasserdicht zu machen, wird Bestreichen der Außenseite mit heißem Asphaltteer empfohlen, oder Tränken mit Rübenmelasse.

Flachziegel, Dachzungen, am besten als Doppel-(Kronen-, Ritter-), Dach ausgeführt, in Mörtel verlegt.

Dachpfannen, leichter wie die vorigen und wetterbeständiger, ebenfalls in Kalk zu verlegen.

Falzziegel können ohne Mörtel verlegt werden, ventilieren also den Dachboden ohne weiteres. (C. Ludowici, Ludwigshafen a. Rhein; F. Lang, Würzburg, A. Dannenberg, Görlitz; Rats-Ziegelei Freienwalde; G. Sturm, Freiwaldau; Voigt und Kretzner, Kunzendorf, N.-L. und andere.)

Zementplatten geben dichte und sturmsichere Dächer, ventilieren den Dachboden ohne weiteres. (Zementfabrik Staudach, Bayern; Hüser, Oberkassel; Kind, Elbing und andere.)

Schiefer, sehr dichte und dauerhafte Dächer, besonders auf Schalung mit Teerpapierunterlage. Die Schieferplatten dürfen nur Spuren von Schwefel, Kohlenstoff und organischer Substanz enthalten. Schwefelhaltiger Schiefer entwickelt beim Glühen Geruch nach schwefliger Säure; kohlenstoffhaltige werden nach dem Glühen leichter. Guter Schiefer darf, in einem verschlossenen Glasgefäß über Schwefelsäure aufgehängt, nicht blättrig werden.

Asbestschiefer, feuersichere Abdeckung in verschiedener Farbe und Stärke 2,5—5 mm leicht zu bearbeiten, Preis 2,50—4,50 Mk. pro qm, Asbest- und Gummiwerke Alf. Calmon A.-G. Hamburg.

Ruberoid-Filz. A. Müller, Feldscheunenbau, Berlin SW. 12, pro qm 1.20 Mk.

Metalldächer, dicht, aber Wärme gut leitend, besonders neuerdings Zinkwellblech viel angewendet. Gegen Rosten an den Befestigungsstellen empfohlen, diese an die konvexen Teile des Bleches zu legen und unter den Schraubenkopf ein Bleiplättchen einzufügen. Wärmeschutz siehe folgende Seite.

Dachpappe, dichtes, leichtes, billiges Dach, aber im Sommer sehr heiß werdend. Leckstellen mit Dachkitt oder Dachlack auszubessern. Gute Dachpappe darf nach Einlegen in Wasser an Gewicht nicht zunehmen. Durch Kalk- oder hellgelben Anstrich, sowie durch Überstreuen des Daches mit hellem Kies kann die zu starke Erwärmung des Daches gemildert werden. Ein besonderes aus Gummi wasserdicht hergestelltes, pappeähnliches Deckmaterial in verschiedenen Farben, pro qm 2—3,50 Mk., liefert die Rheinische Gummiwarenfabrik Fr. Clouth in Cöln-Nippes.

Holzzement, in guter Ausführung vorzügliche Dachbedeckung, namentlich für bewohnte Dachräume; dauerhaft, wasserdicht, schlechter Wärmeleiter, begehbar und daher eventuell zu Gartenanlagen verwendbar. Als Unterlage für die Holzzementpapierschichten darf Dachpappe nur genommen werden, wenn sie ganz trocken beim Überdecken mit ersterer ist (Regen). An Stelle der Pappe kann auch ein Estrich von hartgebranntem Gips oder Hartgipsdielen gewählt werden. Eine Grasschicht auf dem Dach ist für die Temperaturverhältnisse der darunter befindlichen Räume im Sommer von günstigem Einfluß.

Kosten einiger Dachdeckungsmaterialien.

Material	Kosten pro qm Dach inkl. Lattung, Schalung usw.	Dauer des Daches in Jahren
Ziegel	2,30—3,75 Mk.	30—35
Schiefer	5—5,50 Mk.	40—50
Zinkdach	6 Mk.	20
Asphaltpappe, doppelt	2,50 Mk.	30
Holzzement	4,25 Mk.	60

Schutz des Dachraumes gegen Hitze und Kälte ist in jedem Falle erwünscht, bei Dachwohnungen nötig (Ausnahme nur Holzzementdach); durch ruhende Luftschicht mittelst doppelter Verschalung und Zementverputzung der inneren Verschalung; dann zweckmäßig mit verschließbaren Ventilationsöffnungen zu versehen, da bei absolutem Luftabschluß die Verschalung faulen kann; durch Zwischendeckenmaterial (siehe dort), besonders Korksteine, Gipsdielen, Spreutafeln usw. Wellblechdächer sind nicht gut durch einfache Schalung zu isolieren, gut dagegen durch dicht auf das Blech geklebte, wellig geformte Korksteine.

Dachventilation ist bei allen dicht schließenden Dächern nötig (sonst Pilzbildung, feuchtes Dach durch Kondenswasser); durch Dachfenster. Dachlukensteine oder Drainröhren, welche dicht unter dem Dachrand in die Mauer eingebettet, regensicher und mit Schutzgitter gegen Vögel versehen, permanent ventilieren, am besten verbunden mit Dachfirstventilation (Dachreiter-Laternen, Luftsauger), siehe bei Ventilation.

Feuchtigkeit der Wohnungen.

Gesundheitliche Nachteile der feuchten Räume.

Unbehaglichkeit und Kältegefühl (feuchte Wand guter Wärmeleiter), unter Umständen Erkältungen, Rheumatismen und vielleicht auch Disposition gebend zu Diphtherie und chronischen Nierenerkrankungen.

Untersuchung auf Feuchtigkeit.

Zulässige Grenze derselben höchstens 1—2% Wasser in den Baumaterialien.

Achten auf spezifisch modrigen Geruch (Schwammbildung).

Gründliche Inspektion der Wände, besonders dunkler Ecken, hinter Möbeln usw. auf Schimmelbildung, feuchte dunkle Flecken, Beulen in der Tapete, Mauersalpeter.

Aufreißen der Fußböden und Inspektion des Zwischendeckenmaterials an mehreren Stellen.

Auflegen der Hand auf der Feuchtigkeit verdächtige Wandstellen. (Feuchte Wände fühlen sich kühler wie trockene an.)

Anheften von dünner Gelatinefolie (in Papierhandlungen als Hauchblätter erhältlich) an verdächtigen Stellen; bei vorhandener Feuchtigkeit krümmt sich die Folie sehr bald nach innen.

Entnahme von Proben des Mauerwerks und Verputzes von verschiedenen Stellen (mind. 4) mittelst eiserner Stanzen und Untersuchung auf Wassergehalt im Laboratorium. (Transport dorthin in ganz luftdicht schließenden Gefäßen.)

Gründe der Feuchtigkeit:

a) Bodenfeuchtigkeit, hohes Grundwasser, fehlende oder schlechte Isolierung der Fundamente.

b) Kondensation von Wasserdampf an den Zimmerwänden, besonders wenn diese für Luft undurchlässig sind und viel Wasserdampf im Raum entwickelt wird (Koch- und Waschküchen), oder wenn viele Menschen in engem, schlecht ventiliertem Raum beisammen sind (Schulen, kleine Wohnungen), oder wenn Wände sehr kalt sind (dünne Außenwände an der Wetterseite, nicht geheizte Schlafzimmer bei starker Kälte).

c) Durchnässung der Wände durch Schlagregen. (Wetterseite). Derselbe kann in Mauern aus Ziegeln bis 30, ja bis 40 cm tief eindringen, besonders an den Seeküsten; in Mauern aus natürlichem Gestein zuweilen noch tiefer.

d) Neubauten, durch Wasser, das zum Bauen gebraucht wird, durch Regen, der in ungeschützte Bauten fällt, durch Verunreinigung der Zwischendecken mit Urin durch die Bauarbeiter.

6*

Untere Stockwerke meist anfangs feuchter, besonders über Isolierschichten, da Wasser nach unten sickert und sich darauf sammelt.

e) Verwendung hygroskopischer Steine (die schwefelsaure oder salpetersaure Salze enthalten) oder Mörtel (durchsetzt mit Kalziumchlorid oder Nitraten) oder feuchter Hölzer (siehe Hausschwamm).

f) Vorübergehende Durchnässungen bei Überschwemmungen.

Verhütung resp. Beseitigung der Feuchtigkeit. Die Maßregeln entprechen in ihrer Reihenfolge den eben angeführten Ursachen der Feuchtigkeit.

a) Drainage, Isolierung der Fundamente (siehe bei Fundamenten). Nachträgliches Einbringen von Isolierschichten in Mauern möglich durch allmähliches Durchsägen der Hausmauern und Einfügen von Blei oder Asphaltplatten in den Schnitt, darauf Verschluß der Fugen durch Zement. Maschinen dafür werden von Stadler u. Geyer, München gebaut.

b) Poröse, lufthaltige Steine zu Zwischen- und Außenwänden (siehe Baumaterialien). Aufbringen des Innenputzes nicht direkt auf die Wand, sondern auf ein Leisten- oder Lattenwerk oder auf Schalung mit Rohrung, oder auf Drahtgewebe, oder Falzisolierpappe (siehe bei Fundamente), oder an Stelle des Innenputzes, Vorziehen von dünnen Gipsdielen (3—4 cm stark), Tafeln aus Papier oder Kieselguhrmasse, Holzspantapeten, Vertäfelungen, Verschalung mit Packleinen bespannt; alle diese Vorwände etwa 3—5 cm von der eigentlichen Tragewand entfernt.

Gute Ventilationseinrichtungen (siehe Ventilation). Gelindes Heizen der Schlafzimmer im kalten Winter, nicht zu langes Offenhalten der Fenster dieser Räume bei stärkerer Kälte.

c) Sicherung der Wetterseite durch ein weit überhängendes Dach (bei Landhäusern), durch Behang mit Schindeln, Brettern, Dachziegeln, Schiefer, Glastafeln, Zementplatten oder Verkleidung mit stark gebrannten Verblendziegeln. (Siehe auch pag. 57). Die Fugen sind möglichst schmal zu halten und mit Zement, Milchkalkmörtel oder wo angängig mit Ölkitt auszustreichen. Zu dem gleichen Zweck dienen Metallfalzziegel aus Zink oder verzinktem Eisenblech von H. Klehe und Söhne, Baden-Baden oder H. Nebeling, Remscheid. Preis pro qm. 4—6 Mk.

Niederrieselndes Aufschlagwasser von den Fundamenten abhalten durch in Erdhöhe in die Mauer eingefügte, etwas vorstehende schräge Ziegelsteinschicht.

Zementverputz der ganzen Wand oder Anstrich von Wasserglas (nicht zu konzentrierte Lösung und nicht zu oft hintereinander), darauf Anstrich mit Chlorkalziumlösung; bei Kalksteinwänden auch Anstrich mit oxalsaurer Tonerde oder mit den Keßlerschen Fluaten. Dies sind Metallsilikofluorverbindungen, welche zum Wetterfestmachen von Stein, Gips, Zement und Kalkputz in verschiedener Zusammensetzung geliefert werden. Pro qm Fläche werden 100—600 g Fluat je nach der Porosität nötig. Der Preis pro kg beträgt 50 Pf. bis 3 Mk. Hans Hauenschild, Berlin N. 39. Empfohlen wird auch Anstrich mit Testalin von Hartmann und Hauers, Hannover. Die Wände werden zunächst mit einer alkoholischen Ölsäurekaliseifenlösung, nach einigen Stunden mit essigsaurer Tonerde gestrichen, die Farbe der Wände verändert sich nicht. Preis der Anstrichmaterialien pro qm ca. 20 Pf. oder kg Lösung 60 Pf., ferner Montanin der Montangesellschaft in Strehla a. Elbe. 100 kg = 100 Mk.

Gegen Säuredämpfe schützender Anstrich: in Teer gelöster Asphalt oder Kautschuk in Schwefelwasserstoff gelöst.

d) Polizeiliche Festsetzung einer Trockenfrist nach der Rohbauabnahme bis zur Benutzung der Räume. Für Wohnungen genügen in der Regel bei Massivbauten 6 Monate, bei Fachbauten oft weniger.

Zum Schutz gegen Regendurchnässung beim Bauen sind in den Baupausen die Wände mit Asphaltpappe oder ähnlichem Material zu überdecken.

Errichtung von bequem gelegenen provisorischen Aborten für die Arbeiter und strenge Beaufsichtigung der letzteren.

Anbohren der Isolierschichten über dem tiefsten Punkt derselben, falls Verdacht einer Wasseransammlung dort besteht.

Kräftige Ventilation der Räume durch gleichzeitiges Heizen mittelst provisorisch aufgestellter Öfen, Kanonenöfen, Kokesfeuerungen, womöglich mit Rauchabzug oder besonderer Trockenapparate. (Koris Patentschnelltrockner, 65 Mk., Berlin; v. Kosinski, Berlin-Charlottenburg, Kaiser-Friedrichstr.; Aug. Meynig, Chemnitz. Seemannsches Trockenverfahren, ausgeführt durch Gesellschaft „Bauhygiene", Berlin, Klopstockstr. 34. Trockenofen „Vesuv", J. Schrezmayr, München, Briennerstr. 30. Ventilationsapparat Türk u. Comp., Berlin-Charlottenburg, Leibnitzstr. 38. A. Zimmermann, Remscheid. R. Frey, Berlin, Kleiststraße.

e) Verwendung von nur salzfreien Steinen und gut getrockneten Hölzern zum Bau. Zum Mörtel und Mauern ist nur ganz reines Wasser zu nehmen, am besten Regenwasser; Brunnenwasser ist oft bedenklich. Zeigen sich später Mauerausschläge, sind einzelne Steine wohl zu entfernen, sonst ist nicht viel mehr zu erreichen. Steinmauern sind gegen Dung- und Abortgruben stets besonders gut zu isolieren, sonst saugen sie sich allmählich mit Salpeter voll und machen die Mauer dauernd feucht. Ebenso sind Balkenköpfe in Wänden besonders zu beachten; ihre Stirnseite soll stets unbedeckt einige cm vom Mauerwerk entfernt bleiben, damit das Wasser aus dem Holz verdunsten kann; seitlich werden sie zweckmäßig isoliert durch Umhüllung mit Blei, Asphalt, Falzbaupappe. starkem, in Paraffin getauchtem Papier oder durch einfaches Bepinseln mit Paraffin.

f) Kräftige Ventilation mit Heizung verbunden, gründliche Reinigung der Keller- usw. Räume, eventuell Aufnehmen der Fußböden und Trocknen der Zwischendeckenfüllungen.

Hausschwamm. Pilz der Holzfäule (bekannt auch als Rotfäule, Weißfäule, Trockenfäule, Ringschäle, Sticken usw.)

Merculius lacrimans. Anfangs schneeweiße, später aschfarbige watteähnliche verzweigte Sproßverbände, sodann Bildung von braunen, tellerförmigen, faltigen, oft metergroßen Fruchtkörpern, meist mit Wassertröpfchen besät und mikroskopisch kleine braune, ovale, zweizellige Sporen enthaltend.

Polyporus vaporarius, seltener, Sprossen und Fruchtkörper bleiben schneeweiß.

Zuweilen wird, namentlich bei Kiefernholz, auch ein Blauwerden desselben beobachtet; die Ursache ist meistens ein Kernpilz (Ceratostoma piliferum), welcher in ähnlicher Weise wie die vorher erwähnten Pilze das Holz zerstören kann. Endlich kann auch, anscheinend durch Bakterienwucherungen, das Holz ganz ähnlich wie durch Hausschwamm zerstört werden (Trockenfäule); es fehlen dann die mit bloßem Auge erkennbaren Schwammvegetationen.

Auftreten des Schwammes: derselbe gedeiht nur an feuchten und von der Luft abgeschlossenen Stellen, zerstört besonders Nadelhölzer, aber kommt auch auf anderen Holzarten, auf Steinen und im Fehlboden sehr gut fort; er siedelt sich daher auf diesen Substraten mit Vorliebe an, wenn sie feucht sind und von der Luft abgeschlossen werden.

Merkmale der mit Schwamm infizierten Wohnung.

Faulig dumpfer, morchelartiger, bei der Trockenfäule mehr saurer Geruch in den Zimmern. Aufhören des Federns des Fußbodens an einzelnen Stellen. Einsinken, Morschwerden desselben. Wölbung der Fußbodenbretter und Erweiterung der Fugen zwischen denselben. Prüfung der Tragebalken durch Anbohren mittelst großen Zimmermannsbohrers, auch oft schon ohne Aufnehmen des Fußbodens möglich. Erkrankte Balken halten den Bohrer nicht fest und geben graue Bohrspäne. Beim Aufreißen des Holzbelags charakteristisches Aussehen der infizierten Holz- und Steinteile durch Überwucherung mit den mit Wassertropfen bedeckten Fruchtkörpern.

Durch Schwamm zerstörtes Holz hat gelbbraune (Mer. lacrim.) oder dunkelrotbraune (Polyp. vapor.) Farbe, es schwindet beim Trocknen nach allen Richtungen hin gleichmäßig und zerbröckelt, quillt, in Wasser gelegt, schnell auf. Es gibt keine Reaktion auf Coniferin.

(Coniferinreaktion: bei Tannenholz dünner Holzschnitt, mit Phenolsalzsäure betupft und belichtet, wird blaugrün.)

Schutzmaßregeln gegen Schwamminfektion.

Nur gesundes, gut getrocknetes Holz zum Bau verwenden. Auch im Walde kann schon Schwamminfektion des Holzes erfolgen. Holz aus abgebrochenen Häusern darf nicht mit frischem Holz zusammen aufgestapelt werden.

Mauern gut trocknen lassen, eventuell ventilieren. Balkenköpfe gegen Feuchtigkeit isolieren und ventilieren, z. B. am einfachsten durch Umsetzen der Balkenköpfe mit Steinen ohne Mörtel. Balken, welche parallel den Mauern laufen (Ortbalken), sind nicht unmittelbar an die Mauer zu verlegen.

Nur guten, trockenen Fehlboden verwenden; gefährlich besonders Kohlenasche, Kleinkokes und vor allem Fehlboden aus anderen Häusern, Schutt und dergleichen.

Fußbodenanstrich mit abschließender Ölfarbe, Bedecken mit Linoleum (Treppen), Anbringen von Blechen in Badezimmern, vor Öfen und Herden, Aufbringen von Gipsestrich auf die Holzbalken, erst nach vollständigem Austrocknen aller bedeckten Teile, eventuell unter besonderer Ventilation des Fußbodens. Besondere Fußbodenventilationssockelleisten liefert A. Heym, Leipzig-Plagwitz, 25—110 Pf. pro laufenden Meter.

Fortlassen des Verputzes an der Unterkante der Zwischendeckenbalken lassen letztere sehr viel besser austrocknen, die Balken können durch ventilierte Bretterverschalung verdeckt werden. Über Kellern sind am besten massive Decken zu bauen. Das Holz der Kellerfußböden ist mit einer Zinkchloridlösung zu imprägnieren. Fußböden, welche oft benäßt werden (unter Ausgüssen, Badewannen, Pissoirs), sind wasserundurchlässig zu konstruieren (Zement, Asphalt, Terrazzo).

Maßregeln nach konstatierter Schwamminfektion.

Bloßlegen der vom Schwamm ergriffenen Partien. Ergriffenes Holz bis weit (1 m) in das Gesunde hinein entfernen, ebenso Fußbodenfüllung. Maueroberfläche mit Gebläselampe flambieren, Fugen auskratzen und mit Kreosotöl ausspritzen; sodann neu fugen mit Zementmörtel und Verputzen der ganzen Mauerfläche mit Zement, wenn möglich unter Aussparung von Luftkanälen zur Ventilation.

Imprägnieren der nicht ergriffenen Hölzer mit Kreosotöl oder Antinonninkarbolineum, da gewöhnliches Karbolineum oft noch monatelang im Zimmer zu riechen ist, aber nur nach völligem Austrocknen. Zu gleichem Zweck werden Antigermin von Fr. Bayer u. Comp. in Elberfeld und Mikrosol von Rosenzweig u. Baumann in Kassel angewendet, beides Kupferverbindungen, welche in 1—2 %igen Lösungen aufzustreichen sind.

Sofortiges Verbrennen der vom Schwamm ergriffenen Hölzer, um erneute Infektion zu vermeiden.

Einblasen von heißer Luft in den Zwischendeckenraum bei noch nicht zu weit vorgeschrittener Zerstörung, Seemannsches Verfahren (siehe pag. 85).

Versorgung der Wohnräume mit Licht.

Allgemeines.

Die Helligkeit eines Raumes, Platzes, oder einer künstlichen Lichtquelle wird bestimmt durch Vergleich mit Normalkerzen.

Zum deutlichen Erkennen gewöhnlicher Schrift, zum Lesen, Schreiben, Handarbeiten und dergleichen müssen mindestens 15—20 Meterkerzen Helligkeit gefordert werden, d. h. die Helligkeit, die 15—20 Normalkerzen in 1 m Abstand geben würden. Für feinere Arbeiten ist oft wesentlich größere Helligkeit erforderlich. Die Lichteinheit oder Normalkerze ist nicht in allen Ländern dieselbe.

In Deutschland ist für Lichtmessungen als Lichteinheit gebräuchlich die sogen. Vereinskerze (VK.), Paraffinkerze (Erstarrungspunkt 55° C) von 20 mm Durchmesser und 50 mm Flammenhöhe, dieselbe verbrennt stündlich 7,g Paraffin. (Elster, Berlin NO 43, A. Krüß, Optisches Institut, Hamburg, 10 Kerzen für 3 Mk.)

Zu Messungen im Weberschen Photometer, des elektrischen Lichtes, sowie neuerdings auch anderen Lichtes wird außerdem verwendet eine Ámylacetatlampe = Hefnerlampe (HL.) von 8 mm Lichtweite und 40 mm Flammenhöhe = 1,20 VK. (Elster, Berlin NO 43, vollständige Lampe 36 Mk.)

In England wird gemessen mit einer Wallrathkerze von 45 mm Flammenhöhe = 1,107 VK., neuerdings mit der 10 Kerzen Pentanlampe = 10 Pentaneinheiten.

In Frankreich ist gebräuchlich die Carcel-Öllampe von 45 mm Flammenhöhe = 8,95 VK.

Einen Vergleich der verschiedenen Lichteinheiten gibt die nachfolgende Tabelle:

	HK.	VK.	engl. Kerze	Carcel
Hefnerkerzen (HK)	1	0,833	0,915	0,093
Vereinskerze (VK)	1,20	1	1,098	0,112
Englische Kerze (Pentaneinheit)	1,095	0,912	1	0,102
Carcellampe	10,75	8,95	9,80	1

Außerdem wird, aber selten, nach **Platinlichteinheiten** (1 Violle = 20 bougies décimales) gemessen = 22,4—26 HK.

Ein **Lux** ist gleich der Helligkeit, welche von einer Fläche ausgeht, die in 1 m Entfernung senkrecht von 1 VK belichtet wird.

a) **Natürliche Beleuchtung.** Helligkeit ist abhängig von:
1. Größe der Fensterfläche. Dieselbe soll in bewohnten Räumen wenigstens $1/12$ der Bodenfläche des Zimmers, in Schulen und sonstigen, zu feineren Arbeiten dienenden Räumen $1/5$ der Bodenfläche betragen, exkl. Fensterkreuze und Sprossen. Letztere betragen für gewöhnlich wenigstens ein Drittel der ganzen Fensteröffnung, so daß für Rohbauten nach Einsetzen des Futterrahmens die obigen Maße $1\frac{1}{2}$ mal zu rechnen sind.
2. Beschaffenheit des Glases. Meist wird sogenanntes rheinisches Glas gebraucht in verschiedener **Dicke** (2—4 mm) und **Güte** (Reinheit und Durchsichtigkeit). Man kann Glassorten in bezug auf ihre verschiedene Durchsichtigkeit vergleichen, wenn man sie nebeneinander auf weißes Papier legt. (Lichtverlust siehe bei künstlicher Beleuchtung.) Soll der Aus- oder Einblick durch das Fenster ohne größeren Lichtverlust gehindert werden (Badezimmer, Klosetts, Küchen, Schulen), ist es vorteilhafter, Rippenglas anstatt des matten Glases zu nehmen. Durch Eisblumenbildung an den Fensterscheiben kann ein Lichtverlust von $2/3$ bis $4/5$ der Tageshelligkeit eintreten.
3. Größe des Öffnungswinkels oder des freien Himmelsstückes, von welchem aus Licht in das Zimmer fällt; wird verkleinert durch Bäume vor den Fenstern, enge Straßen, enge Höfe. Wesentliche Vermehrung der Hellig-

keit ist hier häufig möglich durch Kappen der Baumspitzen, hellen Anstrich (Weißen) der gegenüberliegenden Mauerflächen; doch dürfen letztere nicht direkt von der Sonne beschienen werden, weil sonst störende Blendung eintreten kann, welche allerdings durch passende Vorhänge wieder zu kompensieren ist.

4. Einfallswinkel der Lichtstrahlen, d. h. der Winkel, welcher durch einen horizontalen Schenkel und den oberen Schenkel des Öffnungswinkels gebildet wird. Je steiler dieser obere Schenkel, je größer also der Winkel, um so heller wird der Raum; daher ist der obere Teil der Fenster besonders wichtig, und es sind in Räumen, wo viel Licht gebraucht wird, die Fensterbögen bis möglichst dicht an die Decke zu legen (10 cm Abstand), auch sind keine Rouleaux oder Überfallgardinen in diesen Fällen statthaft, sondern nur seitlich vorzuziehende Vorhänge (siehe auch Schulen).

Endlich müssen die Fensteröffnungen nach innen abgeschrägt werden. Durch sogenannte Tageslichtreflektoren können oft in die Tiefe des Zimmers größere Mengen von Licht hineingeworfen werden; zu empfehlen für tiefe Räume an engen Straßen oder Höfen gelegen. (W. Hanisch & Comp., Berlin, Oranienburgerstraße 65; Emaillierwerke, Altona; Gebr. Klencke, Hemelingen bei Bremen; $^{1}/_{2}$ qm ca. 40 Mk.) Ähnlich wirken Fenster und Fußbodenplatten aus prismatischen Gläsern, durch welche oft Räume dieser Art bis in ihre tiefsten Partien mit Tageslicht versorgt werden können. Je nach der Größe des Einfallswinkels werden verschiedene Prismen zu wählen sind. (Deutsches Luxfer-Prismen-Syndikat, Berlin, Ritterstr. 26.) Oberlichtfließen in Prismenform (ebenda oder bei Jul. Stöhr, Berlin, Petristr. 17. Warmbrunn und Quilitsch, Berlin, Rosenthalerstr. 40. Gebr. Klencke, Hemelingen bei Bremen. Gebr. von Streit, Berlin SW. 13). Ein französisches Fabrikat ist Verre soleil, zu beziehen durch Conr. Ebstein, Breslau. Preis je nach Festigkeit (für Trottoir oder Fahrdamm) 40 bis 80 Mk. pro qm.

5. Entfernung der belichteten Fläche vom Fenster (Helligkeit nimmt im Quadrat der Entfernung ab); daher nicht zu tiefe Zimmer, bei einseitiger Beleuchtung sei die Zimmertiefe höchstens $1^{1}/_{2}$ mal so groß als die Entfernung des oberen Fensterrandes vom Fußboden.

12 Meter.

376

9 Meter.

248

6 Meter.

5 3 9 2

5 Meter.

4 7 3 6 0

Versorgung der Wohnräume mit Licht.

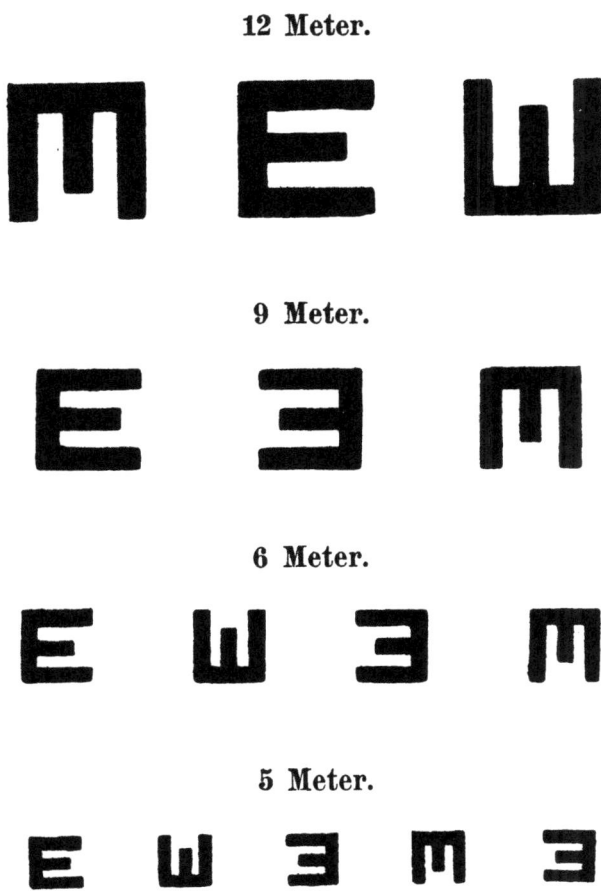

6. **Anstrich der Wände, Decken, Türen, Öfen.**

In Räumen, wo viel Licht gebraucht wird, sind nur helle Farben anzuwenden, mit gelblichen resp. gelblichroten Tönen; blaue, grüne, graue Töne rufen leicht das Gefühl des Frostig-Kalten hervor.

Es reflektiert von den darauffallenden Lichtstrahlen:

gelbe Tapete	40 %
blaue „	25 „
dunkelbraune Tapete	13 „
schwarzbraune „	4 „
helles Tannenholz	40—50 „
schwarzes Tuch	1,2 „

So kann z. B. schon durch eine schmutzige Decke die Gesamthelligkeit des Raumes um über $1/3$ vermindert werden.

7. Vorhänge und Jalousien (siehe Schulhygiene).

Beurteilung der Helligkeit von Wohnräumen durch natürliche Beleuchtung:

a) **von noch nicht errichteten Gebäuden** durch Studium der Grund- und Profilrisse derselben, besonders nach Punkt 1. 3. 5. der eben angeführten Helligkeitskoeffizienten.

Größe des zulässigen Öffnungswinkels (3) wird an einer Profilskizze (Aufriß), welche auch die Straßenbreite und Höhe der gegenüberliegenden Häuser, Bäume usw. enthält, leicht gefunden, wenn man den Winkel, unter welchem das freie Himmelslicht an der Rückwand des Zimmers in Tischhöhe einfällt, mißt; derselbe soll mindestens 4^0 betragen.

Die Größe des Einfallswinkels (4) wird an derselben Stelle gemessen durch Tischfläche und den obersten Strahl des Öffnungswinkels; er sei nicht unter 27^0.

b) **von Plätzen in fertigen Gebäuden.**

Eine für die Praxis meist genügende Bestimmung der Helligkeit wird erhalten, wenn man eine normalsichtige Person Sehproben, welche auf dem betreffenden Platz aufgestellt werden, lesen läßt (siehe vorige Seite). Werden dieselben leicht in der entsprechenden Entfernung erkannt, pflegt auch genügende Helligkeit (natürlich nur für die gerade vorhandene Tagesbeleuchtung) vorhanden zu sein. Die Zahlen über den Leseproben bezeichnen den Abstand in Metern, in welchem die Probe gelesen werden soll.

Ein normalsichtiger Mensch liest ferner von gewöhnlicher Zeitungsschrift bei guter Beleuchtung etwa 16 Zeilen laut und fehlerfrei in 1 Minute vor, bei eben ausreichender Beleuchtung nur 12 Zeilen.

Ein gewisses Urteil über die Raumhelligkeit erhält man auch mittels des Cohnschen Lichtprüfers (15 Mk. von Optiker Thießen, Chemnitz), oder mittels der Wingenschen photometrischen Papiere (40 Mk. ebenda).

Genauere Bestimmungen sind anzustellen durch Webers Raumwinkelmesser oder Thorners Beleuchtungsprüfer (zu haben bei Schmidt & Hänsch, Berlin S, Preis 80 Mk.), oder durch Webers Photometer (ebenda, Preis 350 Mk.), bei Messung künstlicher Lichtquellen auch durch das Winkelphotometer (von Elster, Berlin NO 43) oder das Photometer der Physik.-Techn. Reichsanstalt (Berlin). Allen Instrumenten ist genaue Gebrauchsanweisung beigefügt.

b) **Künstliche Beleuchtung.** Hygienische Anforderungen an dieselbe:

1. Genügende Helligkeit. Für Arbeitsplätze sind mindestens 15—20 Meterkerzen erforderlich, ferner keine Intensitätsschwankungen, wie sie besonders bei offenen Flammen vorkommen.

2. Die Farbe des Lichtes sei dem Tageslicht möglichst ähnlich; wenn Flammen zu viel gelbe Strahlen enthalten, sind dieselben durch blaßblaue Zylinder zu korrigieren. Andererseits kann Licht, welches zu viel blaue Strahlen enthält und daher manchen Leuten durch Blendung oder Farbenton unangenehm ist, z. B. das Licht der Gasglühstrümpfe, durch gelbliche oder rötliche Zylinder weniger blendend gemacht werden.

3. Der Glanz des Lichtes, das heißt die Lichtmenge, die von der Lichtquelle ausgeht, darf nicht zu groß sein, da sonst das Auge gereizt wird. Besonders glänzendes Licht muß durch Schirme abgeblendet oder zerstreut werden.

Es beträgt der Glanz der verschiedenen Beleuchtungskörper:

	von 1 qcm Oberfläche ausstrahlend	im Vergleich mit der VK.
Vereinskerze (VK.) . . .	1	1
Petroleumbrenner . . .	5	1,6
Gasschnittbrenner . . .	14	0,97
Argandbrenner	33	1,9
Auerbrenner	87	6
Azetylenbrenner	7	8,3
Elektr. Glühlampe . . .	16	54,3
Nernstlampe	37	343
Bogenlampe	600	4760
Quarzglaslampe	23,2	4,7

4. Keine Belästigung durch strahlende Wärme. Zu vermeiden durch genügenden Abstand der Lichtquelle, besonders vom Kopfe des Bewohners (siehe Verteilung der Flammen im Raum), ferner durch geeignete Lichtschirme oder Zylinder. Größere, viel Wärme produzierende Beleuchtungskörper erfordern spezielle Abführung der Verbrennungsgase, siehe bei Ventilationseinrichtungen in Verbindung mit der Beleuchtung.
5. Keine gesundheitsschädigende Verunreinigung der Luft und keine Explosions- oder Feuergefahr (siehe bei den einzelnen Beleuchtungsarten).

Die Helligkeit ist abhängig von:

1. Anzahl der im Raum vorhandenen Lichteinheiten.
   Soll ein Raum im ganzen die zum gewöhnlichen Arbeiten erforderliche Helligkeit (15—20 MK.) erhalten, sind im Minimum für denselben nötig bei heller Decke und Wand 16 NK. für je 20—30 cbm Raum.
   Bei besonders hell zu beleuchtenden Räumen sind pro cbm Raum etwa 2 NK. der Beleuchtungskörper zu rechnen.
2. Verteilung der Flammen im Raum.
   Kleine Räume mit einzelnen Arbeitsplätzen werden am besten künstlich derart beleuchtet, daß jeder Platz

seine besondere Beleuchtung von vorne links durch Aufstellen einer Lampe daselbst erhält. Eine gewöhnliche Rundbrennerpetroleumlampe gibt in 0,5 m seitlichem Abstand noch 20 VK. Helligkeit; bessere Brenner noch in 0,75 m und weiter.

Größere Räume, in welchen an vielen Stellen gelesen oder sonst gearbeitet werden soll (Schulräume, Auditorien, Zeichensäle), werden durch eine oder besser und bei langgestreckter Form des Raumes auf alle Fälle durch mehrere an der Decke befestigte Beleuchtungsquellen erhellt.

Wegen der strahlenden Wärme sollen offene Flammen, die aber durchweg zu vermeiden sind, von den Köpfen der Personen mindestens 1 m entfernt bleiben. Argandbrenner mindestens 1,50 m, und wenn dieselben mit Glasunterschalen versehen sind, mindestens 75 cm. Besonders große Brenner, auch solche mit Schutzgläsern, mindestens 2 m; bei Glühlicht ist strahlende Wärme kaum zu fürchten.

Über Beleuchtung geschlossener Räume durch elektrisches Bogenlicht siehe später.

Besonders empfehlenswert ist die indirekte Beleuchtung, bei welcher durch hohes Anbringen der Lampen und durch Augenschützer oder Reflektoren unter den Flammen, oder durch Kugeln aus weißem Überfangglas um dieselben die weiß gestrichene Decke intensiv beleuchtet wird. Auch die Zimmerwände und Fenstervorhänge müssen ganz hell gehalten werden. Eine Vermehrung der Beleuchtungskörper ist sodann bei nicht übermäßig hohen Räumen nicht erforderlich. So kann z. B. für einen 4 m hohen Raum pro 12 qm Grundfläche etwa 1 Auerbrenner gerechnet werden. Vorteile dieser Beleuchtung sind eine viel gleichmäßigere Verteilung des Lichtes, keine störenden Schatten, Vermeidung der Blendung beim Hineinsehen in die Lampen, besseres Erkennen der Tafel, keine Belästigung durch strahlende Wärme. Besondere Verteilungsschirme (Diffuser) von der Allgem. Elektrizitätsgesellschaft, Berlin.

Beeinflussung des Lichtes durch Gläser und Schirme.

Der Lichtverlust bei senkrecht durchfallendem Licht beträgt ungefähr bei

einfachem Fensterglas . . . 4 %
doppeltem und Glockenglas . 9−13 „
Spiegelglas 8 mm dick . . . 6−10 „
klarem Glas mit Rippen oder
  gepreßter Musterung . . . 10−20 „
mattgeschliffenem Glas . . . 30−66 „
Milchglas . . . . 35−75 „

(Neuerdings wird von der Glasfabrik Schott und Genossen ein Milchglas (Antositglas) gefertigt, welches nur 5−20%,0 Licht absorbiert.)

bei Rückstrahlen von Scheinwerfern aus
poliertem Weißmetall . . . . 2−5 %
belegtem Spiegelglas . . . 3−7 „
weiß emailliertem Blech . . . 7−15 „
weiß lackiertem Blech . . . 10−17 „

Umgekehrt kann das Licht durch passend geformte Schirme in bestimmter Richtung verstärkt werden und zwar verglichen mit der Flamme ohne Schirm

durch einen lackierten Blechschirm . ca. 9 mal
„   „   polierten   „   . „ 64 „
„   „   Milchglasschirm . . . „ 30 „
„   „   Papierschirm mit Glimmer „ 23 „
„   „   Halbkugelscheinwerfer . „ 260 „

Sehr angreifend für das Auge sind die matten, mit eingeschliffenen Mustern verzierten Glasglocken oder Kugeln, welche daher am besten nirgends, auf keinen Fall aber in Arbeitsräumen angewendet werden sollten.

Die einzelnen künstlichen Lichtquellen.

Wasser, Kohlensäure und Wärmeproduktion derselben. (Die Mengen schwanken natürlich in gewissen Grenzen.) Siehe nächste Seite, Tabelle 1.

Lichtstärke, Brennstoffverbrauch, Wärmemenge und Kosten einiger Beleuchtungskörper (Wedding 1901 und 1904.) Siehe Tabelle 2.

Auf 1 qm werden in 37,5 cm Abstand von der Lampe in 1 Minute Wärme abgestrahlt:
  von elektr. Glühlampe . . 2,38 Mikrokalorien*)
  „ Argandbrenner . . . 8,0 „
  „ Petroleumlampe . . . 13,22 „
  „ Auerschem Glühlicht . 1,83 „

---

* Mikrokalorie ist gleich der Erwärmung von 1 mg Wasser um 1° C.

Tabelle 1.

Es erzeugt stündlich bei einer Helligkeit von 100 VK.	Wasser kg	Kohlensäure kg	Wärmekalorien
Elektr. Bogenlicht	0	Spur	57
„ Glühlicht	0	0	290
Gas, Siemensbrenner	0,3	0,39	1 843
„ Glühlicht	0,64	0,70	930
„ Argandbrenner	0,69	0,88	4 213
„ Zweilochbrenner	2,14	2,28	12 150
Petroleum, großer Rundbrenner	0,25	0,62	2 073
„ Flachbrenner	0,76	1,88	6 220
Rüböl, Studierlampe	0,85	2,00	6 800
Paraffinkerze	0,91	2,23	7 615
Wachskerze	0,88	2,36	7 960
Stearinkerze	0,94	2,44	7 881
Talgkerze	0,94	2,68	8 111

Tabelle 2.

Lichtquelle	Helligkeit in NK.	Stündl. Verbrauch	entwickelte Kalorien	stdl. Kosten in Pfennigen
Leuchtgas, Schnittbrenner	30	400 l Leuchtgas	1995	5,2
„ Rundbrenner	20	200 „ „	1000	2,6
„ Regenerativbrenner	111	408 „ „	2042	5,3
„ Glühlicht	50	100 „ „	500	1,3
Spiritusglühlicht	30	0,057 l Spiritus	336	2,0
Petroleum (14 L.-Brenner)	30	0,08 l Petroleum	962	2,2
„ Glühlicht	40	0,05 „ „	550	1,0
Azetylen	60	36 „ Azetylen	328	3,6
Elektr. Glühlicht	16	48 Watt	41	2,64
„ Bogenlicht	600	258 „	222	14,2
Nernstlicht	25	38	32,8	2,1
Lukaslicht	411	630 l Gas	3210	8,2
Preßgas (Millenniumlicht)	1060	1200 „ „	6120	15,6

Ungefähre Kosten für 100 Kerzen Helligkeit pro Stunde. (Deutsche Bauztg. 1901.)

Elektr. Glühlicht	. 12,4 Pf.	Preßgaslicht . . .	3,2 Pf.
„ Bogenlicht	10,0 „	Azetylengas . . .	5,8 „
„ Nernstlicht	8,0 „	„ Glühlicht .	3,0 „
Gas, Auerlicht . .	5,0 „	Spiritus, „	. 5,0 „
„ Lukaslicht .	5,0 „	Petroleum, „	. 5,4 „

oder man erhält für 1 Mark durch (Schmitt 1908)

Paraffinkerzen	100	Kerzenstunden
Leuchtgasschnittbrenner .	400	„
„ argandbrenner .	540	„
Azetylen	670	„
Erdöl-Flachbrenner . .	770	„
Spiritus-Glühlicht . . .	1 110	„
Erdölrundbrenner . . .	1 400	„
Leuchtgasglühlicht . .	3 230	„
Lukaslicht	4 000	„
Preßgaslicht	5 000	„
Kohlenfadenglühlicht . .	350	„

Für geschlossene Räume ist also das Leuchtgasglühlicht bei weitem das billigste.

Es ist selbstverständlich, daß diese Preise nicht allgemeine Gültigkeit haben können, sondern nur bis zu einem gewissen Grade einen Vergleich geben.

Kerzen. Helligkeit ist gering, meist nur 0,7—3 VK., flackerndes Licht, starke Wärmeproduktion, teuer.

Öllampen. Helligkeit etwa 3—4 VK., verhältnismäßig starke Wärmeproduktion, teuer, aber kaum feuergefährlich, daher geeignet für Kinderzimmer und als Notbeleuchtung in Theatern etc.

Petroleum, ziemlich starke Wärmeentwickelung, billig; nach Deutschem Reichsgesetz darf gewöhnliches Brennpetroleum unter 21°C bei 760 mm Barometerdruck keine entflammbaren Dämpfe entwickeln. (Untersuchung im Abelschen Petroleumprüfer.)

Helligkeit nach Petroleumsorte und Brenner sehr verschieden.

Kleinere Lampen mit Schnittbrenner 7—10 VK.

Lampen mit Rundbrennern 10—60 VK., besondere Intensivbrenner noch heller, z. B. Millionenbrenner von Lux, Berlin.

Versorgung der Wohnräume mit Licht. 101

80 NK. pro Stunde ca. 3 Pf. Petroleumverbrauch
30 „   „   „   „   „ 1¹/₂ „   „

Besondere Sicherheitslampen vielfach im Handel. (Schuster & Baer, Berlin.)

Gegen die strahlende Wärme der Arbeitslampen werden geschlossene Lampenglocken oder Schirme verwendet oder Lampen mit Doppelzylindern (Schuster & Baer, Berlin; Schubert u. Sorge, Leipzig).

Neuerdings werden auch Petroleumglühlichtlampen angefertigt, dieselben sind heller als gewöhnliche Rundbrenner, aber noch etwas umständlich in der Wartung. Z. B. von der Washington Licht-Gesellschaft, Elberfeld.

Steinkohlengas.

Zusammensetzung ziemlich schwankend, als Mittelzahlen können dienen:

Schwere Kohlenwasserstoffe . . 3,5— 5,7%
Leichte   „   . . 36 —60 „
Kohlenoxyd . . . . 4,5— 9 „
Wasserstoff . . . . 30 —50 „

Hygienisch ist zu fordern, daß das Leuchtgas nicht über 5—7% Kohlenoxyd, nur Spuren von Schwefelwasserstoff und sonstigen Schwefelverbindungen haben soll.

Kohlenoxyd, zu 2—3%₀ der Luft beigemischt, wirkt schon rasch krankheitserregend. Bei Rohrbrüchen im Boden verliert das austretende Leuchtgas meist seinen Geruch, und es wird daher oft nicht erkannt. Rohrbrüche können besonders leicht eintreten bei Bodensenkungen infolge Verlegung anderer Leitungsröhren in der Nähe von Gasleitungen, ferner bei Senkungen der Hausmauern; daher ist das Gaszuleitungsrohr eines Hauses stets ganz frei durch die Hauswand zu führen. (Nachweis von CO siehe bei Luft.)

Gasexplosionen können schon bei Gasgehalt der Luft von 5% an vorkommen, am heftigsten sind sie bei 10 - 15%.

Die Prüfung der Dichtigkeit von Gasleitungen im Hause geschieht am einfachsten durch Beobachtung des Gasmessers bei geöffnetem Haupthahn und Schluß aller übrigen Hähne. Der Zeiger darf nicht vorwärts gehen während einer Stunde. Auch kann man durch eine kleine Luftpumpe die Leitung prüfen, nachdem man etwas Äther in dieselbe eingefüllt und verdächtige Leckstellen mit Seifenlösung bestrichen hat. Leckstelle macht sich durch Äthergeruch und Schaumbildung bemerkbar.

Betreten von Räumen, in denen Leuchtgas ausgetreten, mit Licht ist gefährlich; bei starkem Gasgehalt auch ohne Licht bedenklich; daher vorher stets Lüften (eventuell von außen Einschlagen der Fenster, Öffnen der Türen).

Die Lichtstärke der Gasflammen ist abhängig von:

1. **Güte des Gases**, besonders vom Gehalt an Benzol, Äthylen, Propylen, Butylen, schweren Kohlenwasserstoffen, ölbildenden Gasen. 1 cbm Gas soll im Argandbrenner (von Elster, Berlin) durchschnittlich 100 VK Licht geben. 1 VK = 10 l Gas.

2. **Druck des Gases**. Bei zu hohem Druck unsparsames, bei zu geringem Druck (enge Zuleitungsröhren) trübes Brennen, bei schwankendem Druck Zucken der Flammen. (Wasseransammlung im Rohrnetz.) Für Leitungen, welche außer zur Beleuchtung noch zu Heizzwecken oder zu Motorbetrieb verwendet werden, oder eine sehr wechselnde Gasentnahme haben, sind besondere Druckregler einzuschalten. Letztere sind auch empfehlenswert für einzelne größere Brenner.

3. **Wärme der Verbrennungsluft und des Gases**. Durch Vorwärmung (Regenerativbrenner) kann die Leuchtkraft wesentlich verstärkt werden.

4. **Form und Einrichtung der Brenner**.

    Einlochbrenner, freie Flamme, unsparsames Brennen, geringe Leuchtkraft, daher nur für untergeordnete Räume anzuwenden.

    Zweiloch- und Schnittbrenner, ebenfalls nur für untergeordnete Räume passend. 30—250 l stündlicher Gasverbrauch. Helligkeit 8—15 VK.; in der Richtung der Schmalseite der Flamme bedeutend weniger. Bei niederem Gasdruck besseres Licht, wie bei hohem.

    Argand-Rundbrenner, durch Zylinder geschützt.
    Gewöhnliche Konstruktion 120—240 l Gasverbrauch stündlich, 15—20 VK. Helligkeit.

Verbesserte Konstruktion durch Brandscheiben usw. geben bis 50 VK. Helligkeit bei größerem (450 l) Gasverbrauch. (Elster, Fr. Siemens) Intensivbrenner.

Besondere Lampen für Gaslicht mit höherer Leuchtkraft sind mehrfach im Handel und werden meist als Intensiv-, vielfach auch als Regenerativbrenner bezeichnet (siehe weiter unten).

Eine stärkere Leuchtkraft wird dabei durch Vorwärmung der Verbrennungsluft wie des Gases erzielt (Regenerativlampen), eine bessere Ausnutzung der Flamme bei aufgehängten Leuchtkörpern durch invertierte Brenner, zugleich tritt im Vergleich zur Helligkeit eine nicht unbedeutende Gasersparnis ein. Lampen, nach diesen Prinzipien konstruiert, sind z. B.: Butzke-, Siemens-, Wenham-Elsterlampe mit stündlichem Gasverbrauch von 200 bis 500 l und 50—150 VK. Helligkeit.

Die Regenerativbrenner müssen leicht zu reinigen sein und rein gehalten werden, da sonst die Leuchtkraft sehr bald merklich abnimmt, auch machen diese Lampen wegen der großen von ihnen gelieferten Wärmemenge eine Abführung der Verbrennungsgase und womöglich damit verbundene Ventilation höchst wünschenswert (siehe unten).

Verstärkung der Leuchtkraft durch Beimischen von Naphtalin oder ähnlichen Stoffen zum Gase, Karburierung, Albokarbonbeleuchtung. (Akt.-Ges. für Intensivbeleuchtung, Hamburg.)

Flamme wird milchweiß, rußt aber leicht. Gas wird gespart, indem für je 13—14 l Gas etwa 1 g Naphtalin eintritt.

Alle diese Lampen sind aber neuerdings fast vollkommen und mit Recht verdrängt vom

Gasglühlicht. Bei den meisten Regenerativlampen werden Porzellanringe und dergl. zum Glühen gebracht und verstärken dadurch die Leuchtkraft der Flamme; als eigentliches Gasglühlicht bezeichnet man aber Brenner, über denen feinmaschige Glühstrümpfe aus Baumwolle, Ramié oder künstlicher Seide, welche mit Thor und Cer getränkt sind, aufgehängt werden, die durch das Gas zur Weißglut erhitzt werden. Auch hier ist die Technik in allerjüngster Zeit bedeutend vorgeschritten und weitere Verbesserungen sind noch zu erwarten.

Vorzüge des Gasglühlichtes sind:

Es wird bei gleicher Helligkeit gegenüber Schnitt- und Argandbrennern ca. 50%, gegenüber Regenerativbrennern etwa 28% Gas gespart.

Es wird nur halb so viel Kohlensäure wie bei anderen Gasbrennern produziert und auch im übrigen die Luft durch andere Verbrennungsprodukte viel weniger verunreinigt. Ebenso beträgt die Wärmeproduktion kaum die Hälfte der gewöhnlichen Gasflammen.

Die Leuchtkraft desselben ist etwa doppelt so stark wie die des Argandbrenners und viermal so stark wie ein Schnittbrenner.

Die Lichtverteilung über eine große Fläche ist gleichmäßiger.

Ein Blaken und Zucken des Lichtes ist ausgeschlossen.

Als **Nachteile** des Gasglühlichtes wären anzuführen:

Die zeitweilig nötig werdende Erneuerung der Glühstrümpfe; letztere haben jedoch bei vorsichtiger Behandlung eine Brenndauer von 800 Brennstunden und mehr, so daß diese Nachteile reichlich aufgewogen werden durch den verminderten Gaskonsum und die vermehrte Leuchtkraft. In der Regel ist nicht der volle Gasdruck der Leitung nötig und es muß der Hahn dann, um unnötige Gasverschwendung zu vermeiden, auf geringeren Druck eingestellt werden. Als Zylinder sind Glimmerzylinder oder besonders dauerhafte gläserne zu empfehlen, letztere sind zu beziehen vom glastechn. Laboratorium in Jena; auch können Zylinder dadurch wesentlich vor dem Zerspringen durch die Hitze bewahrt werden, daß man dieselben der Länge nach mit einem Glaserdiamanten aufschneidet oder aufsprengt.

Der zuweilen störende Reichtum an grünen kurzwelligen Lichtstrahlen ist zu korrigieren durch lachsfarbene oder rötliche Zylinder.

Die Helligkeit des gewöhnlichen Gasglühlichtes schwankt zwischen 30—140 VK. bei einem stündlichen Gasverbrauch von 60—120 l. Invertierte, nach unten aufgehängte Strümpfe sind für viele Zwecke besonders empfehlenswert, sie geben bei ca. 70--120 l stündlichem Gasverbrauch etwa 40—100 NK. Helligkeit.

Reflektoren für Gaslicht zur Beleuchtung von Arbeitsplätzen und dergl. liefert F. Wehrfritz, Hamburg, Brandswiete.

Sogenannte Holophanglocken zum Diffusmachen des Lichtes in Straßenlaternen von Psarondani und Blondel, München.

Neuerdings werden auch vielfach Intensivglühlichtbrenner von mehreren Hundert NK. Helligkeiten angewendet, welche mit verstärktem Zug (Lukaslicht) verstärktem Druck und Gasgemischen (Selaslicht, Pharoslicht) oder Sauerstoffgasgemisch (Nürnberglicht) betrieben werden und für 100 NK. stündlich etwa 120—200 l Gas gebrauchen; solche Brenner eignen sich besonders auch für indirekte Beleuchtung größerer Räume (siehe dort), ebenso das mit Schirm versehene Hardtlicht, Hamburg, Grimm 9.

Öl- oder Fettgas aus Petroleumrückständen, Abfallfetten und dergleichen bereitet; Darstellung sehr einfach; daher für kleine Betriebe, Krankenhäuser, Hotels usw. geeignet.

Vorteile: Stärkere Leuchtkraft des Gases, besonders weißes ruhiges Licht, bedeutend geringere Wärmeproduktion, als beim Steinkohlengas, geringere Anlagekosten. Einfacherer Betrieb. 2 kg Gasöl liefern ca. 1 cbm Gas.

Nachteile: Rußen der Flammen bei nachlässiger Behandlung. Flackern und Auslöschen der Flammen hei Zugwind. (W. Fitzner, Laurahütte, O.-Schl.; Pintsch, Fürstenwalde; P. Guckow u. Comp., Breslau.)

Wassergas aus Wasserdampf, der über glühende Kohlen, Kokes geleitet wird, hergestellt. Das Gas verbrennt nichtleuchtend und ist daher zur Beleuchtung nur zu verwenden, wenn es mit schweren Kohlenwasserstoffen gemischt wird (Benzin, Ligroin, Petroleumäther, Naphtalin), oder in Lampen mit Glühkörpern verbrannt wird (zu beziehen von Julius Pintsch, Fürstenwalde). Ein Glühkörper gibt etwa 22 VK. Helligkeit, braucht stündlich 180 l Gas, hält 100—300 Brennstunden aus und kostet 0,15 bis 0,3 Mark pro Stück. Ein Brenner kostet 15 Pf. Das Gas muß mindestens 50 mm Wasserdruck haben.

Vorteile: Sehr billige Herstellung des Gases.

Nachteile: Wassergas enthält 30—50% giftiges Kohlenoxyd und ist geruchlos; es sollte also nur in Wohnräumen gebrannt werden, wenn für vollständigen Abschluß der Flamme von dem Wohnraum

Sorge getroffen ist, oder es muß mit riechenden Substanzen (Mercaptan, Carbilamin) versetzt werden. Carbilamin wird jedoch im Boden zurückgehalten, wenn das Gas in diesen ausströmt.

Aerogengas, Luftgas aus verdampfenden flüssigen, mit Luft sich mischenden Kohlenwasserstoffen, in einfachen, leicht zu bedienenden Apparaten hergestellt, für kleine Betriebe, Fabriken, Krankenhäuser usw. Herstellungskosten 9—12 Pf. pro cbm Gas. (van Vrieslands Aerogengasges. in Hannover; Inderau u. Comp., Dresden-A.; Eisenach u. Comp., Leipzig; Fabrik für Luftgasautomaten „Sirius" Berlin; Benoidgasapparat Thiem u. Töwe, Halle a. S.

Spiritusglühlicht. Denaturierter Brennspiritus wird meist in gewöhnlicher Petroleumlampe, aber in besonderem Brenner mit Glühstrumpf vergast und verbrannt und bringt dadurch den Strumpf zum Glühen. Vielfach ist eine Vorwärmung des Spiritus beim Anzünden oder während des Brennens der Lampe nötig. Neuerdings gibt es aber auch Konstruktionen ohne dieselbe. Das Licht ist, wie jedes Glühlicht, weiß, hell und ruhig, fast täglich kommen noch Verbesserungen auf den Markt, der Preis ist ein geringer und das Licht kann zweifellos schon jetzt als beachtenswerter Konkurrent unserer besten Beleuchtungsarten angesehen werden.

Kleine Brenner brauchen 50—80 ccm 95% Spiritus stdl. bei 15—30 HK.

Große Brenner brauchen 130 ccm 95% Spiritus stdl. bei 50—100 HK.

Sternlichtbrenner brauchen 300—600 ccm 95% Spiritus stdl. bei 150—670 HK.

Mit 90%igem Spiritus ist weniger Spiritus erforderlich, aber Leuchtkraft auch dementsprechend geringer. Lampen verschiedener Größe und Helligkeit liefern zurzeit unter anderen: F. Schuchhardt u. Comp., Berlin SO. 33; Monopol-Spir.-Glühlicht-Fabrik O. Helfft, Berlin C.; Akt.-Ges. f. Spiritus-Beleuchtung, Leipzig; Spir.-Glühl.-Ges. Phoebus, Dresden, Arnoldstrasse.

Azetylengas, C_2H_2, aus Kalziumkarbid hergestellt, stark riechend; Erhitzung des Karbids bei Mischung mit zu wenig Wasser kann zu Explosionen Veran-

Versorgung der Wohnräume mit Licht.

lassung geben, ebenso ist flüssiges Azetylen und mit Luft gemischtes Gas explosibel. Die stärksten Explosionen gibt eine Mischung von 1 Volumteil Gas mit 12 Teilen Luft. Das Licht ist sehr weiß und blendend, es sind besondere Brenner nötig, da sonst leicht übler Geruch und Rußen entsteht. Mit Fettgas gemischt (2 T. Fettgas, 1 T. Azetylen) erhöht es die Leuchtkraft desselben um etwa das Dreifache und kann im gewöhnlichen Brenner gebrannt werden.

1 kg Kalziumkarbid kostet ca. 30—40 Pf. und gibt ca. 300 l Azetylen. Helligkeit und Wärmeproduktion siehe vorher. 1 Brenner von 20 HK. Helligkeit braucht stündl. ca. 15 l.

Azetylenentwickelungsapparate liefert F. Butzke & Comp., Aktiengesellschaft für Metallindustrie, Berlin; Internationale Gesellschaft für Beleuchtung, Berlin, Leipzigerstr. 94; Schneeweiß & Engel in Hanau; Kalziumkarbid die elektrochemischem Werke, Bitterfeld, und andere.

Elektrische Beleuchtung: wird erzeugt durch elektrischen Strom, welcher den Beleuchtungskörpern durch Drähte zugeführt wird. In einer vom Strom durchflossenen Leitung bezeichnet man mit Volt die elektromotorische Kraft oder Spannung, mit Ampère die Stärke des Stromes.

Von beiden zusammen hängt im wesentlichen die von dem Strom zu leistende Arbeit ab, welche man Volt-Ampère oder Watt nennt*).

Wechselströme wechseln die Stromrichtung etwa 100 mal in der Sekunde und bringen bei Berührung in Stärke von 100 Volt eine deutliche, von 200 Volt eine unangenehme, von 500 Volt eine schmerzhafte Empfindung und Verbrennung hervor, Ströme über 500 Volt sind lebensgefährlich.

Drehstrom ist eine Kombination von 3 Wechselströmen.

Gleichströme sind viel ungefährlicher, zumal sie niemals so hohe Spannung haben. Berühren einer Leitung von 50—200 Volt ist unangenehm oder schmerzhaft; bei etwa 500 Volt stellen sich schmerzhafte Muskelkrämpfe ein.

---

*) Ein VA. oder Watt = 6,0632 mkg in der Minute geleistete Arbeit.

Leitungen für hochgespannte Ströme sind stets so zu verlegen, daß sie jeder unbeabsichtigten Berührung unzugänglich sind.

Zur Beleuchtung wird der Strom in Form von Bogen- oder Glühlicht benutzt.

Bogenlicht liefert sehr grelles, dem Tageslicht an Zusammensetzung nahezu gleiches Licht; es ist für geschlossene Räume stets abzublenden. Zum ruhigen Brennen ist eine konstante Stromspannung und gute Regulierung an den Lampen selbst nötig.

Die Helligkeit der gebräuchlichen Lampen schwankt etwa zwischen 130 und 3000 NK.

Bei Gleichstromlampen wird der negative Pol unten, der positive Pol oben angebracht, da die stärkste Lichtemission (etwa 85%) in einem Winkel von 45—50° unter der Horizontalen in diesem Falle stattfindet. Umgekehrt sind die Lampen bei indirekter Beleuchtung aufzuhängen.

Bei Wechselstromlampen ist die Lichtemission nach oben und unten gleich, in 35—40° über und unter der Horizontalen am größten.

Eine Bogenlampe mittlerer Größe (450 NK.) beleuchtet in richtiger Höhe aufgehängt im Freien meist 2000 qm, in Bahnhofs- und anderen Hallen 1400 qm genügend. Für hohe Fabriksäle sind auf 200 qm eine Lampe wenigstens, für Zeichen- und andere Säle für 50 qm etwa eine Lampe zu rechnen. Sogenannte Flammenbogen- oder Effektbogenlampen sind heller wie die gewöhnlichen Bogenlampen, brennen aber für Innenräume zu unruhig und produzieren giftige Gase.

Dauerbrandlampen sind von der Luft abgeschlossen, brennen langsamer ab, aber auch unruhig. Neuere Effektbogenlampen, wie z. B. die der Carbonelichtgesellschaft Berlin brennen ruhiger, sind aber für geschlossene Räume auch nur bedingt brauchbar.

Mehrere niedrig hängende Lampen für geringere Stromstärke geben viel gleichmäßigere Beleuchtung als einzelne hochhängende mit großer Stromstärke, erstere sind also für Innenräume wesentlich besser geeignet.

In der Regel soll die Entferung der Gleichstromlampen über dem Boden in Metern mindestens halbmal so viel und höchstens etwas mehr, als ihre Stromstärke in Ampère ausmacht, betragen.

Der Lichtverlust des Bogenlichtes durch Glaskuppeln beträgt:

bei Alabasterglas . . . 10—15%
„ Opalglas . . . . 20 „
„ Milchglas . . . 30--60 „

Sollen geschlossene Räume mit Bogenlicht beleuchtet werden, ist die indirekte Beleuchtung (siehe auch dort) ganz besonders zu empfehlen.

Glühlicht nähert sich in Farbe und Zusammensetzung dem gewöhnlichen Gas- oder hellem Petroleumlicht. Dasselbe ruft ebenfalls beim Hineinsehen starke Blendungserscheinungen hervor und ist daher in der Regel, wie das Bogenlicht, abzublenden oder diffus zu machen.

Die Helligkeit der einzelnen Glühlampen beträgt meist 16—32 NK., jedoch werden auch solche für 8 NK. bis 500 NK. Helligkeit angefertigt.

Die Brenndauer der besseren Glühlampen ist 800—1000 Brennstunden bei richtiger Spannung. Die Leuchtkraft der Lampen nimmt langsam bis 25 oder 28% ab. Es ist zweckmäßig, die Lampe auszuwechseln, sobald am Glase ein grauer Niederschlag zeigt. Nernstlicht verbraucht bei gleicher Helligkeit bedeutend weniger Strom (ca. 1,8 Watt pro HK. und Stunde), ist also im Betriebe nicht unerheblich billiger, als das gewöhnliche Glühlicht. Ebenso werden neuerdings besondere Metallfadenglühlampen verfertigt, welche bedeutend weniger Strom gebrauchen, so die

Tantallampe braucht bei ca. 25 HK. ca. 1,70 Pf. stdl. = 1,05 Watt pr. HK. stdl.

Osmiumlampe braucht bei ca. 16 HK. ca. 0,96 Pf. stdl. = 1,5 Watt pr. HK. stdl.

Osramlampe braucht bei ca. 32 HK. ca. 1,85 Pf. stdl. = 1,1 Watt pr. HK. stdl.

Quecksilberdampflampen haben besonders geringen Stromverbrauch, geben aber ein blau violettes Licht und sind daher nur für bestimmte Räume (Werkstätten) brauchbar.

Uviollampen, Quecksilberquarzlampen senden Fluoreszenz und ultraviolette Strahlen aus und werden unr zu medizinischen Zwecken verwendet.

Über die Verteilung der Glühlampen bei Beleuchtung eines Raumes im ganzen siehe S. 97.

Ventilationseinrichtungen in Verbindung mit Beleuchtungskörpern.

Dieselben dienen zur Abführung entweder nur des verbrannten Gases oder zugleich auch der verbrauchten Zimmerluft. Erwünscht oder notwendig sind derartige Einrichtungen vor allem bei den stark heizenden Leuchtgasintensivbrennern, ferner für kleinere mit Gas beleuchtete Räume, wenn andere Ventilationseinrichtungen fehlen.

Lockflammen, welche meist den Raum garnicht oder nur wenig beleuchten, werden verwendet für Abzüge in Laboratorien, zur Entlüftung von Kloseträumen oder Rauchzimmern u. dergl.; auch können sie als Halblaternen mit anschließendem Kanal in die Wand eines Zimmers eingebaut werden. Zum Beispiel Sauger von Löhnhold, Berlin, mit Heizvorrichtung 30 Mk.

Eine Lockflamme, welche permanent brennt, z. B. zum Entlüften eines Abortes, kostet jährlich ca. 50—70 Mk.

Freihängende einzelne Ventilationslampen für Arbeitszimmer, Rauchzimmer, als Nachtbeleuchtung in Krankenzimmern u. dergl. Jede Lampe ist dafür geeignet, wenn über derselben ein Kanal zum Abführen der Verbrennungsgase, nach unten in Trichterform endend, angebracht wird. Gegen unruhiges Brennen der Lampe ist über dem Lampenzylinder ein kleiner Blaker anzubringen. Der Abzugskanal wird in der Zimmerdecke von einem weiteren Rohr, am besten glasiertes Tonrohr, umgeben und kann mit dem Gasabzugskanal in ein russisches Rohr oder in einem besonderen Entlüftungsschlot eingeführt werden. Sorgfältige Isolierung der Rohre in der Decke, etwa durch Schlackenwolle, ist besonders bei Intensivbrennern nötig wegen Feuersgefahr und sonst leicht starken Eintrocknens der benachbarten Holzteile der Decke.

Der Ventilationseffekt durch größere Brenner beträgt stündlich ca. 50—150 cbm.

Kronen, besonders sogenannte Sonnenbrenner, können oft sehr vorteilhaft zur Entlüftung von Sälen,

Theatern und ähnlichen Räumen benutzt werden. Sie haben am zweckmäßigsten in der Mitte einen Argandbrenner mit besonderem Rauchabzug, für die andern Flammen einen großen Fangschirm mit gemeinschaftlichem Abzug; derselbe wird von der Decke ab mit einem weiten Ventilationskanal umgeben, welcher in nicht massiven feuersicheren Decken gut gegen Wärme zu isolieren ist. Der Ventilationseffekt ist meist ziemlich bedeutend, selbstverständlich wird zugleich auch die Abführung großer Wärmemengen bewirkt, es sind also Klappen für etwa nötig werdende Abstellung der Ventilation vorzusehen.

Wahl der Beleuchtungsart für verschiedene Zwecke.

Als hygienisch beste Beleuchtung ist stets die elektrische anzusehen und zwar für kleinere Räume Glühlicht, für größere (Auditorien, Fabriksäle) Bogenlicht oder Nernstlicht, dann aber stets abgeblendet und am zweckmäßigsten für indirekte Beleuchtung (siehe vorher) eingerichtet.

Für Beleuchtung kleiner Räume, einzelner Arbeitsplätze, Privatwohnungen ohne Ventilationseinrichtung kommen nächst dem elektrischen Licht die verschiedenen Arten von Glühlicht in Frage, eventuell die besseren Petroleumlampen.

In Kinderzimmern explosionssichere Petroleumlampen oder Hängelampen.

Für Schulräume, die nicht elektrisch beleuchtet werden können, ist Gasglühlicht als indirekte Beleuchtung zu wählen. Es hat das den weiteren Vorteil, daß die hellen Wände und Decken auch am Tage den Raum weit heller machen werden.

Fettgas, Wassergas, Azetylengas wird nur für spezielle Fälle (isolierte Gebäude, Fabriken, kleine Ortschaften) in Frage kommen.

Ventilation.

Die Luft bewohnter Räume wird verschlechtert durch:

Stoffwechselprodukte der Bewohner. Ein Erwachsener scheidet stündlich aus ca. 100 WE., 30—130 g Wasser, 20—30 l Kohlensäure und eine Anzahl von Gasen, für gewöhnlich im ganzen als „schlechte Luft" zusammengefaßt.

Beleuchtungskörper, welche vor allem Kohlensäure und Wasser produzieren. Menge dieser Stoffe siehe bei Beleuchtung

Brennmaterialien, Asche, Staub von außen eingeschleppt oder im Zimmer selbst entwickelt durch Kleider, Möbelstoffe, Fehlbodenmaterial, gewerbliche Betriebe, darunter meist auch mehr oder weniger Bakterien, und zuweilen unter letzteren auch krankheitserregende. Alle diese letzteren Stoffe sind natürlich an Qualität und Quantität in jedem Fall sehr verschieden, machen aber eine Lufterneuerung in mehr oder weniger kurzen Abständen durchaus nötig. Einen Anhalt für die Güte der Zimmerluft gibt die Menge der von den Bewohnern der Zimmer produzierten Kohlensäure. Dieselbe ist nach der bei „Luft" gegebenen Anweisung zu ermitteln. Der Kohlensäuregehalt der reinen Zimmerluft beträgt etwa 0,4—0,5 $^0/_{00}$. Wird er durch die Bewohner bis auf 0,7 $^0/_{00}$ vermehrt, so wird die Luft von empfindlichen Personen schon als nicht rein, bei 1—1,5 $^0/_{00}$ schon von den meisten Personen als verbraucht empfunden. Die Kohlensäure aus anderen Quellen, z. B. von der Beleuchtung herrührend, wird hierbei nicht berücksichtigt.

Die Luftmenge, welche pro Kopf stündlich in einen besetzten Raum eingeführt werden muß, wenn die Luft gut bleiben soll, ist aus der nachfolgenden Tabelle zu ersehen.

Ventilation.

Es produziert stündlich CO_2	in cbm	Luftquantum. welches stündlich einzuführen ist in cbm, wenn die CO_2 nicht überschreiten soll		
		0,7 °/₀₀	1,0 °/₀₀	1,5 °/₀₀
1 Arbeiter bei der Arbeit	0,0363	121	60	33
1 Arbeiter in Ruhe	0,0226	75	38	21
1 Kind	0,0103	34	17	9
1 cbm verbranntes Leuchtgas	0,57	1900	950	518

In der Regel werden pro Kopf und Stunde an frischer Luft in cbm erforderlich sein:

	nach Fischer	nach Morin	nach Preuß. Min.-Erl. v. 7. V. 84
Für einen gewöhnl. Kranken	60—80	60—70	} 103
Für einen Verwundeten oder eine Wöchnerin	80—120	100	
Für einen ansteckenden Kranken	120—180	150	
Für einen Gefangenen	25—50	50	26—39
Für einen Kopf in Werkstätten, Kasernen, Schauspielhäusern, Versammlungsräumen, Hörsälen	25—50	30—100	26
Für einen größeren Schüler oder Schülerin	20—40	25—30	} 13—26
Für einen jüngeren Schüler oder Schülerin	15—30	12—15	
Für einen Reisenden im Eisenbahnwagen	20—40	—	—
Für 100 l stdl. verbrauchtes Gas	5—10	—	—

Die zugeführte Ventilationsluft muß rein und gut temperiert sein und darf keinen Zug im Zimmer verursachen. Die niedrigste zulässige Einströmungstemperatur betrage im Winter 15—17° C, die höchste 36—40° C. Diese Grenzen sind bei zentralen Ventilationsanlagen stets einzuhalten und schon im Projekt vorzusehen.

Die höchste Einströmungsgeschwindigkeit der Luft bei Einführung am Fußboden (Theater, Kirchen) oder in der

Nähe von Personen (Schulen) sei 0,3 m pro Sekunde, bei Einströmung über Kopfhöhe und besonders an der Decke sind etwas größere Geschwindigkeiten, jedoch höchstens bis 2 m pro Sekunde, zulässig.

Durch gute Ventilationsanlagen kann die Luft in einem Raume in der Regel ohne Schwierigkeit 3—5 mal, bei guter Verteilung der eingeführten Luft auch noch öfter erneuert werden. Bei Bauprojekten ist das gewünschte Ventilationsmaß stets vorher zu bestimmen und genau zu berechnen, vordem der Bau in Angriff genommen wird.

Mittel zur Lufterneuerung.

Natürliche Ventilation, Poren- und Ritzenventilation, an Quantität sehr verschieden; größer bei leichten Bauten, bei größeren Temperaturunterschieden zwischen innen und außen, bei Wind; geringer und häufig nahezu Null, wenn erstere Faktoren nicht zutreffen. In der Regel, selbst bei leichter Bauweise, wird höchstens $1/4$ der Luft, sehr selten bis $1/2$ der Luft des Raumes pro Stunde dadurch erneuert. Die meiste Luft wird durch gröbere Ritzen und Spalten ein- resp. ausgeführt, demnächst durch Fußboden und Decke, erst in letzter Linie durch die Zimmerwände. Dazu kommt, daß die Herkunft der eingeführten Luft kaum zu kontrollieren und häufig sehr bedenklich ist. (Faulendes Zwischendeckenmaterial, Nähe von Aborten, Bodenluft, namentlich gefährlich bei Gasrohrbrüchen, verbrauchte Luft aus unteren Stockwerken.) Daher ist bei trocknen Wänden und Zwischendecken besser von der Porenventilation ganz abzusehen und sind dieselben undurchlässig zu machen, frische Luft aber durch besondere Vorrichtungen einzuführen, so daß am besten im Zimmer ein geringer Überdruck entsteht. (Verlegung der neutralen Zone auf den Fußboden).

Künstliche Ventilation.

Permanente für Ställe, Lagerräume, Korridore, durch in die Mauer eingefügte Lüftersteine oder Lüftungsgitter oder in Fenster eingesetzte Gazerahmen (Speisekammern, Schlafzimmer im Sommer).

Zuglüftung, durch Öffnen der Fenster und Türen an entgegengesetzten Wänden. Effekt je nach der Witterung (Wind, Temperaturdifferenz); Größe der Fenster usw. sehr verschieden, doch genügen in der

Regel 3—5 und höchstens 10 Minuten, um eine vollkommene Lufterneuerung in dem unteren Teile des Raumes hervorzurufen. Dabei ist der Wärmeverlust selbst bei niedriger Außentemperatur nur ein geringer. Zu empfehlen als periodische Lüftung in Krankenzimmern, Schulräumen, Hörsälen usw.

Ventilationsfenster für Privatwohnungen zu jeder Jahreszeit, für Schulen, Krankensäle u. dergl. nur als Sommerlüftung zulässig; sie müssen regensicher und regulierbar sein und möglichst keinen Zug in der Nachbarschaft verursachen. Schmidt & Herkenrath, Berlin SO. H. Zeglin Berlin C. Meyer & Comp., Berlin, Brunnenstr. 7 und andere.

Lüftungsscheiben und Rosetten entsprechen diesen Anforderungen nur unvollkommen und sind daher nur für Privatwohnungen zu empfehlen, wo die Nähe des Fensters von den Bewohnern vermieden werden kann. Lufteinlaßschieber von Schäffer & Walcker, Berlin. 15 Mk.

Kippfenster am zweckmäßigsten im oberen Fensterteile angebracht, nach innen aufklappbar und mit seitlichen Backen zu versehen gegen Herabfallen der kalten einströmenden Luft (Fensterverschlüsse z. B. bei C. Müller (Pat. Marasky) Berlin C, Wallstr. 17, oder bei Regner, Berlin N, Oranienburgerstr., oder Isleib u. Bebel, Leipzig, R. Wagner, Chemnitz i. S., Limbacherstr., Preis 6 Mk. 50 Pf., oder F. Spengler, Berlin, Alte Jakobstr., Preis 7,50—8 Mk., Seilnacht, Baden-Baden, 4 Mk. 50 Pf., Herm. Gaebel, Berlin, 2 Mk. 50 Pf., Wimmersberg, Köln a. Rh., Gr. Wittchengasse 1. Regulierung durch endlose Kette. 5 bis 11 Mk. mit Rahmen, P. Hesemann, Düsseldorf; auf dauerhafte Konstruktion zu achten.

Jalousiefenster aus Glas zum Einsetzen in Fensterrahmen, am besten ebenfalls in die oberen Teile derselben, ähnlich wie die Kippfenster, aber teurer, je nach Größe und Ausstattung 2—11 Mk. pro Stück.

Die Wirkung dieser Ventilationseinrichtungen darf nicht durch Gardinen oder Vorhänge, wie häufig geschieht, mehr oder weniger aufgehoben werden; sie kann verstärkt werden durch Jalousien in den Türfüllungen, wenn die Luft in den Korridoren als rein angesehen werden darf (oft bei Krankenhäusern möglich). Solche Ventilationseinrichtungen sind häufig noch nachträglich in schlecht ventilierten Räumen anzubringeu.

Ventilationskanäle.

Allgemeine hygienische Anforderungen an dieselben:

Sie sollen luft- und wasserdicht in ihrem ganzen Verlaufe sein (besonders die Zuluftkanäle), möglichst glatte Wandungen (Reibungswiderstand) und möglichst wenig schroffe Richtungsänderungen haben und sollen, wenigstens die Zuluftkanäle, in ihrem ganzen Verlauf (auch die senkrechten Kanäle) einer bequemen Reinigung zugängig sein.

Material, für kleine runde Kanäle glasierte Tonrohre, für kürzere in Zwischendecken Blech, sonst harte, womöglich glasierte Ziegel mit engen, gut verstrichenen Fugen, weniger gut wärmebeständiger Zementverputz; anderer Putz ist zu verwerfen. Auch der beste Putz bekommt durch das Setzen des Mauerwerkes Risse, wird rauh und bröckelt ab. Tonröhren rechteckiger Form für Rauchrohranlagen und Ventilationskanäle von R. Soltau, Berlin NW., Alt-Moabit 50.

Die einzelnen Rohrstücke sind 70—100 cm lang und werden als Einzelstränge oder mehrere neben einander verbunden geliefert. Sie sind in allen möglichen Größen zu haben, die Preise schwanken pro Einzelrohr zwischen 1—22,50 Mk.

Richtungsänderungen der Kanäle sind im Bogen mit großem Durchmesser zu führen, nicht in Knicken; Querschnittsänderungen müssen allmählich erfolgen. Querschnittsverengungen durch Gitter etc. müssen vermieden werden. Sind Gitter am Anfang oder Ende der Kanäle nötig, ist der Querschnitt hier demgemäß zu erweitern. Die Gitter sind zum Zweck der Reinigung zum Herausnehmen einzurichten, ebenso sind bei nicht begeh- oder bekriechbaren Kanälen stets besondere Reinigungsöffnungen · vorzusehen. Eine Reinigung ist mindestens einmal im Jahre erforderlich.

Luftentnahmeöffnungen der Zuluftkanäle.

Dieselben sind möglichst fern von Dung- und Abortgruben oder anderen Quellen üblen Geruches, ferner auch von Fabrikschornsteinen anzulegen. Sie sind gegen Einregnen (Ventilationstürmchen) zu sichern und mit Insektenfiltern (grobmaschiges Gewebe) zu versehen. Bei zentraler Luftzuführung (Luftheizung) sind stets zwei Luftzuführungen an verschiedenen Seiten des Gebäudes vorzusehen, damit bei starkem Wind die der Windseite geschlossen werden kann.

Reinigung der Luft in den Kanälen ist nötig im Zentrum großer Städte bei Zentrallüftungsanlagen, bei Nähe von Fabrikanlagen, bei Entnahme der Luft in der Nähe von staubigen Straßen, weniger oder nicht erforderlich bei gut isolierter Lage der Gebäude, bei Entnahme der Luft aus höheren Luftschichten.

Luftfilter aus Nesseltuch oder rauhem Barchent, meist als sogenannte Taschenfilter, um möglichst große Oberfläche zu erzielen, geben erhebliche Widerstände für die Luft, setzen sich meist schnell zu und müssen oft gereinigt werden; sie sind nur anzuwenden, wenn die Luft in den Kanälen durch maschinelle Mittel in Bewegung gesetzt wird. Für 1 qm Filterfläche kann (Filterstoffe und eiserne Rahmen dazu von Th. Möller, Brackwede und A. Keiler, Berlin N 24, oder F. X. Haberl, Berlin, Regensburgerstr. 32) man 60—100 cbm stündlich einzuführende Luft rechnen. Ähnlich sind die aus einzelnen Tuchstreifen zusammengesetzten Luftfilter von Grove, Berlin, Friedrichstr.

Luftwascheinrichtungen.

Durchleiten durch angefeuchtete Filter bedingt noch größere Widerstände wie beim trocknen Filter; die Gewebefilter faulen auch leicht und können im Winter einfrieren.

Durchleiten der Luft durch verstäubtes Wasser oder Wasserschleier reinigt die Luft gut, die Anlage ist aber teuer, und es ist nötig, um die Luft nicht zu sehr mit Wasser zu sättigen, dieselbe vor dem Reinigen auf eine nur mäßige Temperatur, 8—10° höchstens, zu bringen.

Staubkammern, Staubablagerungsräume. Dieselben sind, wenn keine maschinellen Kräfte zur Bewegung der Luft zur Verfügung stehen, am meisten zu empfehlen, auch meist leicht im Bauprogramm vorzusehen und selbst oft noch später (beliebiger freier Kellerraum) ohne Schwierigkeit bei bestehenden Anlagen einzuschalten. Dieselben müssen vor den Apparaten zur Erwärmung der Luft und am besten in der Nähe dieser liegen. Zu- und Abführung der Luft ist an entgegengesetzten Enden vorzusehen. Fußboden, Wand und Decke der Kammern sind wie die Kanäle undurchlässig für Wasser und Luft und abwaschbar herzustellen. Zement, gut gefugte Backsteine, eventuell Öl- oder Emailfarbeanstrich. Sehr zweckmäßig, bei kleinen Kammern nötig sind in Rahmen (Befestigungsrahmen von Haberl, Berlin), gespannte rauhe Zeugstoffe (Flanell, Barchent), welche nahezu die Breite der Kammer haben müssen, dagegen nur etwa $3/4$ der Höhe der Kammer: sie werden abwechselnd aufgehängt und aufgestellt (Abstand 10—20 cm), so daß bald oben, bald unten ein Zwischenraum bleibt und die Luft gezwungen wird, an den rauhen Flächen vorbeizustreichen und Staub abzusetzen. Die Rahmen müssen leicht herauszunehmen sein (große Tür) und von Zeit zu Zeit im Freien gründlich gereinigt werden.

Künstliche Befeuchtung der Luft.

Dieselbe ist entbehrlich oder unnötig im Sommer, ebenso im Winter für schwach ventilierte Räume, ferner für kürzere Zeit stark mit Menschen besetzte Räume (Versammlungsräume, Eisenbahncoupés usw.), da die Menschen dann selbst für genügende Feuchtigkeit sorgen (1 Erwachsener gibt stündlich ca. 30 bis 130 g Wasser an die Luft ab). Künstliche Befeuchtung wird nötig bei starker Ventilation und niedriger Außentemperatur. Die Befeuchtung hat stets erst nach dem Erwärmen der Luft zu erfolgen und ist bei zentraler Ventilationsanlage auch zu zentralisieren.

Lokale Luftbefeuchtung durch Aufstellen von Wassergefäßen auf Öfen oder anderen Heizkörpern im Zimmer hat meistens einen nur geringen Effekt; die Wassergefäße sind vor dem Austrocknen zu behüten und öfter zu reinigen.

Verdunstungsgefäße über Zentralheizapparaten; dieselben sollen leicht zu reinigen, also zugängig angelegt werden, sie sind mit Überlauf, Ablaßhahn und Wasserstandmesser zu versehen. Durch Wassergefäße mit geneigtem Boden oder dreieckigem Querschnitt und veränderlichem Wasserstand kann die Wasserabgabe in gewissen Grenzen reguliert werden, was häufig sehr wünschenswert ist. (Kelling, Dresden; Fischer & Stiehl, Essen; Käuffer & Comp., Mainz.) Bei Dampfheizungen kann das Wasser durch in das Gefäß eingelegte Dampfschlangen verdunstet werden; direkte Befeuchtung der Luft durch Dampf ist nicht empfehlenswert (übler Geruch).

Zerstäubungsapparate bei vorhandener Wasserleitung erfordern häufige sorgfältige Reinigung wegen Verstopfung der Streudüsenöffnungen und sorgfältige Regulierung, also Überwachung, um die Luft nicht zu stark zu befeuchten. (Rietschel & Henneberg, Berlin; Gebr. Körting, Hannover; Prött, Reydt i. W.) siehe auch hinten bei Staub.

Spezielle Anordnung der luftzuführenden Kanäle.

Die Kanäle sollen bei zentralen Ventilationsanlagen nach der Erwärmung der Luft, welche stets am besten am tiefsten Punkt der Kanäle erfolgt, möglichst nur senkrecht in die Höhe geführt werden; horizontale Fortführung ohne besonders treibende Kraft ist nur in geringer Ausdehnung (in günstigen Fällen 10—12 m) möglich; die Kanäle sind in den Zwischenwänden hochzuführen (Abkühlung in den Außenwänden), eventuell freiliegende Metallkanäle zu isolieren gegen Wärmeverluste.

Sollte kalte Luft gelegentlich mit der warmen vermischt werden, sind die steigenden Kanäle nach unten zu verlängern und dort mit dem Frischluftkanal zweckmäßig zu verbinden. Bei größeren Anlagen sind Mischkammern einzuschalten.

Jeder Raum soll besondere Luftzuführung erhalten (Schallübertragung), jeder Kanal ist ferner mit einer Regulierklappe zu versehen, welche bei größerer Anlage am besten zentral vom Heizapparat aus bedient wird (Theater, Schulen). Siehe auch Zentralluftheizung.

Der Eintritt der Luft in die Wohnräume geschieht in mäßig hohen Räumen am besten in 2 bis 2,5 m Höhe vom Fußboden mit im Maximum 0,3 m Geschwindigkeit pro Sekunde. Bei größerer Eintrittsgeschwindigkeit der Luft bis 1,5 m pro Sekunde ist die Kanalöffnung an die Decke zu legen oder die einströmende Luft zu verteilen hinter Paneelen und dergleichen.

Bei hohen Räumen, besonders solchen mit vielen Wärmequellen (Kirchen, Theater), ist es häufig zweckmäßig, die Luft vor dem Eintritt, welcher dann am Fußboden erfolgen kann, auf viele Einströmungspunkte zu verteilen.

In der Regel soll die Geschwindigkeit der Luft in den Verteilungskanälen und ebenso in dem Entnahmekanal für die Frischluft 1—1,2 m pro Sekunde nicht überschreiten.

Bei lokaler Luftzuführung soll im Winter die Luft vor Eintritt in das Zimmer stets erst die Heizkörper passieren, um angewärmt zu werden. Wenn die Heizelemente (Wasser-Dampfheizung) in den Fensternischen liegen, kann hier durch eine Öffnung außen in der Wand unter dem Fenster die Luft direkt entnommen werden. Die Öffnung muß regulierbar und besonders gut verschließbar sein (Frostgefahr) und der kurze Kanal muß ebenso wie die Heizkörper leicht gereinigt werden können.

In der Tiefe des Wohnraumes liegende Heizkörper (Öfen) sind durch einen Kanal aus Eisen oder Zinkblech in der Zwischendecke mit der Außenluft zu verbinden. Zentralheizkörper und eiserne Öfen sind mit einem Mantel (siehe Mantelöfen) zu umgeben, in welchen der Kanal mündet. Kachelöfen müssen glasierte steigende Ventilationstonröhren zwischen den Zügen eingemauert erhalten, oder der Ofensockel ist von der Wand entfernt zu errichten, und dieser Zwischenraum ist als Fortsetzung des Zwischendeckenkanals zu ummauern. (Von jedem Töpfer zu machen.)

Die Öffnung des Zwischendeckenkanals nach außen ist mit einer von innen regulier- und verschließbaren Klappe zu versehen, bei dem Wind sehr exponierten Außenmauern auch noch außerdem mit einem geeigneten Deflektor oder Richtungszunge. Der Kanal muß durch eine Klappe im Fußboden stets leicht für eine Reinigung zugängig sein.

In älteren Bauten (z. B. Schulen) kann ein solcher Kanal häufig auch noch nachträglich ohne Schwierigkeit zum Ofen auf dem Fußboden liegend angebracht werden, wenn keine Tür oder Möbel an der Wand zwischen Außenmauer und Ofen vorhanden sind. Auch an der Decke von Korridoren unterer Stockwerke können solche Kanäle oft zweckmäßig aufgehängt und bis zum Ofen verlängert werden. Ein jedes Zimmer muß aber seinen besonderen Luftzuführungskanal erhalten, da sonst leicht störende Schallübertragungen von einem Raum zum andern stattfinden.

Spezielle Anordnung der luftabführenden Kanäle.

Eine direkte Abführung der verbrauchten Luft durch die Außenwand des Wohnraumes ins Freie ist nicht zu empfehlen. (Umkehrung des Luftstromes im Winter.) Ausnahme, wenn ein Ventilator eingesetzt wird.

Abführung nach Korridoren ist nur statthaft, wenn letztere selbst gut entlüftet werden und keine Schallübertragungen (Schulen, Gefängnisse) zu befürchten sind.

Abführung nach dem Dachboden ist nur statthaft, wenn letzterer selbst gut gelüftet wird. Das Dach muß gut gegen Kälte isoliert sein (Schwitzwasser).

Abführung durch einzelne über Dach geführte Kanäle wirkt häufig nicht kräftig genug, sie ist daher am besten nur anzuwenden, wenn besondere Erwärmung des Abluftkanales oder Ventilatoren vorgesehen sind.

Abführung durch gemeinsamen Sammelkanal, in den auf dem Dachboden die einzelnen Zimmerkanäle zusammenlaufen; auch hier ist künstliche Erwärmung der Abluft oder ein Ventilator meist erwünscht; nötig dagegen stets, wenn der Sammelkanal im Keller beginnt, wohin die Abluft aus den Wohnräumen durch fallende Kanäle geführt wird.

Beginn der Abluftkanäle im Zimmer. Für kleinere Räume genügt ein Abluftkanal, der am zweckmäßigsten an derselben Seite wie der Zuluftkanal angelegt wird, jedenfalls nicht an einer oder in einer Außenwand. Für größere Räume sind mehrere Abluftkanäle notwendig.

Jeder Abluftkanal muß am Fußboden und an der Decke eine regulier- und verschließbare Klappe erhalten. Der Querschnitt der Öffnung ist so groß zu wählen, wenn Gitter vor derselben angebracht sind, daß sie auch mit Gitter dem Querschnitt des Kanales entspricht.

Die Geschwindigkeit der Luftbewegung in den Abluftkanälen beträgt in der Regel nicht mehr wie 1—1,5 m in der Sekunde; nehmen die Kanäle im Zimmer ihren Anfang an Stellen, in deren Nähe sich Personen aufhalten (Schulen), darf die Luftgeschwindigkeit höchstens 0,2—0,3 m pro Sekunde betragen, oder es sind die Mündungen der Kanäle hier mit besonderen Schutzkappen gegen Zug zu versehen.

Der Sammelkanal für die Abluftkanäle soll keinen größeren Querschnitt als die Summe der Querschnitte der hineinmündenden Kanäle haben.

Abluft aus Krankenzimmern für infektiöse Kranke und aus Räumen, in welchen schlechte Gerüche sich entwickeln, soll stets gesondert abgeführt werden.

Besondere Ventilationseinrichtungen, Verstärkung der Luftbewegung in Kanälen.

Dachreiter, Dachlaternen sind zur Abführung der verbrauchten Luft bei einstöckigen Bauten (Baracken, Werkstätten, Sälen) oder in der obersten Etage mehrstöckiger Gebäude anwendbar, aber in der Regel nur als Sommerlüftung, im Winter dagegen nur zur gelegentlichen Abführung überschüssiger Wärme vorzusehen.

Dieselben werden meist mit seitlichen jalousieartigen Öffnungen versehen, welche auf jeder Seite unabhängig von der anderen verstellbar und gutschließend eingerichtet werden müssen. Zweckmäßig ist noch ein zweiter innerer Abschluß des Dachreiters für große Kälte. (Einrichtung eines durch den Winddruck automatisch sich verstellenden Dachreiters siehe Emmerich und Recknagel, Wohnung. Verl. v. Vogel, Leipzig, pag. 415.)

Luftsauger, Deflektoren als Aufsätze für Abluftkanäle, auch für Schornsteine. Dieselben wirken permanent nur bei bewegter Luft, z. B. auf Schiffen und Eisenbahnen in Fahrt oder bei Wind. Der Ventilationseffekt ist demnach ein sehr verschiedener, doch werden die Abluftkanäle durch die Aufsätze gegen Einregnen, Sonnenbestrahlung und gegen die meisten einpressenden Luftströme geschützt, indessen kann sich gelegentlich selbst bei den besten Konstruktionen der Luftstrom umkehren, wenn sich durch plötzliche Windstöße die Luft um den Schornstein herum verdichtet. Die Schornsteine der Sauger sind, wenn möglich, über Firsthöhe der nächsten Gebäude in die Höhe zu führen.

Feststehende, stationäre Apparate sind den beweglichen in der Regel vorzuziehen. Die kleinsten Nummern kosten etwa 10 Mk., die größten oft 100 Mk. und mehr. Viel im Gebrauch sind:
Wolpertsauger, Eisenwerk Kaiserslautern. Deflektor von Kori, Berlin W. Magdeburger Saugekrone von Born, Magdeburg. Brüningsche Saugekappe, Eisenwerk Kaiserslautern. Sauger von Käuffer und Comp., Mainz. Tonsauger der Tonröhrenfabrik Münsterberg in Schlesien. Boyles Ventilator von Hambruch, Berlin, Wilhelmstr. 124, oder Bernatz, Speyer. Groves Ventilations- und Schornsteinaufsatz, Berlin.

Bewegliche, Drehkappen, sind meist nicht so dauerhaft, wie die feststehenden, rosten ein, stauben ein, machen Geräusch, funktionieren bei starken, schnell wechselnden Windstößen nicht immer gut. Am gebräuchlichsten sind die Sauger von Körting, Kuntze, J. A. John, Erfurt, oder Zechlin, Berlin, Alexanderstr. 49, Böhme und Howorth.

Inflektoren, Preßköpfe, zum Einblasen oder Einpressen von frischer Luft in Zuführungskanälen, ebenfalls je nach der Luftbewegung sehr verschieden in der Wirkung; feststehend oder beweglich. (Käuffer u. Comp., Mainz; G. Hambruch, Berlin.)

Ventilationsaufsätze zum gleichzeitigen Zu- und Abführen von Luft, besonders für Abortgruben. (A. Huber, Cöln, Weidenbach 34.)

Erwärmung der Luft in den Kanälen befördert je nach der Temperaturhöhe den Auftrieb der Luft mehr oder weniger. Die durch Temperaturdifferenzen in Kanälen bewirkte Luftbewegung ist in ihrer Geschwindigkeit abhängig von der Größe der Temperaturdifferenz zwischen Kanal- und Außentemperatur, von der Höhe des Kanales und der sogenannten Fallbeschleunigung.

Die Geschwindigkeit kann aus der folgenden Gleichung berechnet werden:

$$v = \sqrt{\frac{2 \, hg \cdot (t-t')}{273+t}}.$$

Dabei ist v = Geschwindigkeit, h = Höhe der warmen Luftsäule, t = Temperatur der warmen, t′ = Temperatur der kalten Luft, g = 9,81 = Fallbeschleunigung.

Unberücksichtigt hierbei ist der Geschwindigkeitsverlust durch Bewegungswiderstände, welche sich zusammensetzen aus dem Reibungswiderstand an den Wandungen der Kanäle und aus Widerständen, welche durch Richtungsänderungen und Querschnittveränderungen der Kanäle bedingt werden, und welche in jedem Fall besonders durch genaue Rechnung ermittelt werden müssen. (Siehe Rietschel, Leitfaden zum Berechnen und Entwerfen von Lüftungs- und Heizungsanlagen.)

Angenäherte Werte der Luftgeschwindigkeit pro Sekunde in senkrechten Kanälen gibt (nach Degen) die nachfolgende Tabelle.

Höhe d. Luftsäule	Temperaturdifferenz von							
	4° C	8°	12°	16°	20°	30°	40°	60°
5 m	0,492	0,691	0,839	0,961	1,066	1,279	1,445	1,689
10 „	0,637	0,978	1,189	1,372	1,510	1,811	2,046	2,392
15 „	0,854	1,199	1,457	1,669	1,851	2,220	2,508	2,932
20 „	0,985	1,384	1,681	1,926	2,136	2,562	2,894	3,383

Einzelne Kanäle, Klosetts, Küchen usw., sind durch Lockflammen (Kosten pro Jahr 50—70 Mk.) zu erwärmen (Ventilation durch Beleuchtung, siehe bei letzterer), oder wenn ein Rauchrohr in der Nähe, durch Anlagerung an dieses (siehe bei Schornsteinen); Trennung durch eine Eisenplatte; am besten sind hierfür die auch im Sommer warmen Küchenschornsteine zu wählen. Größere Kanäle (zentrale Lüftung in Schulen, Krankenhäusern) sind durch besondere Lockfeuerungen (kleine Dauerbrandöfen) mit eisernem, unten gerippftem Abzugsrohr zu erwärmen, welch letzteres in den Abluftkanal eingebaut wird. Direkte Verbindung von Rauch- und Ventilationsluftableitung ist nicht zu empfehlen. Bei Wasser- oder Dampfheizung kann die Erwärmung durch eine in den Abluftkanal verlegte Heizschlange bewirkt werden. Für Krankenhäuser, Schulen nur zulässig, wenn Dampf oder Heizwasser auch im Sommer vorhanden.

Ventilatoren.

a) **Für kleinere Ventilationsanlagen** können durch die Wasserleitung (mind. 2—3 Atm. Druck) getriebene Schraubenmotoren oder Wasserstrahlgebläse verwendet werden. Jedoch darf der Luftwiderstand nicht zu groß sein, sie sind daher zweckmäßig nur für kurze Kanäle anzuwenden, bei direkter Entlüftung eines Raumes ins Freie usw. für Klosetts, Restaurationen, Versammlungsräume usw. Ventilationsleistung stündlich 100—7000 cbm, Wasserverbrauch 30—1600 l. Preis von ca. 35 Mk. ab. Luftstrom meist durch einfache Vorrichtung umzudrehen.

Bei den größeren Nummern und stärkerem Wasserverbrauch treten Geräusche auf. Wasser muß bei den Strahlgebläsen ganz rein sein (Verstopfung), Abwasser kann zu Klosett- und Pissoirspülung u. dergl. weiter verwendet werden.

Schraubenmotoren liefern z. B.:
„Kosmoslüfter", Schäffer u. Walcker, Berlin.
Hanisch u. Comp., Berlin C 2.
Ähnliche Apparate liefert Danneberg u. Quandt, Berlin, Frankfurterstr.
„Aërophor", Seiler u. Schwarz, Berlin SW., Teltowerstr.
„Büschgens Patentventilatoren", Schuhmacher, Cöln, Maschinenfabrik.
Turbinenventilator von C. John, Berlin N. 20.

Strahlgebläse:
„Viktoriaventilator", Deutsche Wasserwerksgesellschaft Höchst a. Main. P. Sachse, Berlin N.
„Strahlgebläse", Gebr. Körting, Hannover.
„Stolzenbergventilatoren" von A. Stolzenberg, Mannheim.

Zu demselben Zweck werden kleine Elektromotoren von $1/12$ P. S. mit Flügelventilatoren von den größeren Elektrizitätsgesellschaften angefertigt. Dieselben machen bei einer Spannung von 65—110 Volt 1100—1800 Umdrehungen pro Minute und kosten 40—100 Mk. Die Betriebskosten sind etwa dieselben wie die einer 16 kerzigen Glühlampe. Das Gewicht beträgt ca. 13 kg. Endlich werden auch durch Federkraft betriebene kleine Ventilatoren für manche Zwecke, z. B. kürzere Lüftung von

Klosetts, mit Rauch erfüllten Zimmern und für ähnliche Gelegenheit am Platze sein; dieselben werden wie eine Uhr aufgezogen, erfordern sonst keine Betriebskraft und laufen $^1/_2$ bis $^3/_4$ Stunde lang. Sie befördern ca. 5—6 cbm Luft pro Minute und kosten etwa 30—90 Mk. Zu beziehen durch Neudörffer u. Comp., Stuttgart; Lubinus, Stein u. Comp., Kattowitz O.-Schl.; Veit, Frankfurt a. M., Bieberschulte, Cöln, Roonstraße; Reichau u. Schilling, Berlin 7.

b) Für größere Ventilationsanlagen, zentrale Pulsions- oder Aspirationsanlagen ganzer Gebäude, sowie namentlich bei Filtration der Luft sind mit Dampf, elektrischem Strom oder durch Gasmotoren betriebene Ventilatoren nötig.

Größter Durchmesser eines Ventilators zweckmäßig nur bis 3 m, bei Mehrbedarf von Luft mehrere Ventilatoren aufstellen. Größte Umfangsgeschwindigkeit 1500 m pro Minute, sonst Geräusche nicht zu vermeiden. Bei Luftfiltern hinter denselben aufzustellen.

Bezugsquellen:

Schleudergebläse: Schiele u. Comp., Bockenheim.
Durchmesser 0,3—3 m. Leistung 2400–250000 cbm stündlich.

Alands Propeller: W. Hanisch u. Comp., Berlin, Oranienburgerstr. 65.
Durchmesser 0,3—1,8 m. Leistung 50—1500 cbm pro Minute. Preis 60–700 Mk.

Benno Schilde, Hersfeld. Schippel, Chemnitz.

Wennerventilatoren von Gebr. Pintsch, Frankf. a. M.

Radgebläse sind leichter in Ventilationskanälen anzubringen: Blackman-Ventilator. Grove, Berlin SW. 48. Th. Weiß, Reichenbach i. V.
Durchmesser 0.35—1,83 m. Leistung 4000—75000 cbm stündlich.

Friedr. Pelzer, Dortmund.
Durchmesser 0,5—4 m. Leistung 580—180000 cbm stündlich.

Sirocco von White Child u. Beney, Berlin NW. 7.

Dampfstrahlgebläse, nur für Entlüftung. kräftig ventilierend, aber starkes Geräusch machend, daher nur weit ab von bewohnten Räumen aufzustellen (event. für Werkstättenentlüftung). Gebr. Körting A.-G. Koertingsdorf bei Hannover. Hannoversche Zentralheizungs- und Apparate-Bauanstalt, Hannover-Hainholz.

Leistung 180—37000 cbm stündlich. Preis 75 bis 1500 Mk.

Eine merkbare Erfrischung in stark erwärmten Räumen kann oft auch durch interne Ventilation erzielt werden, wenn ein Zuführen frischer Luft aus irgend einem Grunde unstatthaft ist. Hierbei wird durch Aufstellen eines beliebigen kleinen Ventilators an geeigneter Stelle, wo er keinen lästigen Zug machen kann, eine mehr oder weniger kräftige Zirkulation der Zimmerluft herbeigeführt.

Untersuchung von Ventilationseinrichtungen.

Die Untersuchung der natürlichen Ventilation wird in der Praxis selten erforderlich werden. Soll in einem Falle nachgewiesen werden, daß die natürliche Ventilation nicht genügt, wird in dem durch Menschen (z. B. Schule) besetzten Raum eine Kohlensäurebestimmung (siehe bei Luft) gemacht, aus welcher sodann hervorgeht, ob und inwieweit die Luftverschlechterung die hygienisch zulässige Grenze überschreitet.

Die Untersuchung von künstlichen Ventilationseinrichtungen.

Erforderlich dazu: 1. ein dynamisches Flügelradanemometer (kleinste Nummern für 36 Mk., größere für 44 Mk. und mehr, bei R. Fueß, Steglitz-Berlin); dasselbe ist bereits geaicht zu beziehen. Anemometer ohne Flügelschutzring machen richtigere Angaben.

2. Ein Maßstab oder Bandmaß zum Ausmessen der Kanäle.

3. Ein Brett oder Latte zum Befestigen des Anemometers darauf und Einbringen desselben in die Kanäle.

4. Werkzeug zum Entfernen der Schutzgitter vor den Kanälen.

Ausführung: Der Querschnitt der Kanäle wird ausgemessen in qm. Das Anemometer wird in die Mitte des Kanales eingebracht, so daß die Radachse desselben genau parallel mit der Achse des Kanales steht. Das Zeigerwerk des Instrumentes wird eingeschaltet und nach genau 60 Sekunden wieder ausgeschaltet. Der Fortschritt des Zeigers notiert. Das gleiche wird wenigstens noch viermal an anderer Stelle desselben Kanalquerschnittes wiederholt und aus den so gewonnenen Zahlen durch Addieren der 5 Versuche und Dividieren der Summe durch 5 die mittlere Geschwindigkeit gefunden in Metern pro Minute. Diese Zahl multipliziert mit der Querschnittsgröße des Kanales gibt die durch den Kanal passierte Luftmenge pro Minute in cbm.

Zu beachten ist, daß die anemometrischen Messungen womöglich nicht in der Nähe von Öffnungen oder Querschnitts- sowie Richtungsänderungen der Kanäle vorgenommen werden sollen. Die Gitter der Öffnungen sollen nach Einbringen des Anemometers in den Kanal wieder eingesetzt werden. Die Versuche sind mehrfach unter verschiedenen Bedingungen (Frost, Tauwetter, Windstille, Wind) zu wiederholen.

Unterstützt wird diese Untersuchung zweckmäßig durch eine Kohlensäurebestimmung des ventilierten Raumes bei Besetzung desselben mit Menschen, sowie durch eine Feuchtigkeitsbestimmung der Zimmerluft (siehe bei Luft).

Einfach ist ferner auch die Ermittelung der Luftgeschwindigkeit in Kanälen durch das Krellsche Pneumometer, das mit den nötigen Nebenapparaten ca. 100 Mk. kostet und nebst Beschreibung der Anwendungsweise zu beziehen ist von G. A. Schultze, Berlin, Schönebergerstr. 4.

Permanente Kontrolle von Ventilationskanälen gestattet das Pendelanemometer von Fueß, Steglitz b. Berlin, Preis 36 Mk., sowie der Kontrollapparat von Recknagel für Anbringung an Ausströmungsgittern 8 Mk., zum Einsetzen in Lüftungskanäle 28 Mk. (Mechanische Werkstätte von Häni, Winterthur, Schweiz.)

Abkühlung von Wohnräumen.

Eine Überschreitung der hygienisch für Wohnräume zulässigen Temperaturgrenze kann in mehrfacher Beziehung schädlich wirken. Erschlaffung, Appetitlosigkeit, Schlaflosigkeit, Blutarmut, rascheres Verderben der Lebensmittel und dadurch hervorgerufene Krankheiten, besonders Brechdurchfall der Säuglinge können die Folge sein.

Eine Überhitzung der Wohnräume kann, außer durch unzweckmäßiges Heizen, im heißen Sommer eintreten. Diese wird bewirkt durch:

Sonnenstrahlung. Dächer, vor allem dunkle, Wände, besonders nach Westen gelegene und dünne sowie fensterlose, werden am meisten erwärmt und leiten die Wärme nach innen fort.

Schutz gegen Überhitzung der Wohnräume bieten dicke Mauern. Einlagerung von Luftschichten in dieselben, womöglich mit Einrichtungen zur Ventilation derselben. Errichtung der Gebäude mit einer Längsachse von Ost nach West. (Schmale West- und Ostfront.) Isolierung des Daches und eventuell heller Anstrich desselben. Ventilation des Dachraumes während der Nacht. Vorlagerung von Veranden bei Sommervillen. Berankung. Heller Anstrich der Häuserwände. Doppelfenster. Vor und an denselben sind anzubringen:

Markisen, geben angenehmes Licht bei Sonnenschein, gestatten Fensteröffnen nach außen, machen aber viel Lärm bei Wind.

Stellbare Jalousien, außen hell, innen dunkel gestrichen, nach Sonnenstand stellbar, sind sehr empfehlenswert, in der Nacht ein Öffnen der Fenster auch bei Regen gestattend. Für Schulen meist zu dunkel.

Rolljalousien machen meist die Zimmer zu dunkel und schließen die Luft vollkommen ab, wenn sie nicht mit besonderen Schlitzen versehen oder mit verstellbaren Stäben eingerichtet sind.

Vorhänge, am besten sind solche von heller Farbe, aber so dicht, daß die Sonnenstrahlen nicht hindurch können (siehe auch Schulhäuser).

Sehr viel hängt von einem richtigen Ventilieren der Räume während der heißen Zeit ab. Während der kühleren Nacht- und Morgenstunden sind Fenster und Türen geöffnet zu halten, am Tage, besonders nachmittags, dagegen geschlossen, wenn nicht die Räume zu klein oder zu stark mit Menschen besetzt sind.

Ein Besprengen des Fußbodens mit Wasser hat wenig Effekt (1 kg Wasser bindet beim Verdunsten 580 WE.) und macht die Luft leicht feucht und dadurch drückend.

Abkühlung in größerem Maßstabe erfordert besondere Kühlapparate, welche meist teuer in der Anlage sowie im Betrieb sind.

---

v. Esmarch, Taschenbuch. 4. Aufl.

Heizung.

Versorgung der Wohnräume mit Wärme.

Allgemeine hygienische Anforderungen.

a) In Kopfhöhe (1,50 m vom Fußboden) soll die Temperatur in der Regel betragen:

in Wohn und Geschäftsräumen . . . . . 18–20° C
„ Schulen, Auditorien, Theatern . . . . 16–19° „
„ Krankenzimmern, je nach der Krankheit 14–20° „
„ Schlafräumen . . . . 12–16° „
„ Arbeitsräumen, Werkstätten . . . . . 12–18° „
„ Kirchen, Museen . . . . 10–15° „
„ Korridoren, Fluren, Treppenhäusern . . 12–16° „

Die Wärme soll im ganzen Raum möglichst gleichmäßig verteilt sein.

In vertikaler Richtung ist vom Fußboden bis zur Kopfhöhe eine Temperaturdifferenz von 2–3° noch erträglich, an der Decke sind meist höhere Temperaturgrade nicht zu vermeiden. Besonders große Differenzen werden hervorgebracht durch zu stark erhitzte Heizkörper, resp. überhitzt eingeführte Frischluft und durch Beleuchtungskörper (besonders Gas) ohne Ventilationseinrichtung.

Die Ursache von kalten Füßen ist häufig nicht die niedrige Temperatur der Luft über dem Fußboden, sondern oft der letztere selbst, wenn er die Wärme gut leitet (z. B. Steinfußboden).

In horizontaler Richtung tritt ungleichmäßige Erwärmung ein bei Heizung durch strahlende Wärme, im Gegensatz zu der bedeutend vorzuziehenden Erwärmung durch Luftzirkulation, ferner in sehr großen Räumen bei unzweckmäßiger Verteilung der Heizkörper, weiter in Räumen mit sehr dünnen, kalten Außenwänden und beim Anheizen kalter Räume.

b) Es sollen keine gas- oder staubförmigen Verunreinigungen durch die Heizung in die Räume gelangen. Solche Verunreinigungen können sein:

Kohlensäure und das sehr giftige Kohlenoxyd, kommen ins Zimmer bei schlecht ziehendem Schornstein (gefährlich sind stets Ofenklappen zwischen Feuerraum und Schornstein, auch wenn sie die Verbindung nicht vollständig aufheben), bei schlecht schließenden Füllschächten von Dauerbrandöfen (die Öfen „dunsten"), bei transportablen Öfen mit zu engem oder ganz fehlendem Rauchabzug (z. B. Karbon-Natronöfen), bei undichten Heizkörpern (Zentralluftheizungen).

Versengter Staub, empyreumatische Substanzen gelangen ins Zimmer, wenn organischer Staub auf oder an Heizkörpern versengt: dies geschieht schon bei einer Temperatur von 80—100° C und kann bei den Bewohnern das Gefühl von Trockenheit namentlich im Halse, ferner auch Kopfweh und Benommenheit hervorrufen, besonders wenn die Raumtemperatur die obere zulässige Grenze erreicht oder überschreitet.

Zur Verhütung sollen Heizflächen, die direkt mit der Zimmerluft in Berührung kommen, höchstens 80—100° haben; horizontale Flächen, namentlich bei eisernen und Zentralheizkörpern, sollen möglichst vermieden werden, wenn sie nicht rein gehalten werden können, für dieselben sind glatte, besonders emaillierte Heizkörper vorzuziehen (Radiatoren oder rippenlose Plattenheizkörper); jeder Ofenteil sollte leicht zugängig sein (abnehmbare Ofengitter, Mäntel und Abdeckungen) und öfter gut von Staub gereinigt werden.

Staub der Brennmaterialien kann auch bei Einzelheizung aus den Wohnräumen ferngehalten werden, wenn die Feuerungstüren und besonders Füllschächte der Dauerbrandöfen nach außen in die Wand des Korridors verlegt werden.

c) Feuchtigkeitsgehalt der Zimmerluft. Letztere soll wenigstens 30% und höchstens 70% relative Feuchtigkeit enthalten. Besondere Luftbefeuchtungseinrichtungen sind in der Regel nur nötig bei starker künstlicher Ventilation (siehe dort).

Zu hoher Feuchtigkeitsgehalt macht die Luft sehr unangenehm und drückend und kann Möbel und Wandbekleidung ruinieren; er kommt vor in feuchten Wohnungen, bei Ansammlung vieler Menschen in engen, schlecht ventilierten Räumen, in Küchen und Waschküchen bei ungenügender Abführung des Wrasens, bei schlechter Anlage oder Bedienung der Luftbefeuchtungsanlagen von Ventilationseinrichtungen.

d) Der Betrieb der Heizung soll sein

> gefahrlos. Öfen können explodieren beim Nachschütten und Anzünden von Brennstoff, wenn vorher im Ofen eine unvollkommene Verbrennung und Ansammlung der Verbrennungsgase im Verbrennungsraum stattgefunden hat.
>
> Dichtverschlossene Öfen sollten daher erst einige Minuten durchlüftet werden, ehe neues Feuer in sie gebracht wird.
>
> Zentralheizungen mit Druck (Wasser-Dampfheizungen) müssen auf einen Maximaldruck geprüft und mit Sicherheitsventilen versehen sein. Das Bedienungspersonal soll genügend instruiert und zuverlässig sein.
>
> geräuschlos. Dampfheizungen ebenso Dampfwasserleitungen machen bei falscher Anlage sehr störende, knallende oder zischende Geräusche, welche oft sehr schwer abzustellen sind. Auch bei Warmwasserheizungen zeigt sich zuweilen ein summendes Geräusch, welches auf die Dauer lästig werden kann. Es rührt meist her von falscher Abzweigung der Kesselröhren oder von Rauhigkeiten im Kesselinnern. Abhilfe ist zuweilen möglich durch Veränderung der Rohrabzweigungen oder durch Einfüllen von etwas Öl in den Kessel, nachdem derselbe vorher halb geleert worden ist.

Der Wärmebedarf eines Raumes, der bis auf die gewünschte Temperatur gebracht ist, ergibt sich aus den Wärmeverlusten, die der Raum durch Abgabe an seine Umwandungen erleidet. Diese Wärmeverluste sind nach folgender Gleichung leicht zu finden.

Es werden nach derselben zunächst die Wärmeverluste der einzelnen Raumumgrenzungen (Wände, Türen, Fenster usw.) ermittelt, die unten angegebenen nötigen Abzüge resp. Zuschläge gemacht, und die ermittelten Zahlen addiert ergeben sodann in Kalorien den Gesamtwärmebedarf des Raumes für eine Stunde.

$$W = F \cdot (t_i - t_a) \cdot k.$$

W = der Wärmeverlust pro Stunde in Kalorien,
F = Größe der Fläche in qm,
t_i = Innentemperatur,
t_a = Außentemperatur,
k = eine aus der Erfahrung genommene Mittelzahl für verschiedene Wandumgrenzungen (nach Minist.-Erlaß vom 7. V. 84),
dabei ist für t_i zu setzen, je nach der Bestimmung des Raumes, die auf Seite 121 angegebene geforderte Temperatur in Kopfhöhe,

für t_a ist zu setzen in der Regel	— 20° C
für Gegenden mit kälteren Wintern bei dünnen Mauern, isolierter Lage	— 25° C
für Gegenden mit milderen Wintern, bei dicken Mauern, geschützter Lage	— 15° C
wenn sich t_a nicht auf die Außenluft bezieht, sondern auf einen ungeheizten Binnenraum (Durchfahrt, Vorflur)	— 5° C
auf einen geschlossenen Keller	± 0° C
auf einen Dachboden mit Metall- oder Schieferdach	— 10° C
auf einen Dachboden mit Ziegel, Holzzement, Pappdach	— 5° C

für Räume über 3 m Höhe ist für je 1 m Mehrhöhe 5—15% Zuschlag zum Temperaturunterschied $(t_i - t_a)$ zu machen;

für die Decke eines Raumes ist ein Zuschlag von 20° zu t_i zu machen;

für den Fußboden desselben ist ein Abzug von 20° zu t_i zu machen, wenn der Raum darunter geheizt ist.

k =

für gemauerte senkrechte Wände
bei Wandstärken von 0,25—0,27 m 1,8
                           0,38—0,40 „ 1,3
                           0,51—0,53 „ 1,1
                           0,64—0,66 „ 0,9
                           0,77—0,80 „ 0,75
                           0,80—0,92 „ 0,65

für einfache Fenster 3,75
„ Doppelfenster 2,50
„ Türen, 20–40 mm stark . . 2,0
„ einfache Bretterwand geputzt 1,5 ⎫
„ doppelte geputzte Wand mit   ⎬ nach Fischer
  Hohlraum . . . . 0,9 ⎭
„ Balkenlage mit halbem Windelboden als Decke 0,5
„ Balkenlage mit halbem Windelboden als Fußboden . . . 0,4
„ Gewölbe mit Dielung als Decke 0,7
„ Gewölbe mit Dielung als Fußboden 0,6
„ einfaches Glasdach 5,4
„ doppeltes Glasdach . . . 3,0

Liegen Außenmauern nach Norden, Osten, Nordosten und Nordwesten, oder sind sie sonst besonders Winden ausgesetzt, ist zu k 10% hinzuzurechnen; sind die Wände außerdem sehr dünn, noch weiter bis 60%.

Soll der betreffende Raum in kurzer Zeit auf die erwünschte Temperatur gebracht werden können, ist zu k hinzuzurechnen:

10% bei Tagesheizung und geschützter Lage des Raumes
30% „   „   „   freier   „   „   „
50% „ Heizung in langen Zwischenräumen. (Kirchen, Versammlungsräume.)

Einen ungefähren Anhalt für die bei **Ventilationseinrichtungen** im Winter stündlich außerdem nötigen Wärmemengen in Kalorien ergibt die Multiplikation der stündlich einzuführenden Luftmenge in cbm mit dem Temperaturunterschied zwischen Außen- und Innenluft und der Zahl 0,31. (1 cbm Luft bedarf zur Erwärmung um 1° C. 0,31 WE.)

Brennwert oder theoretischer Heizwert einzelner Verbrennungsstoffe, d. h. die Wärmemengen (in WE. ausgedrückt), welche 1 kg dieser Stoffe bei der Verbrennung entwickelt.

1 kg lufttrocknes Holz . . 2800–3900 WE.
1 „ lufttrockner Torf . . . 3000–5000 „
1 „ lufttrockne Braunkohle 2000–6000 „
1 „ Steinkohle . . . . . . 6000–7500 „
1 „ Anthrazit . . . . . . 7500–8000 „

1 „ Kokes . . . . 7000— 7800 WE.
1 „ Preßkohle 7000
1 „ Steinkohlenleuchtgas . 10000—11000 „

Von dieser Wärme wird aber je nach dem Heizkörper und der Bedienung desselben nur ein gewisser Teil für die Erwärmung des den Heizkörper umgebenden Raumes ausgenutzt, und zwar kann man rechnen:
bei gewöhnlicher Kaminheizung ca. 10%,
„ „ Ofenheizung 20—30%, bei sorgfältiger Bedienung allerdings oft auch mehr,
„ größeren Anlagen, Zentralheizungen 50—70% und mehr.

Wärmeabgabe von Heizkörpern.

Es werden von 1 qm Heizfläche an Luft von 20^0 C stündlich ungefähr WE. übertragen von

Tonöfen mit dünnen Wandungen . . 1000— 1500 WE.
dickwandigen Kachelöfen . . . . 500— 1000 „
eisernen glattwandigen Öfen . . . 1500— 3000 „
„ Öfen mit gerippter Wand . 1000— 2000 „
Luftheizöfen, glatte Flächen . . . . 1500— 3000 „
„ gerippte Flächen . . 1000— 1500 „
Niederdruck-Wasserheizkesseln . . . 8000—11000 „
Hochdruck . . . . 7500— 8500 „
Dampfkesseln . . . . , ... 8000—10000 „
ferner von Zentralheizkörpern

bei Warmwasserheizung

	Wassertemp. $60-80^0$	Wassertemp. $80-100^0$
von Zylinderöfen	300—400	375 - 550 WE.
„ einfachen Rohrregistern .	350—450	450—550 „
„ Doppelrohrregistern . .	250—359	375—425 „
„ glatten Rohren	450—550	550—650 „
„ Rippenregistern	225—300	325—375 „

bei Dampfheizungen

	Niederdruck	Hochdruck
von glatten Rohren	700—800	850 - 950 WE.
„ Rohrspiralen	650—700	800—850 „
„ gußeis. Rippenregistern .	400—500	500—600 „

Dabei ist noch folgendes zu bemerken:
Stehende Heizkörper (Rohre) geben etwas weniger Wärme ab als liegende.
Einfache Radiatoren stehen hinter glatten senkrechten Heizflächen in der Wärmeabgabe zurück.

Die Rippen der Heizkörper sollen höchstens 5 cm hoch sein, sie sollen nicht ineinandergreifen, da sie dann schlecht zu reinigen sind und geringere Wärmeabgabe zeigen.

Dunkle matte Flächen geben mehr Wärme ab, als weiße glänzende (Kachelöfen).

Bei verkleideten Heizkörpern ist bis 25% Wärmeabgabe weniger zu rechnen.

Bei unzweckmäßiger Konstruktion der Heizkörper wird die Wärmeabgabe ebenfalls oft stark beeinträchtigt.

Bei Wärmeabgabe an kalte Luft steigt erstere bedeutend, ebenso wenn kühle Luft an Heizkörpern schneller (z. B. durch Ventilatoren) vorbeigeführt wird. Genauere Berechnungen von Heizanlagen siehe bei Rietschel, Leitfaden. Verl. von Julius Springer.

Wärmeabgabe von Mensch und Beleuchtungskörpern siehe bei letzteren.

Anordnung der Heizkörper in den zu erwärmenden Räumen.

Bei Lokalheizungen ist der Heizkörper (Ofen) nicht an die Außenwand des Raumes zu stellen (schlechter Schornsteinzug), in langgestreckten Räumen, Schulzimmern, Turnhallen, Versammlungsräumen werden oft 2 Öfen, an den entgegengesetzten Zimmerecken aufgestellt, von Vorteil sein.

Bei Zentralheizungen (Wasser, Dampf) ist horizontale Anordnung der Heizkörper längs den Wänden praktisch, eventuell hinter einem Holzpaneel, welches aber zum Zwecke der Reinigung abnehmbar sein muß. Bei Einfügung der Heizkörper in die Fensternischen kann man die an der Innenseite der Fenster herabfallende abgekühlte Luft durch einen im Fensterbrett beginnenden Kanal bis hinter und unter die in den Nischen aufgestellten Heizkörper leiten; selbstverständlich ist dabei auch für Wiederaustritt der so erwärmten Luft durch Gitter u. dergl. direkt über den Heizkörpern Sorge zu tragen. Über Ventilationseinrichtungen, die mit der Heizung verbunden werden sollen, siehe bei Ventilation,

Die Erwärmung großer, periodisch benutzter Räume ohne besondere Ventilation, Auditorien, Theater, Kirchen, erfolgt in der Regel am besten durch möglichst gleichmäßige Verteilung der Heizkörper (Wasser,

Dampf) in der Nähe der Sitzplätze. Ferner Ableiten der an den Wänden und Fenstern herunterfallenden kalten Luft zu dort angebrachten Heizkörpern. Endlich ist bei sehr hohen Räumen (Kirchen) auch noch besondere Erwärmung des obersten Teiles des Raumes nötig.

Schornsteine.

Eine Feuerungsanlage erfordert zu einer rationellen Verbrennung der Heizmaterialien vor allem einen guten Abzug der Verbrennungsprodukte. Dieser Abzug kann durch fehlerhafte Schornsteinanlage wesentlich gehemmt werden.

Als Zugverschlechterungen sind zu nennen:

rauhe Schornsteinwände; gemauerte Rauchrohre werden am besten aus stark gesinterten Ziegeln mit glatter Oberfläche hergestellt, die Fugen sind glatt mit Zementmörtel auszustreichen. Ein Verputz der Rohre hält meist nur kurz und ist nicht zu empfehlen. Steinzeugrohre müssen besonders sorgfältig vermauert und behutsam gereinigt werden, auch sind die Anschlußöffnungen für die Ofenrohre vorher vorzusehen. Reparaturen und Auswechseln lädierter Rohre pflegt sehr schwierig zu sein. Als Trennungswände für Rauchrohre gegeneinander oder gegen benachbarte Ventilationsrohre können auch eiserne Platten genommen werden; dieselben müssen aus Gußeisen sein und beim Aufmauern der Schornsteine eingelassen werden. Empfohlen werden eiserne Platten von O. Stühlen, Eisengießerei Cöln-Deutz;

nasse Schornsteinwände; Regenfall ist durch einfache Schornsteinkappen leicht zu verhüten; dieselben dürfen jedoch den Querschnitt der Austrittsöffnung in keiner Weise verengern, ebenso darf der Schornstein in seiner ganzen Länge nirgends eine Verengerung haben. Am einfachsten ist eine horizontale Schutzplatte, welche die doppelte Größe der Schornsteinöffnung haben muß und deren Abstand von der Schornsteinmündung halb so groß wie die Schornsteinweite ist;

mehrfach geknickte Schornsteinwände, Richtungsänderungen sind daher möglichst zu vermeiden oder durch flache Kurven zu überwinden;

enge Schornsteinwände, sogen. russische Röhren sind meist 18 : 25 cm weit, pro Ofen sind ca. 80—100 qcm Rauchrohrdurchmesser zu rechnen. Im Ofen selbst soll der erste Zug etwa $^2/_5$, der letzte Zug $^1/_4$ der Rostfläche betragen;

undichte Schornsteinwände; die Undichtigkeiten werden am leichtesten gefunden, wenn man den Schornstein oben verstopft und unten im Schornstein ein Stroh- oder Papierfeuer anzündet; auftretender Rauch verrät die undichten Stellen. Sind letztere an Zimmerwänden vorhanden, muß der Putz daselbst getrocknet und mit Schellacklösung getränkt, oder besser entfernt und durch neuen Mörtel ersetzt werden;

dünne Schornsteinwände, besonders in der Witterung exponierter Lage. Züge sind daher in Zwischenwänden hochzuführen, an freien Wänden gegen Abkühlung zu isolieren; über Dach ragende Teile des Schornsteins können durch wasserdichte und wärmeschützende Bekleidung oft wesentlich besser ziehend gemacht werden;

zu kurze Schornsteine; dieselben sollen stets höher wie die Nachbargebäude sein und zwar wenigstens 0,3 bis 0,6 m über dieselben emporragen, unter Umständen bei winkeligen Dächern 1—2 m hoch; für größere Feuerungen sind mindestens 16 m Schornsteinlänge erforderlich, dagegen soll die Gesamtlänge der Ofenzüge (Kachelofen) tunlichst 30 m nicht überschreiten. Gemeinsame Schornsteine für mehrere Öfen, besonders in verschiedenen Stockwerken, verschlechtern oft den Zug ganz wesentlich.

Ferner ist zu beachten, daß unregelmäßigen Windstößen ausgesetzte Schornsteinmündungen mit Deflektoren oder Saugern (siehe Ventilation) zu versehen sind. Nebliges Wetter, ebenso Besonnung des Schornsteines bewirken oft schwer zu beseitigende, aber nur vorübergehende Zugverschlechterung; endlich kann letztere auch hervorgerufen werden durch schlechte Öfen, Bedienung derselben und Brennmaterialien, oder Abkühlung des Schornsteines durch gleichzeitige Benutzung desselben zur Ventilation. Tonröhren für Rauchrohre in rechteckiger Form und verschiedener Größe von Soltau, Berlin, siehe S. 116. Schwemmsteinrauchrohre sind zu empfehlen, wenn der Schornstein besonders der Abkühlung von außen ausgesetzt ist. Bezugsquelle siehe S. 63.

Schornstein- und Lüftungsrohre aus hohlen Zementkörpern mit Bindern hergestellt (Pat. Perle), Preis pro lfd. Meter ca. 3 Mk. 50 Pf. Neuhaus u. Lambart, Hagen i. Westfalen. J. B. Schroer, Dortmund.

Die Temperatur der abziehenden Verbrennungsgase muß wenigstens 100—120°, der Kohlensäuregehalt 8 bis 10% betragen. Holzteile müssen von Rauchrohren mindestens 30 cm entfernt gehalten werden.

Heizkörper für Einzelheizung.

Kamine, einfache Form mit offener Feuerstelle, heizen im wesentlichen nur durch strahlende Wärme, bewirken daher sehr ungleiche Erwärmung des Raumes. Sehr geringe (5—10%) Wärmeausnutzung, dagegen meist kräftige Entlüftung des Raumes; an Fenster und Türen leicht Zug verursachend. Nur empfehlenswert als Luxusheizung in Verbindung mit anderen Heizungen; ferner eventuell als Frühjahrs- oder Herbstheizung in Villen oder als Lockkamin in der gleichen Jahreszeit für Krankensäle u. dergl. Besser wird die Kaminwärme ausgenutzt, wenn man in Kaminaufsätzen Züge einrichtet, wodurch sich die Konstruktion schon mehr der der Öfen nähert. Einen Übergang zu letzterer bilden auch Kaminöfen mit verschlossener, regulierbarer, aber sichtbarer Feuerung (Wille u. Comp., Berlin; Heim, Döbling bei Wien).

Öfen.

Kachelöfen (Massenöfen), besonders in Norddeutschland viel gebraucht, gelinde Wärmestrahlung, langsame Erwärmung des Raumes, sehr schwere Regulierbarkeit der Zimmertemperatur (Überhitzung der Zimmer bei plötzlichem Umschlag der Außentemperatur), daher nur empfehlenswert für Privatwohnungen, nicht aber für Schulräume, Krankenzimmer, periodisch benutzte Räume.

Am gebräuchlichsten sind:

Russischer Ofen, ohne Rost für Holzfeuerung, lotrechte Züge, viereckige Form.

Schwedischer Ofen, ähnlich, runde Form.

Berliner Ofen, lotrechte und wagerechte Züge, ohne Rost für Holz- und Preßkohlenfeuerung, mit Rost für Braun- und Steinkohlenfeuerung, der Feuerraum ist sodann durch Eisen oder Chamotte auszukleiden.

Kachelöfen mit besonderen Kanälen für Zirkulation der zu erwärmenden Luft, heizen etwas schneller an, von jedem guten Ofentöpfer durch Einbauen von glasierten Tonröhren in den Ofen oder Abteilen eines Raumes hinter dem Ofen anzufertigen (siehe auch Ventilation).

Kachelöfen, welche nach Anwärmen vollkommen geschlossen werden und wo sodann der Schornstein zur Absaugung verbrauchter Zimmerluft dient, fertigt W. Born, Magdeburg; ähnlich wirkt der Wolpertsche Rauchrohrstutzen. Beide Einrichtungen kühlen aber den Schornstein ab, was nicht rationell ist.

Kachelofen mit eisernem Ofen kombiniert, siehe pag. 142.

Die Regulierung des Feuers darf niemals durch Ofenklappen hinter dem Ofen, sondern stets nur durch die Feuer- resp. Aschentür geschehen.

Soll ein Zimmer morgens warm sein, wird der Kachelofen am besten abends vorher angeheizt. Ist das Zimmer überheizt, sind Fenster und Türen des Zimmers und zugleich die Ofentür zu öffnen, sowie glühende Feuerungsreste aus dem Ofen zu entfernen.

Größere Kachelöfen geben in bezug auf Ausnutzung der verbrannten Heizstoffe bessere Resultate wie kleinere.

Als Anhaltspunkte für die zu wählende Ofengröße können ungefähr folgende Angaben dienen. Der Sockel des Ofens ist nicht miteingerechnet (Baukunde d. Architekten I, 2).

Zur Erwärmung von 10 cbm Raum ist in qm an Heizfläche nötig für:

	ohne Ventilation	mit Ventilation
Geschützt liegende Räume mit Doppelfenstern	3,0–3,75	6,0— 7,5
Geschützt liegende Räume mit einfachen Fenstern . . .	4,0–5,0	8,0–10,0
Weniger geschützte Räume (Eckzimmer, große Fensterflächen, kalter Fußboden)	4,5–5,5	9,0–11,25
Sehr exponierte Räume mit einfachen Fenstern	6,0–7,25	12,0–14,50

Die niedrigen Zahlen gelten für die größeren Öfen.

Eiserne Öfen.

Die einfachsten Formen **Kanonen-Säulenöfen**, heizen zumeist durch Strahlung, sie geben daher eine wenig angenehme Heizung; ferner werden die Wandungen stets stark überhitzt, oft sogar glühend. Die Erwärmung des Raumes folgt schnell, aber ebenso schnell die Abkühlung nach Erlöschen des Feuers. Die produzierte Wärme wird sehr wenig ausgenutzt, etwas mehr durch Verlängerung des Ofenrohrs im Raum oder in den sogenannten **Etagenöfen**, welche durch Aufpacken von Ziegelsteinen auf die einzelnen Etagen auch etwas länger die Wärme halten können. Im ganzen sind die einzelnen eisernen Öfen aber sehr unzweckmäßig und nicht zu empfehlen.

Bessere eiserne Öfen vermeiden sämtliche eben angeführten Nachteile und zwar die **Überhitzung der Wände** durch Umkleiden der Feuerstelle mit Chamotte (meist nach einiger Zeit zu erneuern) oder **Verdickung der Eisenwand durch Rippenkörper**, durch besondere Einleitung von frischer Luft oder abgekühlter Heizgase um den Verbrennungsraum, durch besondere Roste, wie Korbroste, durch Regulierung der Verbrennung mittelst verstellbarer Ofentüren; durch letztere wird gleichzeitig eine wesentlich **bessere Ausnutzung** der entwickelten Wärme bewirkt, sowie eine den Kachelofen bei weitem überragende Anpassungsfähigkeit an das jeweilige Wärmebedürfnis.

Die Anbringung eines **Mantels** um den Ofen hält ferner die strahlende Wärme ab und ermöglicht eine sehr schnelle und gleichmäßige Erwärmung des Zimmers, bedeutend schneller wie durch einen Kachelofen. Der Abstand des Mantels vom Ofen soll in der Regel mindestens 15 cm (sonst zu starke Erhitzung der Luft im Mantel) und höchstens bei den größten Öfen 30 cm (sonst störender Lufteinfall in den oberen Teil des Mantels) betragen. Der Mantel soll ferner nicht unten auf dem Boden aufstoßen (ausgenommen bei Ventilationsheizung) und leicht für eine jährlich vorzunehmende Reinigung in allen Teilen zugängig sein. Krönende Abdeckungen des Mantels dürfen den Querschnitt desselben nicht wesentlich verengen; sie fallen am besten ganz fort, da sie außerdem Staubfänger sind.

Öfen mit Füllschachten können in der Regel als Dauerbrandöfen die ganze Heizperiode hindurch ohne Erlöschen in Betrieb gehalten werden; die Schachte werden oft zweckmäßig außerhalb des Wohnraumes verlegt, wodurch das Einbringen von Heizmaterial in letzteren vermieden wird. Die Deckel der Füllschachte müssen besonders gut schließen, da sonst die Öfen leicht dunsten, giftige Gase ins Zimmer gelangen können und es sogar zu Explosionen kommen kann.

Die Regulierung des Ofens soll eine möglichst einfache sein; Öfen, welche komplizierte Klappen und Ventile haben, werden oft falsch bedient und funktionieren dann schlecht. Voraussetzung für gute Heizung ist ferner die Verwendung von richtigem Brennmaterial, sorgfältige Bedienung und gelegentliche feuchte Reinigung aller der Staubablagerung günstigen Teile des Ofens, welche daher auch gut zugängig sein müssen.

Ein guter eiserner Ofen ist einem Kachelofen wesentlich überlegen, er ist diesem vor allem vorzuziehen für Erwärmung von periodisch benutzten Räumen, wie Auditorien, Säle, Schulräume, Turnhallen, ferner von Krankenzimmern, Bureaux usw., soweit für dieselben nicht besser eine Zentralheizung (siehe dort) zu wählen ist.

Bis zu einem gewissen Grade lassen sich die Vorteile eines eisernen Ofens (schnelle Anheizung) mit denen eines Kachelofens (milde Wärmeabgabe, längeres Warmbleiben nach Erlöschen des Feuers) kombinieren, indem man um den eisernen Heizkörper oder auf denselben einen Kachelmantel oder Aufsatz anbringt, was namentlich für Privatwohnräume oft sehr angenehm und empfehlenswert ist. Fast alle Kachelofenhandlungen liefern derartige Öfen.

Sehr kleine Räume werden oft durch einen eisernen Ofen, besonders bei nicht niedriger Außentemperatur (Frühjahr, Herbst) überheizt.

Für die ungefähr zu wählende Größe eines eisernen Ofens mögen die nachfolgenden Zahlen dienen. Der von dem Fabrikanten angegebene Heizeffekt trifft häufig nicht ganz zu. Empfehlenswerter ist in jedem Fall natürlich eine Berechnung des nötigen Wärmebedarfs nach den früher gemachten (S. 133) Angaben.

Zur Erwärmung von 10 cbm Raum ist in qm an Heizfläche nötig für:

	ohne Ventilation	mit Ventilation
Geschützt liegende Räume mit Doppelfenstern	1,2—1,5	2,4—3,0
Geschützt liegende Räume mit einfachen Fenstern	1,6—2,0	3,4—4,0
Weniger geschützte Räume (Eckzimmer, große Fensterflächen, kalter Fußboden)	1,8—2,2	3,6—4,5
Sehr exponierte Räume mit einfachen Fenstern	2,4—2,9	4,8—5,8

Die niedrigen Zahlen gelten für die größeren Öfen.

Die Menge und Art der in den letzten Jahren an eisernen Öfen angebrachten Verbesserungen ist eine sehr große; es wird daher rätlich und auch wohl möglich sein, nach den eben angeführten Gesichtspunkten eine zweckmäßige Konstruktion unter dem vielen Gebotenen herauszusuchen, resp. Unzweckmäßiges zu vermeiden.

Die nachfolgende Aufzählung einiger Öfen und Ofenfirmen macht auf Vollständigkeit keinen Anspruch, sie gibt nur im großen und ganzen einige weitere Fingerzeige für die Auswahl im einzelnen Fall.

Meidinger Ofen (Eisenwerk Kaiserslautern) mit oder ohne Rost, mit Rippenflächen und Mantel, für Anthrazit oder Kokes. Feuer von oben nach unten brennend. Nachschütten möglich; Regelung der Feuerung durch die Reinigungstür. Viele ähnliche Konstruktionen im Handel, z. B. von Käuffer, Mainz; Sturm, Würzburg; Dürr u. Comp., Stuttgart; Möhrlin u. Rödel, Stuttgart; K. Elsässer, Mannheim; Kelling, Dresden; Heim, Döbling bei Wien; zum Teil mehr oder weniger auch als Füllöfen ausgebildet.

Irischer Ofen, niedrige Ofenform mit Eisen- oder Kachelmantel; Grove, Berlin; Hüttenamt Wasseralfingen, Württemberg; Wurmbach, Bockenheim; O. Winter, Hannover; Esch u. Comp., Mannheim; Rießner u. Comp., Nürnberg.

Schachtöfen mit seitlich angeordnetem Füllschacht für magere Steinkohlen, Anthrazit, Kokes,

Braunkohle, Torf, besonders als Dauerheizung für größere Räume; Käuffer, Mainz; Keidel, Berlin; Kori, Berlin; Eisenwerk Kaiserslautern; oder mit zentralem Füllschacht, nur für Anthrazit, magere nußgroße Kohle oder Kokes. Feuerung häufig durch Micascheiben sichtbar, auch als amerikanischer Ofen wohl bezeichnet. Es ist besonders auf guten Schluß des Füllschachtes zu achten. Die Bedienung ist zuweilen durch vielfache Klappenstellung etwas kompliziert, sie sind meist auch wegen engen Mantels ziemlich starke Wärmestrahler, heizen in der Regel aber sonst gut, auch zum Heizen mehrerer Zimmer zuweilen benutzbar, oder in Kachelöfen eingebaut. Benver, Berlin; die Eisenwerke Gienanth, Hochstein; Gröditz (Sachsen), Holzhausen, Kaiserslautern; Westfalia, Lünen a. d. L.; Grimme, Natalis u. Co., Braunschweig; Hansen, Flensburg; Juncker u. Ruh, Karlsruhe; Marburg Söhne, Frankfurt a. M.; Reißmann, Nürnberg; Rießner u. Comp., Nürnberg; Warsteiner Gruben u. Hüttenwerke; Wille, Berlin; O. Winter, Hannover; Wurm, Frankfurt a. M.; Wurmbach, Bockenheim; u. andere. Besondere Öfen für Preßkohlenfüllfeuerung von Wille u. Comp., Berlin und Bergbauaktiengesellschaft Ilse, Niederlausitz. Eiserne Öfen für Holzfeuerung und Dauerbrand. Elterichs Ofen von Benver, Berlin, oder dänischer Spaltofen, für holzreiche Gegenden, Försterwohnungen usw. geeignet, Preis 37—100 Mk.; Akts. Recks Opwarmings Comp., Kopenhagen; von Ing. Reck, Kopenhagen, Gothersgade. Preis für Räume von 50—100 cbm 60—80 Mk., dazu 50% für Fracht etc. Für Arbeiterwohnungen, welche einen besonderen Kochraum haben, ist im Wohnraum ein einfacher Kachelofen mit Wärmeröhre zu empfehlen, und im Nebenraum zum Kochen dann ein kleiner Ringplattenherd von Mauersteinen oder Kacheln aufzustellen.

Mit großer Vorsicht anzuwenden und teilweise direkt gefährlich (Kohlenoxydvergiftung) sind kleinere, meist leicht transportable Öfen mit ungenügendem oder gar vollkommen fehlendem Rauchabzug, besonders wenn sie zur Erwärmung kleinerer Räume oder von Schlafzimmern Verwendung finden. (Petroleumofen, Gasofen ohne Abzug, Karbonnatronofen und ähnliche.)

Heizung.

Gasöfen, sind in letzter Zeit vielfach verbessert worden und dadurch mehr in Aufnahme gekommen.

Vorzüge sind: verhältnismäßig geringe Anlagekosten, sehr schnelle Regulierfähigkeit, reinlicher Betrieb, Vermeidung von Ruß und Rauch, einfachste Bedienung, meist guter Nutzeffekt; bei guten Öfen 60 bis 85 % des verbrannten Gases, bei schlechten oft nur 30 %. Mehr oder weniger starke Ventilation durch die Feuerung selbst.

Nachteile sind: ziemlich hohe Betriebskosten, natürlich viel weniger hoch, wenn der Ofenbesitzer zugleich Besitzer der Gasanstalt ist (städt. Schulen). Gefahr des Einströmens von Leuchtgas ins Zimmer und dadurch bewirkte Explosionen oder Vergiftungen. Ansammlung von saurem Gaswasser und dadurch bewirkte Zerstörung des Ofens. Hocherhitzte Metallflächen und demzufolge überhitzte Luft.

Diese Nachteile sind zum größten Teile durch eine richtige Ofenkonstruktion zu vermeiden.

In Bezug auf das Gas ist zu bemerken, daß zur vollkommenen Verbrennung von 1 Vol. Gas 5,5 Vol. Luft nötig sind, daß 1 Tl. Gas mit 2 Tl. Luft die Flamme nichtleuchtend macht; ferner gibt 1 cbm Gas etwa 1 Liter Wasser bei der Verbrennung, 1 gr schweflige Säure, 660 Liter Kohlensäure und ca. 4600—6000 WE.

Der Heizwert des Leuchtgases schwankt aber sehr, selbst am selben Tage nicht selten bis 20 %.

Entleuchtetes Gas gibt dieselbe Wärme wie leuchtend verbrennendes. Durch Vorwärmen der zur Flamme geführten Verbrennungsluft, fälschlich mit Regeneration bezeichnet, kann die Verbrennungstemperatur etwas gesteigert werden. Zur Vorwärmung werden meist die abziehenden Rauchgase benutzt. Zuweilen werden auch als Regenerativöfen solche bezeichnet, bei denen durch Strahlung der in der Nähe befindliche Fußboden besonders erwärmt wird.

Das Zurückschlagen der Flammen kann bei entleuchteten Flammen vorkommen, es sind dagegen besondere Sicherheitsbrenner anzuwenden, welche zugleich unmöglich machen, daß der Gasbrenner, ohne zugleich angezündet zu werden, geöffnet werden kann.

Die Züge des Ofens sind mit besonderer Sorgfalt herzustellen; sie sind im Innern gut zu verbleien oder zu zementieren; kurze Anschlußstutzen an den Schornstein sind mit Gefälle zu konstruieren, bei längeren, welche in der Regel nicht mehr wie 10 cm im Durchmesser haben sollen, ist ein Wasserauffangegefäß (1—2 l) einzuschalten, eventuell ist als Material glasiertes Tonrohr zu nehmen. Niedergehende Kanäle sind möglichst zu vermeiden. Ein Gasofen darf niemals ohne Abzug für Verbrennungsgase sein, diese sollen nicht in große kalte Schornsteine abgeführt werden, sondern am besten sind auch hierfür glasierte Tonrohre zu nehmen, welche nach unten bis in den Keller verlängert werden und hier mit einem Tropfgefäß zu versehen sind. Die Temperatur der abziehenden Gase bei guter Wärmeausnutzung darf 60—70° nicht überschreiten. Gegen zugstörende Windstöße sind die Schornsteinmündungen mit Schutzhauben, Deflektoren (siehe dort) zu versehen und müssen mindest. 1,5 m über den Dachfirst emporragen.

Leuchtende Flammen dürfen keine Ofenwände berühren, da sonst Ruß abgesetzt wird. Die Ofenwände sollen von außen stets zugängig sein und rein gehalten werden; in Bezug auf Maximaltemperatur derselben, sowie die Konstruktion der Ventilationskanäle gilt dasselbe, was bei den eisernen Öfen für Kohlenheizung erwähnt ist. Ebenso ist über die Heizwirkung der als Kamine ausgebildeten Gasöfen nicht viel anderes als wie über die Kamine für andere Feuerung zu sagen (siehe dort).

Die Zahl der im Handel befindlichen Gasöfen ist eine sehr große; es können hier nur die verbreiteteren aufgeführt werden.

Karlsruher Schulofen (Warsteiner Hütte), zylindrischer Ofen mit leuchtender Flamme für Ventilation eingerichtet, besondere Hahnsicherung, gute Ausnutzung der Verbrennungswärme in engen Kanälen; ähnlich in der Konstruktion sind:

Öfen der Badischen Anilinfabrik, Ludwigshafen und der Continental-Gasgesellschaft Dessau.

Öfen des Eisenwerk Kaiserslautern; in den Heizkästen sind Tonplatten zur Wärmeaufspeicherung eingesetzt.

Kutscherscher Ofen (Dessauer Gasgesellschaft) brennt mit entleuchteten Flammen. Sicherheitszündvorrichtung mit Kanälen für Luftzirkulation; ziemlich großer Verbrennungsraum, es ist für guten Abzug der Verbrennungsgase zu sorgen. (R. Kutscher-Leipzig.)

Gasöfen, welche vor allem durch strahlende Wärme heizen sollen, meist in Kaminform, sind:

Siemens' Reflektorofen mit Vorwärmung der Verbrennungsluft. (Friedr. Siemens u. Comp., Berlin SW.)

Houbens Reflektorofen, ähnlich (Aachen).

Jacquets Reflektorofen, ähnlich; viel Wärme entweicht in den Schornstein.

Dessauer Asbestflammenkamin, entleuchtete Flammen bringen Astbestgewebe zum Glühen.

Wybouwscher Strahlkamin (Dessau).

Gasöfen in Radiatorenform Batteriegasöfen von der Maschinenbau-Aktiengesellschaft Linden-Hannover.

Gasöfen ohne Abzug für die Verbrennungsgase, z. B. der einfache Wobbesche Ofen, dürfen höchstens für Lagerräume und Korridore mit reichlicher Ventilation verwendet werden.

Badeöfen zur gleichzeitigen Erwärmung von Baderaum und Badewasser werden in zahlreichen Mustern gefertigt; meist Gegenstromapparate mit schneller und bequemer Wasserwärmung. Viel gebraucht sind:

Houben(Aachen)scher Ofen. Gegenstromapparat, keine Abführung der Verbrennungsgase, daher gefährlich im Baderaum selbst aufzustellen, soll zuweilen rußiges und riechendes Wasser liefern. Neuerdings werden auch Öfen mit Abzug gefertigt.

Dessauer Badeofen, ähnlich dem vorigen, aber mit Abzug für die Verbrennungsgase.

Stuttgarter Badeofen, ebenso. (Stuttgarter Gas- und Wasserwerke.)

Karlsruher Schulbadeofen, besonders für Schulbrausebäder empfohlen. (Warsteiner Hütte.)

Für Heizung mit Gas eignen sich kleinere Wohnräume, welche dauernd warm sein sollen, oder größere Räume, welche zeitweise und namentlich schnell erwärmt werden müssen, wie Festsäle, Hotelzimmer, Schul- und Versammlungsräume, Operationszimmer, Sitzungszimmer, Badezimmer; für alle diese Zwecke sind Gasöfen womöglich mit Ventilationseinrichtungen zu wählen. Gaskamine sind nur als Luxus- oder Nebenheizung wie andere Kamine, oder für Eingangs- und Empfangshallen, eventuell auch für Hotelzimmer, zur schnellen Erwärmung der Ankommenden durch strahlende Wärme, zu wählen, während der Wohnraum selbst viel zweckmäßiger durch Zirkulation erwärmt wird.

Entscheidend für die Wahl der Gasheizung wird vielfach auch der Preis des Gases sein.

Zentralheizung.

Die Erwärmung mehrerer Räume erfolgt von einer Stelle aus; dieselbe hat vor der Einzelheizung eine meist sehr einfache Bedienung voraus, ferner kein weitläufiger Transport der Brennmaterialien, keine Verunreinigung der Wohnräume durch denselben oder durch die Asche. Vielfach ist die Zentralheizung zugleich schon Ventilationsheizung oder kann leicht mit Ventilationseinrichtungen verbunden werden. Zuweilen kann zur Erwärmung Abdampf, welcher sonst nicht mehr gebraucht wird, verwendet werden, wodurch der Betrieb äußerst billig wird. Endlich wird kein oder wenig Platz durch die Heizkörper in den Räumen beansprucht.

Als Nachteile wären nur anzuführen, daß schlecht angelegte Zentralheizungen selbsverständlich die Fehler viel mehr hervortreten lassen, als es bei Einzelheizung der Fall ist, daß die Abstellung der Fehler meist auf Schwierigkeiten stößt, sowie daß Betriebsstörungen die Erwärmung sämtlicher Räume in Frage stellen können. Jedoch ist zu bemerken, daß solche Fehler und weitgehende Betriebsstörungen sehr wohl zu vermeiden sind, wenn bei der Anlage und im Betriebe die nötige Vorsicht geherrscht hat.

Ihrer ganzen Konstruktion nach eignen sich Zentralheizungen vor allem für größere Gebäude, werden aber auch für einzelne Etagen, Säle neuerdings immer mehr angewendet. Über die Auswahl der verschiedenen Systeme siehe weiter hinten (pag. 161).

Feuerluftheizung.

Allgemeine Konstruktion.

Durch einen möglichst tief im Gebäude aufgestellten Heizkörper (Kalorifer, Ofen) wird die Luft in einer Heizkammer erwärmt, befeuchtet und durch Kanäle den einzelnen Räumen zugeführt; in der Regel wird frische Luft der Heizkammer zugeführt (Ventilations-Frischluftheizung); Rückführung (Zirkulations-Umluftheizung) der abgekühlten Zimmerluft zur Heizkammer ist nur vorzusehen für das Anheizen sehr großer Räume (Theater, Kirchen, Säle), eventuell auch in Privatwohnungen- wo die Zimmerluft wenig verbraucht wird. In Schulen, Krankenhäusern und dergleichen ist es meist besser, von der Einrichtung der Zirkulation ganz abzusehen.

Spezielle Ausführung einzelner Teile.

Heizkörper-Kaloriferen. Dieselben sind besser aus Eisen als aus Ziegel, Kacheln usw. herzustellen und ist dabei alles zu beachten, was vorher bei den eisernen Ofen gesagt worden ist. Der Ofen ist so groß zu wählen, daß auch bei stärkster Kälte eine Überheizung nicht nötig wird. Die Temperatur der Heizkörper sollte an der Außenfläche tunlichst $100°$ C nicht überschreiten, unter keinen Umständen aber jemals über $300°$ C hinausgehen. Beschickung und Regulierung der Feuerung, ebenso bequeme Reinigung der Feuerzüge soll vollkommen abgeschlossen von der Heizkammer geschehen können. Die einzelnen Teile des Ofens sollen vollkommen rauch- und gasdicht miteinander verbunden werden, wobei der Ausdehnung des Ofens bei der Heizung Rechnung zu tragen ist.

Der Ofen erhält womöglich einen Füllschacht und gute Regulierungsvorrichtung der Verbrennung (neuerdings auch selbsttätig funktionierende). Für große Heizungen (Heizfläche eines Kalorifer am besten nicht über 30 qm) empfiehlt sich häufig, mehrere kleinere Öfen in einen Heizraum nebeneinander zu stellen, die aber getrennte Schornsteine haben müssen und je nach dem Bedarf geheizt werden.

Die Wandungen des Ofens müssen möglichst glatt (ohne Rippen) sein, wenig horizontale Fläche (Staubansammlung) haben und in allen Teilen bequem und leicht gereinigt werden können. Eine solche Reinigung ist wenigstens einmal wöchentlich vorzunehmen.

Die Größe des Heizkörpers kann nach den früheren Angaben über Wärmebedarf der einzelnen Räume und Wärmeabgabe der Kaloriferen berechnet werden (p. 132 ff.).

In der Regel werden für 100 cbm zu heizenden Raumes etwa gebraucht werden 2—3 qm Ofenheizfläche oder 200—300 cbm warmer Luft. Es ist zweckmäßig, recht reichliche Maße zu nehmen.

Heizkammern. Dieselben sollen so groß sein, daß sich die Luft höchstens auf 80° erwärmt und daß sie bequem begehbar und zu reinigen sind; sie müssen zu dem Zweck eine gut isolierende Doppeltür haben und zweckmäßig auch ein Glasdoppelfenster, durch welches die Heizkammer bei Tageslicht erhellt wird, es kann auch eine Flamme außen vor dem Fenster oder elektrisches Licht im Innern angebracht werden. Die Wände der Kammer, ebenso Boden und Decke sollen möglichst glatt und leicht zu reinigen sein. Hartgebrannte Ziegel, Kacheln, gut gefugt, oder Zement, Monier und dergleichen. Der Heizkörper soll möglichst überall wenigstens $1/2$ m von der Wand der Heizkammer abstehen. Für gute Wärmeisolierung nach außen, desgleichen Abhaltung des Grundwassers bei tiefer Lage ist Vorsorge zu treffen.

Luftkanäle. Über die Konstruktion derselben ist bei Ventilation bereits das Nötige bemerkt; hier sei nur noch erwähnt, daß dieselben außer aus Stein oder Steingut auch aus Holz mit Zinkblechauskleidung oder in Rabitz- und Monierkonstruktion angefertigt werden können. Ihre kleinste lichte Weite darf unter 25 cm Durchmesser nicht heruntergehen. Sie sind nicht in die Nähe von Rauchröhren zu verlegen (mindestens 25 cm davon), jeder Raum muß seinen oder seine besonderen Zuführungskanäle haben; beim Bau ist eine sorgfältige fortwährende Überwachung der Ausführung nötig, was häufig versehen wird. Die Kanäle sind möglichst steigend ohne viele Knickungen zu den Wohnräumen zu führen. Horizontale Kanäle dürfen höchstens 12 m lang sein, falls nicht maschinelle Kräfte zur Bewegung der Luft gebraucht werden sollen. Für zweckmäßige Anordnung der Reinigungsöffnungen ist Sorge zu tragen.

Die Geschwindigkeit der Luft in den Kanälen soll 1,2 m pro Sekunde nicht überschreiten. Die Temperatur der aus den Kanälen ausströmenden Luft soll höchstens 40° C betragen. In großen Räumen sind mehrere Zuluftkanäle nötig.

Die Frischluftkanäle, welche von außen zur Heizkammer führen, müssen möglichst kurz, trocken, gegen Verunreinigungen geschützt und zum wenigsten bekriechbar angelegt werden; zweckmäßig sind zwei Öffnungen auf verschiedenen Seiten des Gebäudes vorzusehen, um je nach dem Winde Luft entnehmen zu können.

In den Heizkammern wird die frische Luft direkt unter die Heizkörper geführt, die erwärmte Luft strömt durch regulierbare Klappen an oder neben der Decke aus den Heizkammern ab. Über Befeuchtung und Reinigung der Luft siehe bei Ventilation.

Die Regulierung der Luftzuführung kann durch den Heizer zentral mittelst der obenerwähnten Klappen erfolgen, sehr häufig werden sich aber auch noch regulierbare Klappen an den Ausmündungen der Kanäle in die Zimmer als sehr erwünscht oder nötig erweisen; sie sollten daher nicht fehlen und selbstverständlich so angeordnet sein, daß sie bei vollkommener Öffnung den Querschnitt des Kanales nicht verengern. Eine weitere oft sehr zweckmäßige Regulierung kann auch durch Drosselung der unteren Klappe des luftabführenden Kanales erfolgen, wobei die neutrale Zone (siehe dort) auf den Fußboden verlegt wird.

Bei zentraler Regulierung wird am besten durch Fernthermometer die Temperatur der einzelnen Räume nach dem Heizerstand gemeldet, wobei meist nur bei Über- resp. Unterschreitung einer gewissen Temperaturgrenze ein Signal ertönt. Die Temperatur der einzelnen Räume jederzeit am Heizerstand erfahren zu können, ermöglichen Fernthermometer (z. B. von G. A. Schultze, Charlottenburg, Charlottenburgerufer 53 c.). Fernstelleinrichtung der Luftklappen durch Luftdruck oder elektr. Antrieb funktionieren oft nicht gut auf die Dauer. Besondere frost- und staubsichere Einrichtung von Ing. Vetter, Berlin.

Kombinierte Luftheizung.

Anstatt durch direktes Feuer können die Kaloriferen auch erwärmt werden durch Heißwasserschlangen (Röhren dabei mit besonderen Rippenröhren umgeben, um ein Überhitzen der Luft zu vermeiden) oder Dampfschlangen. Als Vorteil dieser Kombination ist anzuführen, daß von einer, auch entfernten Heizstelle mehrere Kaloriferen geheizt werden können, als Nachteil, daß die Heizung bei unterbrochenem Betrieb einfrieren kann.

Warmwasserheizung.

Allgemeine Konstruktion.

In einem meist im Keller, aber auch eventuell am Kochherd einer Etage aufgestellten Wasserkessel wird Wasser bis zu höchstens 100—130° erwärmt; dasselbe steigt durch ein Rohr bis auf den Dachboden des Hauses, wo es in mehrere Rohrsysteme verteilt zu den in den einzelnen Zimmern aufgestellten Heizkörpern gelangt, seine Wärme abgibt und sodann zum Kessel zurückkehrt. Das Verteilungsrohr wird zweckmäßig und gut isoliert an der Kellerdecke angebracht. An der höchsten Stelle des Rohrnetzes befindet sich ein Expansionsgefäß, welches offen ist.

Spezielle Ausführung einzelner Teile.

Kessel. Zylinderkessel, Röhrenkessel oder Gliederkessel ohne Ummauerung, neuerdings meist als Gegenstromkessel konstruiert und dann mit sehr hohem Heiznutzeffekt, bis 80% und darüber (1 qm Kesselheizfläche gibt ca. 8000 WE. stündlich bei voller Ausnutzung.) Mit oberer oder (bequemer) seitlicher Fülltür. Die Größe des Kessels ist nach den früheren Angaben aus Wärmebedarf und Wärmeabgabe der Heizkörper zu berechnen. Die Heizfläche eines Kessels soll zweckmäßig nicht über 60 qm betragen. Bei etwas größerer Heizanlage sind zwei oder mehr Kessel vorzusehen (für große Kälte, Reparaturen, als Reserve u. dergl.), auch die Kombination von einem großen und einem kleinen Kessel daneben oder darunter empfiehlt sich besonders zum schnelleren Anheizen. Das Rücklaufrohr darf von der Flamme nicht getroffen werden. Für die wärmere Übergangszeit kann eine Hülfsgasheizung in das Rohrsystem eingeschaltet werden, wodurch eine gelinde und schnelle Erwärmung der Anlage ohne Kesselfeuerung ermöglicht wird, was manchmal sehr angenehm sein wird. (Anlagen führt aus Junckers u. Comp., Dessau. 160 bis 450 Mk.).

Stets ist ununterbrochener Betrieb mit Füllfeuerung vorzusehen. Das Wasser muß weich und rein sein. Gegen Einfrieren können schwache Chlormagnesium oder Chlorkalziumlösungen zur Füllung genommen werden, besser ist permanentes Heizen und gutes Isolieren exponierter Teile. Entleerung des Systems nicht vorteilhaft (Rosten, Austrocknen der Dichtungsscheiben). Heizungen mit geringer Steigehöhe der Röhren (Etagenheizungen) haben zweckmäßig geringere Kesselwassermenge und schnelleren Wasserumlauf. (Thielmann, Braunschweig; H. Liebau, Magdeburg; Janneck u. Vetter, Berlin; Gebr. Demmer, Eisenach; A. Bergmann, Nachf., Harburg a. d. E.; Arendt, Mildner u. Evers, Hannover; Bruno Schramm, Ilversgehofen-Erfurt und andere).

Röhrensystem.

Material Schmiedeeisen oder Kupfer, gute Dichtung und Vorrichtungen zum ungehinderten Ausdehnen nötig; wagerechte Röhren sind stets mit wenigstens 1:100 Gefälle zum Kessel zu verlegen. Röhren gut isolieren (Isolierung siehe bei Dampfheizung) und stets so verlegen, daß man überall hinzukann (Mauernischen mit abnehmbaren Vorsetzern, Grove, Berlin). Im Verlauf durch Zwischendecken und Mauern keine Rohrverbindungen (Reparaturen, Leckwerden). Wagerechte Ausdehnung nicht über 100 m. Für 10 qm Heizkörper sind etwa 5—7 qcm Rohrquerschnitt zu rechnen. Entlüftung des Rohrsystems durch das Expansionsgefäß; an Stellen, wo dieses nicht möglich, sind besondere Entlüftungsvorrichtungen nötig. Die Röhren müssen in ihren einzelnen Teilen leicht ausgewechselt werden können.

Expansionsgefäß.

Es ist am höchsten Punkte des Systems anzubringen, am besten aus Schmiedeeisen. Die Größe ist nach der Volumenausdehnung des Wassers zu berechnen; dieselbe beträgt für 1 cbm Wasser und 100^0 C = etwa 40 Liter. Es ist gegen Frost gut zu isolieren und muß einen Überlauf haben, dessen Rohr am besten bis zum Heizerstand hinabgeführt wird, wo es über einem Ablauf mündet. Auch eine Vorrichtung zum Auffangen und Ableiten des Schwitzwassers unter dem Expansionsgefäß ist bei nicht genügender Isolierung nötig, die Möglichkeit der Ablesung des jeweiligen Wasserstandes bei größeren Anlagen am Kessel oder sonst bequemer Stelle erwünscht.

Heizkörper.

Zu beachten ist, daß, je größer die Wassermenge ist, welche an den Raum Wärme abgibt, um so langsamer auch die Wärmeregulierung möglich sein wird. Für Schulzimmer und ähnliche Räume sind daher Heizkörper mit geringerem Wasserinhalt und etwas höherer (80—90° im Heizkörper) Wassertemperatur besser, als umgekehrt.

Die horizontalen Flächen der Heizkörper sollen möglichst begrenzt sein (Staubablagerung); alle Teile müssen für Reparaturen und Reinigung leicht zugängig sein. (In Achsen drehbare Rippenheizkörper zum besseren Reinigen ihrer hinteren Flächen und zum Zugängigmachen der dahinter befindlichen Ventilationskanäle liefert Rietschel u. Henneberg, Berlin. Mehrkosten gegenüber den festen Heizkörpern ca. 45 Mk. pro Stück.) Jeder Heizkörper muß für sich regulierbar sein, also am Zu- oder besser Ablauf oder an beiden ein Regulierventil haben. Die gebräuchlichsten Formen sind:

Gußeiserne Rohre, meist mit Rippen versehen, entweder an den Wänden entlang laufend oder zu Registern, Elementen, Batterien vereinigt und dann vielfach in Fensternischen untergebracht und mit Ventilation verbunden; ferner flache, schmiedeeiserne Kästen mit und ohne Rippen, oder stehende Röhren in Batterie- oder Zylinderform, letztere meist mit beträchtlichem Wasserinhalt, daher schwerer regulierbar. Alle diese Heizkörper sind leicht mit Ventilation zu verbinden, welche wie bei der Lokalheizung (siehe pag. 140) einzurichten ist. Heizkörper in Fensternischen sind besonders gut gegen Einfrieren zu schützen. Ruß und Staubablagerungen auf den Wänden über den Heizkörpern sind zu vermeiden durch Abwischungsbleche oder Belegen der Wände mit Glas oder Spiegeln (z. B. von F. G. Häusler, Dresden-N.).

Regelung der Heizung kann bewirkt werden durch Ventile an den einzelnen Heizkörpern, bei Ventilationsöfen oder -Einrichtungen auch durch Klappenstellung der Ventilationsöffnungen. Außerdem zentral an der Feuerstelle durch selbsttätige Zug- oder Verbrennungsregler, von denen es zahlreiche Konstruktionen gibt und deren Anbringung sehr zu empfehlen ist, da der Betrieb dadurch wesentlich einfacher und auch sparsamer wird. Ebenso sind neuerdings selbsttätige Temperaturregler für Zimmerheizkörper in den Handel gebracht worden, so z. B. von Käfele, Hannover; G. A. Schultze, Charlottenburg bei Berlin für 40—90 Mk.; Gesellschaft für selbsttätige Temperaturregelung, Berlin W. 15.

Kombinierte Wasserheizung.

Anstatt durch direktes Feuer wird das Wasser durch Dampfschlangen erwärmt, was bei sehr großen Anlagen, die mehrere Wasserheizkessel erfordern, den Betrieb vereinfachen und bei vorhandenem Abdampf auch verbilligen kann; häufig wird es zweckmäßig sein, eine direkte Feuererwärmung der Kessel als Reserve, sowie Vorkehrung gegen Überhitzung des Wassers vorzusehen. Kann aus irgend einem Grunde der Warmwasserkessel nicht tief genug aufgestellt werden, um eine genügende Wasserzirkulation des Systems zu sichern, ist letztere zu erreichen durch Einleiten von Dampf in die Warmwasserleitung mittelst Schwerkraftzirkulator von R. O. Meyer, Hamburg, Wandsbecker Chaussee.

Schnellumlaufheizungen, Vakuumheizungen.

Neuerdings werden auch, namentlich um an der Größe der Heizkörper zu sparen, vielfach Wasserheizungen mit kleinem Dampfkessel darüber oder mit Pumpenbetrieb ausgeführt, wodurch ein schnelleres Fließen des Wassers, namentlich auch bei größerer horizontaler Ausdehnung der ganzen Anlage ermöglicht wird. Solche Anlagen führen in Deutschland aus R. O. Meyer, Hamburg (Reckheizung); Brückner, Wien oder Zentralheizwerke, Hannnover-Hainholz (Bolzeheizung).

Heißwasserheizung.

Allgemeine Konstruktion.

In einem schmiedeeisernen, meist spiraligen Rohr mit direkter Feuerberührung wird Wasser auf 130—200° C erhitzt. Dieses Wasser wird wie bei der Warmwasserheizung zur Wärmeabgabe in die einzelnen Räume und zur Feuerung zurückgeleitet. Die Leitung ist vollkommen geschlossen. Der Druck im System beträgt bei 150° Wassertemperatur ca. 4 Atm., bei 200° ca. 5 Atm. In der Regel wird diese hohe Temperatur jedoch nicht erforderlich oder wünschenswert sein. Das System muß nach Fertigstellung einen Probedruck von 150 Atm. aushalten, ohne undicht zu werden.

Spezielle Ausführung einzelner Teile.

Heizrohrstück. Dasselbe muß, wie alle Röhren der Anlage, auf einen Druck von 150 Atm. geprüft sein. Es muß ferner ein Manometer und Thermometer, letzteres beim Ausgang des Rohres aus dem Feuerherd, angebracht sein (besondere Konstruktion von L. Bacon, Berlin); weiter ist erforderlich eine besondere Druckpumpe zum Füllen und Entleeren der Leitung. Es darf nur vollkommen reines Wasser zur Füllung verwendet werden.

Als Maximalwassertemperatur ist in der Regel nicht über $150°$ an der heißesten Stelle, besser nur $130°$, und in dem Verteilungsrohrnetz eine solche von ca. $100°$ vorzusehen (Mitteldruckheizung). Für 100 abzugebende Wärmeeinheiten ist ca. 0,16 m feuerberührtes Heizrohr und ca. 1,0—1,2 m wärmeabgebendes Rohr zu rechnen. Es empfiehlt sich aber, stets genauere Berechnung noch vorzunehmen. Als Mittel gegen Einfrieren beim Nichtgebrauch kann Spiritus zum Rohrwasser zugesetzt werden, jedoch nur, wenn das Wasser nicht über $150°$ erwärmt wird, da sich sonst die Mischung zersetzt.

Verteilungsrohr. Dasselbe muß auf denselben Druck wie das Heizrohr geprüft sein, es soll gut isoliert und überall leicht zugängig sein, einzelne Teile müssen leicht ausgewechselt werden können. Die Länge des ganzen Systems beträgt in maximo 200 m, besser nur 100—150 m. Besondere Aufmerksamkeit ist darauf zu verwenden, daß nirgends eine Luftansammlung stattfinden kann. Es müssen daher an den höchsten Punkten des Systems Entlüftungseinrichtungen vorhanden sein.

Expansionseinrichtung. Dieselbe ist entweder ähnlich dem Expansionsgefäß der Warmwasserheizung, aber geschlossen und mit besonderem Ventil versehen (Aufstellung dann wie bei der Warmwasserheizung), oder auch als erweiterte, zum Teil mit Luft gefüllte Röhre konstruiert. In beiden Fällen ist eine fortlaufende Kontrolle über Wasserstand, Luftansammlung, Funktionieren des Ventils durch den Heizer nötig. Die Einrichtung läßt sich auch in der Nähe der Feuerstelle anbringen.

Heizkörper sollen stets verkleidet (Verbrennungsgefahr), aber leicht zugängig angelegt werden (Entfernen von Staub, was hier besonders wegen der hohen Temperatur nötig ist). Vielfach gebräuchlich ist die Einlagerung in Fensternischen in Verbindung mit Ventilation; dabei ist die Gefahr des Einfrierens, wenn der Betrieb sistiert, besonders zu berücksichtigen.

Die Regelung der Wärmeabgabe erfolgt durch Absperren der einzelnen Heizkörper mittelst besonderer Hähne, vielfach auch durch stellbare Öffnungen in den Verkleidungen der Heizkörper.

Dampfheizung.

Allgemeine Konstruktion.

In einem häufig in besonderem Gebäude untergebrachten Kessel wird Wasser in Dampf verwandelt und letzterer durch eine Rohrleitung bis in die zu heizenden Räume geführt, wo in besonderen Heizkörpern die Wärmeabgabe erfolgt; hierbei wird der Dampf zu Wasser kondensiert und kann nunmehr abgeleitet oder erneut zur Kesselspeisung verwendet werden.

Je nach dem im Kessel herrschenden Dampfdruck unterscheidet man Hochdruck- (2—5 Atm.), Mitteldruck- (1—2 Atm.) und Niederdruck- (0,1—1,0 Atm.) Dampfheizungen. Es kann auch Abdampf von Dampfmaschinen (Abdampfheizungen) zur Heizung verwendet werden. Bei Hochdruckheizungen sind im Rohrnetz meist nicht über 2 Atm. Spannung gebräuchlich, bei höherer Kesselspannung also besser Reduzierventile einzuschalten. Niederdruckdampfheizungen haben im Rohrnetz in der Regel eine Spannung unter 1 Atm.

Eine Hochdruckheizung muß nach Fertigstellung den doppelten Betriebsdruck, mindestens aber 4 Atm. Druck, eine Niederdruckheizung mindestens 3 Atm. Druck aushalten, ohne undicht zu werden. Hygienisch sind zweifellos Niederdruckdampfheizungen solchen für Hochdruck vorzuziehen, da die Temperatur in den Heizkörpern eine niedrigere ist, und aus diesem Grunde vor allem werden heute die ersteren auch mit Recht mehr angewendet, zumal sie in letzter Zeit technisch wesentlich vervollkommnet worden sind.

Spezielle Ausführung einzelner Teile.

Kessel für Hochdruckheizungen unterliegen den gesetzlichen Bestimmungen in Betreff ihrer Aufstellung, Armierung und Betrieb wie andere Dampfkessel. Das Aufstellen von Hochdruckkesseln unter bewohnten Räumen ist nur gestattet, wenn das Produkt aus der feuerberührten Fläche in qm und Dampfspannung in Atmosphären höchstens 30 ist und die Spannung 6 Atmosphären nicht überschreitet.

Kessel mit Siederöhren (weniger wie 10 cm weit) sind unter bewohnten Räumen erlaubt, doch ist die Gefahr einer Überhitzung bei ihnen größer, wie bei ersteren Kesseln. Gefahrlose Dampfkessel aus Schlangenrohrelementen liefert unter anderen Maschinenfabrik Lilienthal, Berlin SO, Köpenickerstr. oder Eisenwerk Gaggenau, Baden. Solche für Niederdruckheizungen sind zweckmäßig für ununterbrochenen Betrieb einzurichten; sie haben in der Regel ein 5 m hohes offenes Wasserstandsrohr als Sicherung gegen zu hohen Dampfdruck. Die Aufstellung findet im Keller statt. Auch hier sind wie bei den Kesseln für Warmwasserheizungen (siehe dort) neuerdings freistehende Gegenstromgliederkessel mit hohem Nutzeffekt in Gebrauch und zu empfehlen.

Für große Hochdruckanlagen (Fernheizanlagen) sind Kessel mit großem Wasserraum am besten, die einzelnen Kessel sind aber nicht zu groß zu wählen, sondern besser mehrere nebeneinander aufzustellen. Eine gute Kesselspeisevorrichtung ist vorzusehen; es kann das Kondenswasser der Leitung dazu genommen werden.

Ein qm feuerberührte Fläche entwickelt stündlich etwa 10—15 kg Dampf.

Verteilungsrohrleitungen.

Material: Schmiede- oder Gußeisen. Länge fast unbegrenzt. Kompensatoren für die Ausdehnung der Leitung in mäßigen Abständen nötig, am besten in Schleifenform aus Kupfer, auch in Stopfbüchsenform möglich.

Gute Isolierung der Leitung ist vorzusehen. Forderungen an ein gutes Isoliermaterial sind, daß es schlecht die Wärme leitet, unverbrennlich und nicht hygroskopisch ist, daß es nicht fault oder riecht beim Warmwerden, keine Risse bekommt und leicht auf die Rohre auf- und von denselben abzubringen ist.

Bei Hochdruckleitungen führt am besten zunächst ein Steigerohr bis auf den Boden und von dort erfolgt die Verteilung in verschiedene Teile des Hauses. Niederdruckleitungen können auch schon im Keller ein Verteilungsnetz haben.

Alle wagerechten Leitungen sind mit Gefälle von wenigstens 1:300 in der Richtung des strömenden Dampfes anzulegen. In der Regel, bei Hochdruckleitungen stets, ist eine Rück- oder Ableitung des verbrauchten Dampfes oder Kondenswassers nötig. Zur Trennung von Dampf und Kondenswasser werden Ableiter oder Kondenstöpfe eingeschaltet an den niedrigsten Punkten der Leitung. Die Luft der Hochdruckheizungen muß beim Anheizen vollkommen aus der Leitung entfernt werden, zu welchem Zweck meist besondere Entlüftungsventile nötig sind; dieselben können selbsttätig funktionieren, versagen aber zuweilen. Die Leitungen sind so zu verlegen, daß sich keine Luftsäcke bilden können, eventuell sind diese besonders zu entlüften. Die Luft kann bei Niederdruckdampfheizungen auch durch den Dampf unter eine besondere Glocke gedrückt werden und strömt dann bei sinkender Temperatur der Heizkörper wieder in dieselben zurück, was ein Rosten der Eisenteile ausschließt (Wasserdunstheizungen). (Käuffer u. Comp., Mainz. Arendt, Mildner u. Evers, Hannover-Vahrenwald.) Gebr. Körting, Körtingsdorf bei Hannover, ebenso Käuffer u. Comp., Mainz und andere mischen Luft und Dampf in den Heizkörpern durch besondere Dampfventile (Luftumwälzverfahren). Es wird dadurch eine gleichmäßige und mäßige Erwärmung der Heizkörper gewährleistet, was hygienisch zweifellos von Vorteil ist. Abdampfheizungen erfordern weite und kurze Leitungen, da sie nur geringe Widerstände überwinden dürfen, falls sie nicht mit besonderer Dampfzuführung außerdem versehen sind.

Heizkörper.

Schmiede- oder gußeiserne Register, mit oder besser (leichtere Reinigung) ohne Rippen, freistehende Radiatoren (eine große Auswahl in Radiatoren hat die Deutsche Radiatoren-Verkaufsstelle in Wetzlar) oder Plattenheizkörper, bei Hochdruckheizungen stets mit Schutzmantel gegen Verbrennungen zu versehen, auch als Doppel- oder Röhrenzylinderöfen. Aufstellung und Verbindung mit lokalen Ventilationseinrichtungen wie bei der Lokalheizung (siehe Seite 140). Eintritt des Dampfes in die Heizkörper erfolgt in der Regel von oben.

Regelung der Wärmeabgabe. Drosselung des Dampfes bei Hochdruckheizungen durch Ventile an den einzelnen Heizkörpern ist nicht zu empfehlen, da Geräusche dabei kaum zu vermeiden sind; besser ist vollkommenes Absperren des Dampfes vom Heizkörper, dabei sind für Hochdruckheizung Rückschlagventile am anderen Ende des Heizkörpers nötig; auch hier sind Geräusche nicht immer fernzuhalten und Regulierung in engen Grenzen kaum möglich. Umhüllung der Heizkörper mit Mänteln aus schlechten Wärmeleitern und Öffnungen in letzteren zum Durchleiten der Zimmer- oder frischer Luft. Durch Schluß derselben wird die Erwärmung des Zimmers unterbrochen. Bei guter Ausführung ist auch gute Temperaturregulierung möglich. Die Mäntel müssen so konstruiert sein, daß man zur Reinigung leicht an die Heizkörper gelangen kann. Nei Niederdruckdampfheizung werden die Heizkörper ähnlich wie bei den Warmwasserheizungen mit Regulierventilen versehen.

In gewissen Grenzen ist eine Regelung der Wärmeabgabe der gesamten Heizanlage möglich durch Anbringung von Zugreglern an der Feuerung, welche bei höherer Dampfspannung oder Temperatur den Luftzutritt zur Feuerung beschränken. Mehrfache gute Konstruktionen sind bekannt und überall zu haben; die Anlage empfiehlt sich sehr und sollte insbesondere bei Niederdruckdampfheizungen niemals fehlen.

Aufspeicherung der Wärme in den lokalen Heizkörpern.

Letztere stellen ihre Wärmeabgabe meist sofort ein, wenn kein neuer Dampf zuströmt; für periodisch geheizte Feuerungen (Tagesbetrieb, Fabrikabdampf) sind daher Einrichtungen zur Wärmeaufspeicherung nötig. Solche sind Ansammlung von Kondenswasser in den Heizkörpern, wofür verschiedene Konstruktionen existieren. Bei Hochdruckheizung sind Geräusche oft nicht zu vermeiden. Direktes Einleiten von Dampf in Wasseröfen ist nicht angängig wegen störenden Lärmes, dagegen wohl Heizung von Wasseröfen (meist Zylinderöfen) durch in Röhren geschlossen durchgeführten Dampf. In Fabriken kann der Dampf auch durch mit Feldsteinen gefüllte Zylinderöfen geleitet werden, welche dann ähnlich wie die Wasseröfen die Wärme aufspeichern. Eine gewisse Wärmeaufspeicherung und zugleich weniger starke Erhitzung der Heizkörperoberfläche wird erzielt durch Radiatoren mit Kachelumkleidung von Pfyffer u. Comp., Zürich, Schulhausstr. 5.

Kosten der Einrichtung von Zentralheizungen.

Dieselben schwanken naturgemäß je nach der Ausstattung in ziemlich weiten Grenzen. Es kann im Durchschnitt für 100 cbm zu heizenden Raumes, ausschließlich Maurer-, Zimmerer- und Tischlerarbeiten, bei Hochdruckdampfheizungen auch exkl. Kessel, gerechnet werden:

Luftheizung	75—175 Mk.
Warmwasserheizung	300—500 „
Heißwasserheizung	250—350 „
Niederdruckdampfheizung	200—400 „
Hochdruckdampfheizung	150—350 „

Die Anzahl der Firmen, welche Zentralheizungen in anerkannt guter Ausführung herstellen, ist eine sehr große und ihre Adressen sind auch meist bekannt, so daß hier von einer Aufzählung derselben abgesehen werden kann.

Vorteile, Nachteile und Anwendung der einzelnen Heizsysteme.

Heizung	Vorteile	Nachteile	Anwendung
Einzelheizung.	Einfache Ausführung, leichte Änderung bei sich zeigenden Mängeln, kein Frostschaden.	Verunreinigung der Wohnung durch Brennmaterialien u. Asche, schwieriger Transport dersel-	Geeignet für Wohnungen mit wenig oder kleinen Zimmern, oder wenn die einzelnen Räume

v. Esmarch, Taschenbuch. 4. Aufl.

Heizung.

Heizung	Vorteile	Nachteile	Anwendung
		ben. Feuersgefahr größer als bei Zentralheizung. Korridore u. Nebenräume bleiben meist kalt. Schwieriger Betrieb.	eines Hauses nur teilweise oder zu verschiedenen Zeiten verschieden gebraucht werden. Z.B. kleine Schulen, Krankenhäuser.
Sammelheizung im allgemeinen.	Einfache Bedienung u. meist bessere Ausnutzung der Brennmaterialien, gleichmäßige Erwärmung des ganzen Hauses (verminderte Erkältungsgefahr), reinlicher Betrieb.	Mit Ausnahme der Luftheizung sind die Anlagekosten meist etwas höher als bei Einzelheizung.	Geeignet für alle Fälle, mit Ausnahme der bei Einzelheizung besonders hervorgehobenen.
Luftheizung.	Gute Ventilation, schnelle Erwärmung der Räume, einfache Bedienung der Feuerung, lange Haltbarkeit. Kein Platz durch Heizkörper in den Zimmern fortgenommen. Gefahrloser Betrieb, billige Anlage, keine Frostgefahr (ausgenommen bei Wasserluftheizung).	In alten Gebäuden nicht mehr einzurichten. Bei schlechter Anlage oft ungenügende Erwärmung (besonders bei Wind) oder Überhitzung; trockne unreine Luft. Besondere Sorgfalt für Reinhaltung der Kanäle nötig. Bei großen Räumen und reichlicher Ventilation verhältnismäßig teurer Betrieb. Horizontaler Ausdehnungsbereich eines Ofens nur in einem Radius von 12 m.	Geeignet für Räume, in denen es auf gute Ventilation besonders ankommt (Schulen, Theater), ferner für Wohnungen. Als Umlaufheizung auch für periodisch geheizte Räume, Säle, kleinere Kirchen. Weniger geeignet für ausgedehnte Gebäude und solche, welche dem Wind besonders ausgesetzt sind.

Heizung	Vorteile	Nachteile	Anwendung
Warmwasserheizung.	Angenehme, milde Wärmeabgabe, keine Überhitzung u. Staubversengung, einfache Bedienung, geringe Abnutzung, gefahrloser Betrieb.	In alten Gebäuden nachträglich schwer einzurichten. Horizontale Ausdehnung nur in einem Radius bis 60 m. Bei periodischem Betrieb langsamere Anheizung, verhältnismäßig langsame Regulierung d. Wärmeabgabe, Möglichkeit des Einfrierens, teure Anlage, daher besser nur als permanente Heizung.	Geeignet besonders für Privat- u. Mietswohnhäuser, Gewächshäuser, Kontors. Für Krankenhäuser und Schulen nur in Verbindung mit Ventilation oder neben besonderer Ventilationseinrichtung.
Heißwasserheizung.	Auch nachträglich unschwer in alten Gebäuden einzurichten. Schnelle Anheizung, einfache Bedienung, relativ billige Anlage.	Ausdehnung beschränkt. Gesamtrohrnetz in maximo 200 m lang, geringe Wärmeaufspeicherung, starke Wärmestrahlung und Überhitzung der Luft an den Heizflächen, Explosionsgefahr, Möglichkeit des Einfrierens bei periodischem Betrieb.	Geeignet für größere täglich zu heizende Räume, Hallen, Restaurants, Korridore in Theatern, Gefängnissen, öffentlichen Gebäuden, auch für größere Kirchen (in diesem Fall dem Wasser Mittel gegen Einfrieren zusetzen).
Hochdruckdampfheizung.	Auch nachträglich noch in Gebäuden einzurichten. Unbeschränkte Ausdehnung, schnelle Anheizung, ziemlich gute Regulierfähigkeit, Möglichkeit der Verbindung mit anderen Dampfbetrie-	Geringe Wärmeaufspeicherung, die aber besonders vorgesehen werden kann; bei schlechter Anlage starke Wärmestrahlung, Überhitzung der Luft an den Heizflächen, Geräusche in den Lei-	Geeignet für ausgedehnte Anlagen, und wenn Dampf schon vorhanden, auch für kleinere Gebäude. In Verbindung mit Ventilation u. als Dampfwasserheizung wie Warmwasserheizung.

Heizung	Vorteile	Nachteile	Anwendung
	ben (Koch- und Waschküchen, Desinfektionsanstalten, Fabriken) und mit Pulsionslüftung.	tungen, besonders beim Anheizen, Explosionsgefahr; Aufstellung des Kessels und Betrieb desselben unterliegt gesetzlichen Beschränkungen, aufmerksame Bedienung erforderlich.	
Niederdruckdampfheizung.	Fast unbeschränkte Ausdehnung; gute Regulierfähigkeit, einfache Bedienung, gute Haltbarkeit, gefahrloser Betrieb.	In guter Ausführung und als permanente Heizung gebraucht, keine; bei schlechter Ausführung Geräusche in den Röhren.	Geeignet für Wohngebäude jeder Art, soweit sie dauernd im Winter geheizt werden. Für Schulen, Krankenhäuser, Auditorien mit Ventilation zu verbinden, auch zu empfehlen für große, nur periodisch zu heizende Räume (Kirchen).

Prüfung der Heizanlagen.

Dieselbe ist nach den auf S. 130 ff. angeführten Gesichtspunkten anzustellen. Es sind dabei zu beobachten:

Wärmeverhältnisse des geheizten Raumes. In Schulen bei vollbesetzten Räumen zu ermitteln. Thermometer, am besten mehrere (vorher im Wasserbad mit einem Normalthermometer zu vergleichen, siehe bei Luft), werden frei im Zimmer aufgehängt am Fußboden, in Kopfhöhe, an der Decke und über dem Ofen oder Heizkörper. Ist nur ein Thermometer vorhanden, so ist der Platz öfter zu wechseln oder dasselbe in der Mitte des Zimmers in Kopfhöhe frei aufzuhängen. Die Thermometer sind vor direkter Wärmestrahlung vom Heizkörper, von Beleuchtungskörpern oder von Personen aus zu schützen.

Die Versuche sind bei verschiedener Witterung (Wind, starke Kälte, linde Temperatur) anzustellen resp. zu wiederholen. Bei Luft- und Ventilationsheizung ist die Temperatur der einströmenden Luft zu messen.

Einen Überblick über die Wärmezirkulation erhält man auch durch Entwickelung von Rauch im Zimmer, am besten über dem Heizkörper oder an den Ventilationsöffnungen, Zigarrenrauch, Benzoelunte (Baumwollenschnur in Benzoetinktur getaucht, getrocknet und angesteckt) oder Verbrennung von angefeuchtetem Pulver. Bei diesem Versuch darf nicht im Zimmer umhergegangen werden.

Temperatur der Heizkörper soll an der heißesten Stelle tunlichst nicht über 80—100° betragen. Sie ist zu messen bei Kachelöfen durch Anbinden von Thermometern, welche nach außen durch Watteumhüllung gegen Wärmeverlust geschützt werden, oder durch Anleimen kleiner Papiersäcke an die Ofenwand; dieselben werden mit Quecksilber gefüllt und dorthinein das Thermometer gesteckt; bei eisernen Öfen durch Auflegen von Metallen oder Metalllegierungen. (Natrium, Schmelzpunkt 96°.) Eine Legierung, welche bei 100° C schmilzt, erhält man durch Mischen von 8 Gewichtsteilen Wismut, 5 Gewichtsteilen Blei und 3 Gewichtsteilen Zinn. Das Blei wird hierzu in einem Tiegel unter einer Decke von Holzkohlenpulver geschmolzen, dann Wismut, zuletzt Zinn hinzugetan und das Ganze mit einem Eisenspatel gut umgerührt. Legierung von 3 Tl. Zinn und 1 Tl. Wismut schmilzt bei 200°, 1 Tl. Zinn und 1 Tl. Blei bei 241° C. Bei Ventilationsöfen durch Einhängen eines Thermometers in die obere Öffnung des Ofenmantels, gibt nur annähernde Werte.

Temperatur der abziehenden Rauchgase darf beim Anheizen bis 300°, später im Betrieb 200—250° betragen; zu messen durch Stickstoffthermometer. Bei größeren Heizanlagen soll im Schornstein eine Hülse für die Messungen beim Bau vorgesehen werden.

Feuchtigkeitsbestimmung der Luft ist stets in menschenleeren Räumen vorzunehmen. Ausführung siehe bei Luft.

Dichtigkeit der Heizkörper ist besonders wichtig bei eisernen Dauerbrandöfen und Zentralheizungen.

Es ist zu achten auf dunstigen Geruch bei zugeschraubten, schwach brennenden eisernen Öfen, eventuell Untersuchung der Luft in der Nähe des Ofens auf Kohlenoxyd (siehe bei Luft).

Bei Zentralluftheizung können Schwefel- oder Benzoelunten im Feuerraum des Heizkörpers verbrannt werden, dabei ist das Feuer auszulöschen und der Zug im Schornstein möglichst zu verringern: bei Undichtigkeit Auftreten des spezifischen Geruchs in den Zimmern.

Bei Wasser- oder Dampfheizungen ist zu achten auf Leckstellen, besonders an den Verbindungsstellen, Ventilen, am Expansionsgefäß usw.

Bei größeren Zentralheizungen sind vor der Abnahme derselben besondere Probeheizungen erforderlich. Die erste eintägige hat in der Regel stattzufinden sofort nach der Fertigstellung der Heizung, eine zweite achttägige folgt im ersten Winter bei kalter Außentemperatur.

Über Prüfung von Luftheizung siehe bei Ventilation (pag. 127).

Beseitigung der Abfallstoffe.

Menge und Zusammensetzung der Abfallstoffe.

Fäkalien betragen pro Kopf und Tag
  ca. 90 g Kot und 1200 g Urin = rund 1 1/2 Liter,
  pro Kopf und Jahr ca. 33 kg Kot und 438 kg Urin
  oder 100000 Menschen liefern täglich ca. 9 cbm Kot und
  120 cbm Urin.

  Kot enthält ca. 3,5 % Phosphate und 2,2 % Stickstoff.
  Harn „   „   0,5 „   „   „ 1,4 „   „

Tierische Exkremente.
  Ein Stück Großvieh liefert ca. 0,04 cbm täglich inkl.
    Streu oder ca. 14—15 cbm jährlich.
  Ein Stück Kleinvieh liefert ungefähr proportional seinem
    Körpergewicht weniger.
  Die Gesamtmenge der tierischen Exkremente beträgt in
    kleineren Städten mit viel Landwirtschaft doppelt soviel
      und darüber, wie die Exkremente der Menschen,
    größeren Städten 1/4 bis ebensoviel wie die menschlichen
      Exkremente.

Brauchwasser (für Kochen, Spülen, Waschen) ist zu rechnen
  für Orte ohne Wasserleitung ca. 20 mal soviel wie Fä-
    kalienmenge, also pro Kopf und Tag ca. 30 Liter,
  für Orte mit Wasserleitung (exkl. Fabrik- u. Regenwasser)
    pro Kopf und Tag ca. 100—120 Liter [ungleiche
    Verteilung auf Tag (mehr) und Nacht (weniger)], als
    Stundenmaximum pro Kopf 10 l zu rechnen,
  für Orte mit Fabrikindustrie oft viel größere Mengen.

Die mittlere Zusammensetzung der Spüljauche in 1 Liter (nach A. Müller) ist:

          100 mg Stickstoff
           40 „ Kali
        30—40 „ Phosphorsäure
        15—20 „ Magnesia
          150 „ Kali carbonic.
      200—250 „ Kochsalz

ferner ca. 20—35 g Fett pro Kopf und Tag.

Doch schwanken naturgemäß diese Zahlen oft sehr, so führen z. B. die Kanalwässer von

Paris	.	.	.	.	1500	mg	suspendierte Substanzen in	1	l
Frankfurt a. M.					1300	„	„	„	„ 1 „
Berlin	.	.	.	.	670	„	„	„	„ 1 „
London	.	.	.	.	614	„	„	„	„ 1 „
Danzig	.	.	.	.	600	„	„	„	„ 1 „
Köln	.	.	.	.	240	„	„	„	„ 1 „

Die Temperatur der Abwässer ist nicht gleichgültig; zu warme Abwässer (Fabriken, Kondenswässer) schädigen die Kanäle, verschlechtern die Sielluft, verhindern Reinigungsarbeiten in den Kanälen; die Maximaltemperatur der eingeleiteten Wässer sollte 30° in der Regel, 40° überhaupt nicht überschreiten. Am besten wird von Fall zu Fall besonders zu entscheiden sein. Um zu verhüten, daß zu heißes oder saures Wasser in die Kanäle kommt, kann man zwangsläufige Zumischung von kaltem oder reinem Wasser bewirken durch Vereinigung der Abwässer und Zusatzleitung.

Regenwasser. Die Menge ist sehr verschieden nach Wetterlage, Untergrund, Versickerung usw.

Als Maximalmenge der Regenwässer unter gewöhnlichen Verhältnissen in Deutschland ist zu rechnen pro Stunde 45 mm Regenhöhe = pro ha und Sekunde 125 l, davon sind bei Kanalisation in den Kanälen ungefähr abzuführen pro ha und Sekunde

    bei sehr dichter Bebauung   . . . ca. 100 l
    bei etwas weitläufiger Bebauung   . „   75 „
    in Villenvierteln . . . .   „   50 „
    von Gartenterrains, Parks usw.   ca. 12—25 „

Die Bevölkerungsdichtigkeit beträgt
in Großstädten . . . . 6—800 Personen pro ha
„ gewöhnl. Stadtgebieten 250—400 „ „ „
„ Villenquartieren . . . 100 „ „ „

Jährliches Anwachsen der Bevölkerung in Deutschland (Durchschnitt von 1900—1905):

Großstädte . . . 2,70%
Mittelstädte . . . 2,72 „
Kleinere Städte . 2,17 „
Kleine Orte . . . 0,72 „

Diese Zahlen müssen bei Neuanlage von Kanalisationen berücksichtigt werden; in der Regel richtet man eine Neukanalisation sogleich für den in den nächsten 40 Jahren zu erwartenden Bevölkerungszuwachs ein.

Hauskehricht. Es ist zu rechnen pro Kopf und Tag 0,4 bis 0,5 kg = 0,7—0,8 l oder pro Kopf und Jahr 125—150 kg = 0,25 cbm. Doch ist die Menge nicht gleichmäßig über das ganze Jahr verteilt, sondern im Winter wird der Durchschnitt wegen der vermehrten Asche etwas überschritten, im Sommer nicht ganz erreicht.

Straßenkehricht pro Kopf und Jahr ca. 80 kg ohne Wasser, aber sehr wechselnd nach Straßenbedeckung (z. B. in London Menge des Kehrichts auf Macadam, Granit und Asphalt wie 35 : 15 : 5 sich verhaltend).

Beseitigung der menschlichen Fäkalien durch Abfuhr.

Gruben- und Tonnensystem.

Grube. Konstruktion. Es sind zu fordern: Dichtigkeit, Geruchlosigkeit.

Wände: doppelte hartgebrannte Backsteinschicht in hydraul. Mörtel verlegt, mit 30 cm Zwischenraum für Ton- oder Lehmschlagfüllung, Innenwand zementiert, oder 1½ Stein starke (0,38 cm) Backsteinschicht in Zement voll gefugt mit Lehmschlag an der Außenseite und innen zementiert. Ecken abgerundet.

Boden: mit etwas Gefälle nach einer Seite oder nach der Mitte zu einem kleinen Schlammbrunnen, aus mindestens doppelter (1 Roll-, 1 Flachschicht) Backsteinschicht mit Zement-Zwischen- und -Auflage.

Decke: am besten gewölbt mit Mannloch und Loch für den Entleerungsschlauch (letzteres wird besser durch ein eisernes permanentes Entleerungsrohr ersetzt). Eiserne Deckel mit dichtem Abschluß.

Weniger gut ist Grubenabdeckung aus Bohlen, jedenfalls gespundet und mit mindestens 30 cm Lehmschlag bedeckt.

Eiserne Gruben sind zuweilen für schlechten Baugrund und hohes Grundwasser empfehlenswert; bei Gußeisen Fugen verschraubt und mit Eisenkitt gedichtet; bei Schmiedeeisen Fugen genietet.

Lage: nicht innerhalb der Hausmauern, sondern mindestens 0,2 m von denselben und von den Nachbargrenzen und je nach der Bodenart, Grundwasserstand und Grundwasserstrom 5—30 m von Brunnen entfernt.

Größe: bei halbjähriger Entleerung $1/3$ cbm pro Kopf, bei vierteljähriger Entleerung $1/6$ cbm pro Kopf bei Klosettspülung pro Kopf und Tag 5—6 l mehr. Kommt auch Haushaltungswasser hinein, ist zu rechnen 2,50 cbm pro Kopf bei vierteljähriger Entleerung.

Dünger- u. Jauchegruben innerhalb von Städten. Konstruktion wie die der Fäkalgruben, höchstens $1/10$—$1/15$ der Hoffläche einnehmend, womöglich mit Eisenplatten abgedeckt.

Von Hausmauern mindestens 1 m, von Fenstern mindestens 5 m, von Brunnen mindestens 10—30 m, je nach Bodenart und Grundwasser, entfernt.

Die Entleerung soll mindestens vierteljährlich stattfinden. Die Größe ist nach der täglichen Menge des Dungs (siehe S. 167) zu berechnen.

Tonnen.

Material: Eisen, womöglich innen emailliert, sonst gut im Anstrich zu halten oder zu verzinken, mit luftdicht schließendem Deckel, Ansatzstutzen für das Fallrohr, Überlaufrohr und Handgriffen. (Preis ca. 35 Mk. für 100 l-Tonnen).

Holz, weniger gut, jedenfalls hartes Holz (Eichen) mit Karbolineum-, Teer- oder ähnlichem Anstrich im Innern. Eisenteile stark verzinkt. Luftdichter Deckelverschluß. Handgriffe.

Größe: bei 2 mal wöchentlichem Wechsel ca. 50 l haltend für Familie von 10 Köpfen, bei 1 mal wöchentlichem Wechsel ca. 100 l haltend für Familie von 10 Köpfen. Wenn auch Haushaltungswasser hineinkommt, ist bei wöchentlicher Entleerung 0,25 cbm pro Kopf zu rechnen.

Für Schulen, Kasernen, Restaurants u. dergl. sind größere Tonnen von 500—2500 l, am zweckmäßigsten direkt auf Rädergestell, am Platze.

Eiserne Tonnenwagen, komplett auf Rädern, für 2 Pferde kosten:

Inhalt 750 l = 600—700 Mk.
„ 1000 l = 650—750 „
„ 1500 l = 700 - 825 „
„ 2000 l = 800 - 925 „

Aufstellung: Kellerraum, von den übrigen Kellern vollständig getrennt. Besonderer Eingang zum Wechseln der Tonnen. Fußboden zementiert. Ventilationsrohr wenn möglich an einem Kaminrohr (Küche) in die Höhe geführt und möglichst vor Frost zu schützen.

Für Schulen, Kasernen usw. isolierter Bau. (Heizung vorsehen).

Fallrohr für Gruben und Tonnen: Holz ist schlecht, fault und stinkt sehr bald. Eisen- oder gebrannte und glasierte Tonrohre. Dichtung mit Teerstrick und Blei resp. Kitt. Englischer Kitt für Steinzeug oder Tonrohre: 26 Tl. Schwefel, 12 Tl. Sand, 6 Tl. Teer.

Lichte Weite 20—25 cm, bei Wasserspülung 10 bis 15 cm.

Fallwinkel höchstens 25-28° zur Senkrechten, besser ganz senkrecht. Siehe auch nächste Seite bei Ventilation.

Einrichtung für luftdichten Anschluß an die Tonnen (Wasserverschluß) ist nicht zu vergessen.

Klosettraum bei Gruben- wie Tonnensystem.

Grundfläche mindestens 1 qm bei 0,70 m Breite. Wände hell gestrichen, am besten mit Ölfarbe.

Abortsitz 0,60 m breit, 0,55 m tief, 0,75 m hoch, oder Holzwulst.

Fallöffnung rund oder oval, 30 cm Durchmesser, aus hartem, geöltem oder poliertem Holz mit luftdicht schließendem Deckel.

Trichter aus emailliertem Eisen, glasiertem Ton oder Porzellan. Rückwand, wenn nicht Wasserspülung vorhanden, senkrecht oder überhängend.

Einfaches Klosettbecken ohne Spülung aus emailliertem Ton 2,50—3,10 Mk., aus emailliertem Eisen 6,50 Mk., aus Fayence 6—10 Mk.

Einfaches Klosettbecken mit Spüleinrichtung aus emailliertem Ton 4,50 Mk., aus Fayence 6—22 Mk.

Besonderer Wasserverschluß für Tonnen 30—40 Mk.

Einrichtung zur Heizung des Fallrohres 25 Mk.

Ventilation

1. des Klosettraums ist stets wünschenswert, aber nur, wenn zugleich für Ventilation des Kanalsystems gesorgt ist oder ein Austreten von Luft aus den Abortkanälen in den Klosettraum unmöglich gemacht ist, am besten durch Kanal, dem Küchenschornstein angelagert oder durch Lockflamme erwärmt (kalte Kanäle sind meist unwirksam);
2. des Kanalsystems ist stets nötig und in mehrfacher Weise möglich:
    a) Verlängerung des Fallrohres in gleicher Weite über Dach, womöglich auch mit Erwärmung der Dunstrohrluft (vermeide Nachbarschaft von Dachwohnungsfenstern, Abstand mindestens 3 m).
    b) Besonderes Dunstrohr vom Scheitel der Grube aus in Weite des Fallrohres; nur empfehlenswert, wenn die Luft dauernd erwärmt wird (Anlagerung an Küchenschornstein, besondere Lockflamme) oder bei Anwendung von guten und permanent wirkenden Ventilatoren (siehe bei Ventilation).
    c) Bei Tonnensystem auch Ventilation des Tonnenraumes erwünscht, ähnlich wie bei Grubenventilation.
3. Verhinderung des Rückströmens von Grubengasen ist auch möglich durch Kotverschlüsse, und zwar entweder durch Umbiegen des unteren Fallrohrendes oder durch Verlängerung des Fallrohres bis nahe an den Boden der Grube. Etwaige Verstopfungen sind durch Eingießen von Wasser zu beseitigen. Gußeiserner Kotverschluß von Genth, Crefeld, 26 Mk.

Heizung des Klosettraumes ist stets wünschenswert; bei Zentralheizung leicht mit geringen Kosten zu ermöglichen, bei isoliertem Bau (Schule, Kaserne,

Bahnhöfe) kleiner Kokesofen mit Dauerbrand. Die Schornsteinwärme kann zugleich für Ventilationszwecke benutzt werden (siehe vorher).

Desinfektion und Desodorisation von Gruben und Tonnen siehe bei Desinfektion.

Leerung der Gruben, Wechsel der Tonnen.
Ein Ausschöpfen ist mit Eimern oder Kellen unzulässig (Gestank, Verunreinigung des Bodens) und nur bei Torfstreu anzuwenden. Feststehende Jauchepumpe ist nicht zu empfehlen (Gestank, Verstopfung, rasche Abnutzung). Pneumatische Entleerung in eiserne Behälter auf Rädern ist bedeutend besser; am besten ist, ein festes eisernes Saugrohr in der Grube einzumauern, an welches der Tonnenschlauch anzuschrauben ist. Bei Städten über 30 000 Einwohner empfiehlt sich Entleerung mit Dampfbetrieb. Die aspirierten Grubengase sind unter Kokesfeuerung zu verbrennen, der letzte Schlamm der Grube mit Wasser auszuspülen; dann eventuell Desinfizieren der Grube mit Kalkmilch oder Desodorisieren mit Eisenvitriol (siehe dort); dabei Prüfung der Grube auf Dichtigkeit (Risse, Durchsickern), jährlich mindestens einmal. Fester Entleerungsturnus nicht über 3 Monate.

Eine Entleerung außer der Zeit ist angebracht
a) bei Herannahen von Epidemien (Cholera, Typhus, Ruhr),
b) bei Verdacht von Infektion benachbarter Brunnen von der Grube aus,
c) nicht dagegen bei erfolgtem Auftreten von Epidemien am Orte selbst.

Handluftpumpe für Grubenentleerung 350—700 Mk.

Tonnenwechsel ist unter luftdichtem Deckelverschluß auf besonderen Wagen 1—2mal wöchentlich vorzunehmen. Reinigen der Tonnen ist vorzunehmen mit Kalkmilch oder mit Wasserdampf, z. B. nach Greifswalder System durch Dampfwassergemisch von 115° und Druck von 0,8 Atm.; in 1—2 Minuten wird vollkommene Desinfektion der Tonnen erzielt. Wasserverbrauch ca. 30 l. pro Tonne.

Verwertung des Gruben- und Tonneninhaltes.
Der Dungwert der reinen Fäkalien ist an und für sich wohl hoch (1 cbm enthält ca. 4,26 kg N, 1,82

kg Phosphorsäure, 1,69 Kali, Stuttgarter Analyse), aber vielfach durchaus von lokalen Verhältnissen abhängig.

Der Wert wird herabgesetzt:

1. durch Verdünnung mit Wasser, Spülklosetts, Einleiten von Brauchwasser;
2. durch langes Lagern in Gruben und Depots; Stickstoffverluste von Kot (nach Rautenberg)

   bei 7 tägiger Lagerung 3 – 10 %
   „ 14 „ „ 23 – 36 „
   „ 50 „ „ 84 – 92 „
3. durch Zusatz von Desinfektionsmitteln, Säuren, Kalkpräparaten. Eisenvitriol. Fäkalien mit Eisensulfat vermischt, müssen vor Verwendung als Dünger erst länger an der Luft liegen;
4. durch nötig werdenden längeren Transport (größere Städte, wenig Landwirtschaft in der Nähe derselben);
5. durch wechselnden Bedarf der Landleute. Hauptverwendungzeiten sind Frühjahr und Herbst, zuweilen auch Winter.

Unmittelbare Abfuhr auf das Land, dabei ist etwa 1 ha auf 25 Einwohner zu rechnen (1 ha verträgt ca. 20 cbm Fäkaljauche jährlich [außerdem noch Phosphorsäure und Kalk nötig], (Superphosphat, Thomasschlacke, Kainit (Kali) und Kalk, Mergel)), sie ist nur in kleinen Bezirken und meist nicht das ganze Jahr möglich, daher dann nötig:

Sammelgruben, gemauert, 2—3 m tief, überwölbt oder wenigstens gedeckt (Frost, Geruch). Größe etwa 10 % der jährlich produzierten Fäkalienmenge entsprechend. Lage 3—8 km von der Stadt entfernt, bei kleinen Anwesen mindestens 500—1000 m; zu berücksichtigen Geruch, vorherrschende Windrichtung, Nachbargrundstücke, Brunnen; diese sollten wenigstens 300 m davon entfernt sein; gute Zufahrtstraße. Sind Wiesen in der Nähe, so können diese zeitweise mit dem flüssigen Inhalt der Sammelgruben berieselt werden.

Die Kosten der überwölbten Sammelgrube inkl. Nebenanlagen betragen ca. 45 Mk. pro cbm Fassungsraum.

Transport der Fäkalien auf weitere Entfernung durch Eisenbahn oder Schiffe ist für größere Städte mit Gruben- oder Tonnensystem oft empfehlenswert. Transporte von 20--40 km und darüber; dazu sind dann nötig eiserne Behälter für 9—10 cbm mit Holzverkleidung gegen Frost. Auf einzelnen Stationen ferner Fäkalsammelgruben für ländliche Abnehmer.

Schiffstransport, wo derselbe möglich, ist dem Eisenbahntransport vorzuziehen, da er billiger ist; dabei sind aber eventuelle Betriebsstörungen im Winter zu berücksichtigen.

Kompostierung ist nur für kleinere Gemeinwesen geeignet. Mischung der Fäkalien mit Viehdünger, Kehricht, Pflanzenresten und Erde, in Gruben oder offenen Dungstätten, nur fern von menschlichen Wohnstätten und besonders auch Brunnen. Torfmullfäkalien, ebenso Fäkalien mit Kehricht versetzt, werden zweckmäßig mit Kainit (20 kg auf 1 cbm) gemischt und kurze Zeit gären gelassen.

Poudrettierung: Die Fäkalien werden bei hoher Temperatur (120—140°) unter Zusatz von 2°/₀ Schwefelsäure zur Bindung des sonst entweichenden Stickstoffes in geschlossenen Gefäßen bis zur vollkommenen Pulverform getrocknet. Die trockene Messe hat hohen Dungwert, ist vollkommen sterilisiert und das Verfahren ist bei rationellem Betrieb auch rentabel. (Augsburg, Bremen, Warrington.) Anlagen werden erhgerichtet von Venuleth und Ellenberger, Darmstadt, Petry u. Hecking in Dortmund. 1 Apparat trocknet ca. 50 cbm Fäkalien in 24 Stunden.

Besondere Einrichtungen bei Beseitigung der Fäkalien allein.

Trennung der festen von den flüssigen Fäkalstoffen.

a) Im Klosettbecken oder im Abfallrohr, z. B. schwedisches Luftklosett (Marino & Comp., Stockholm), spiralig im Abfallrohr herablaufende Zunge und ähnliche Konstruktionen, nicht immer vollkommen funktionierend und nur wenig angewendet.

b) In der Grube, durch filtrierende Schichten, Diviseure, tinette filtrante, Müller-Schürsches Klosett, Scheidewand aus Torfgrus und Magnesiumsulfat, ebenfalls nur wenig in Gebrauch.

c) Gruben mit Überlauf und Desinfektion der Fäkalien, z. B. Süvernsches Verfahren, Desinfektionsmasse aus 100 Tl. Ätzkalk, 8 Tl. Teer, 33 Tl. Chlormagnesia.

Friedrichsches Verfahren, Tonerdehydrat 3%, Eisenoxydhydrat 15%, Kalkhydrat 15%, Karbolsäure 12%. (Friedrich und Comp., Leipzig, Weststraße.) Ähnliche Einrichtungen liefern: Allg. Städteeinrichtungs-Gesellschaft Berlin, Königgrätzerstr. Dyckeshoff und Widmann, Karlsruhe. Ingenieur A. Wolfsholz, Berlin W. 15. Lehmann u. Comp., Zürich.

Noch eine Reihe anderer Zusätze, zum Teil Geheimmittel, werden empfohlen.

Alle diese Verfahren sind meist nicht ganz billig und jedenfalls ist häufig durch einfachere Zusätze eine bessere Desinfektion zu erzielen: siehe bei Desinfektion, woselbst auch die Mittel zur Desodorisation des Grubeninhaltes angegeben sind, unter Kal. hypermangan, Eisensulfat, Torfstreu und Erde.

d) Gruben mit Überlauf ohne Desinfektion, dann am besten mit Untergrundberieselung (siehe dort), sonst meist Gestank nicht zu vermeiden und Gefahr der Infektion öffentlicher Wasserläufe.

Sammlung der Fäkalien durch unterirdisches Röhrennetz. Die Fäkalien werden pneumatisch nach Zentralstationen abgesogen. System Liernur, Shone u. Berlier (Amsterdam, Leyden). Für Fortleitung des Wirtschaftswassers ist ein zweites Kanalnetz nötig, eventuell sogar ein drittes für Regenwasser, wodurch die Anlage natürlich sehr verteuert wird. Zur Zeit kaum mehr neu eingerichtet. Shonesche Kanalisation richtet ein Gesellschaft für Wasserversorgung und Kanalisation, Berlin SW. 11 und E. Merten u. Knauff, Berlin W 8.

Kosten der Abfuhrsysteme (nach Brix) in Mark:

	pro Kopf und Jahr	pro cbm
Grubensystem mit Abfuhrwagen	0,80—1,70	1,60—3,50
„ „ Torfstreuklosetts	1,70—2,75	3,30—5,50
Tonnensystem	1,30—2,20	2,60—4,40
„ mit Torfstreu	1,70—2,60	3,40—5,20

Torfstreuklosetts sind unter anderem in Deutschland zu beziehen von der Sanitas-Aktiengesellschaft, Hamburg, Reiherstieg; C. Flügge, Hamburg; Kleucker u. Comp., Braunschweig; Chemische Fabrik Hemelingen bei Bremen; Poppe, Kirchberg in Sachsen; Meyerding, Braunschweig; Eschebach u. Hausner, Dresden.

Tonnensysteme richten ein: Apparatebauanstalt A.-G. Weimar; H. Sackhoff u. Sohn, Berlin SO 26; P. Hoffmann, Berlin N, Linienstr.; Zenker u. Quabis, Breslau; Eisenhüttenwerk Neusalz a. O.; C. Maquet, Heidelberg; Friedrich u. Glaß, Leipzig, und andere.

Anwendung und Auswahl der verschiedenen Fäkal-Abfuhrsysteme.

1. Grubensystem ist geeignet für einzelne Gehöfte, kleinere Anwesen und Städte ohne Wasserleitung, dabei ist sorgfältige Ausführung der Gruben (Verpestung des Untergrundes) und geregelte, womöglich pneumatische, Entleerung derselben zu fordern.
2. Tonnensystem ist wie Grubensystem anwendbar, nur meist etwas teurer im Betrieb, dagegen ist die Verunreinigung des Untergrundes weniger zu besorgen.
3. Gruben und Tonnen mit Torfstreueinrichtung sind wie 1. und 2. anwendbar, besonders für einzelne Anwesen, Villen, kleine Krankenhäuser usw. Vorteil der Geruchlosigkeit, dagegen etwas größere Abfuhrkosten.
4. Gruben mit Desinfektionseinrichtungen sind meist nötig bei Wasserspülung der Klosetts, wenn die Gruben einen Überlauf haben, nur für kleinere Anwesen (Villen, Hotels usw.) empfehlenswert, vielfach dann besser.
5. Gruben mit Untergrundberieselung; diese ist auch möglich, wenn das Brauchwasser in die Grube kommt.

Beseitigung der Abfallstoffe durch Abfluß.

Schwemmkanalisation.

a) Fäkalien, Wirtschafts- und Regenwasser zusammen in einer Röhrenleitung; geeignet für größere Städte, und wenn die Abführung und definitive Beseitigung der Wässer keine besonderen Kosten oder Schwierigkeiten macht. (Pumpstationen, Kläranlagen, Rieselfelder.)

b) Fäkalien und Wirtschaftswasser allein, meist als Trennsystem bezeichnet; geeignet für viele Städte im ganzen oder für Teile derselben, wenn ein geordnetes Ableiten des Regenwassers in benachbarte öffentliche Wässer keine Schwierigkeiten macht. Oft werden auch Rückhaltebecken zum Aufspeichern plötzlich andrängender großer Regenmengen, als Teiche oder gemauerte Becken vor der Kanalisation eingeschaltet, von großem Nutzen sein können.

Vorteile gegenüber von a) sind: Billigere Rohrleitungen, weniger Ablagerungen in den Röhren, billigerer und gleichmäßigerer Betrieb, falls Pumpstationen nötig sind, eventuell Fortfall des Nachtbetriebes bei Einschaltung von Sammelbassins. Leichtere einwandsfreie Beseitigung der Schmutzwässer.

c) Wirtschaftswasser und Regenwasser allein, auch wohl als **Spülkanalisation** bezeichnet; zu empfehlen wohl nur, wenn die betreffende Ortschaft eine gute und bewährte Einrichtung für Abfuhr der Fäkalien bereits besitzt. Zu beachten ist stets, daß Wirtschaftswasser mit und ohne Fäkalien hygienisch ziemlich gleich zu beurteilen ist, d. h. daß auch in letzterem Falle ein Einleiten in öffentliche Wasserläufe nur unter den später angeführten Bedingungen statthaft erscheint.

Vorarbeiten zur Aufstellung eines Kanalisationsprojektes betreffen:

1. Bodenverhältnisse, Nivellement, tiefster zu entwässernder Punkt, Vorflut, geognostische Beschaffenheit des Bodens, höchster, niedrigster und mittlerer Grundwasserstand, Frostgrenze.
2. Regenwasser (siehe S. 168); die Maximalmenge ist bei größeren Anlagen durch möglichst lange Beobachtungen an Regenmessern genauer zu ermitteln.
3. Gesamte Menge der flüssigen Abfallstoffe (siehe S. 167). Abwässer größerer Fabriken sind besonders zu berücksichtigen.
4. Bevölkerungsdichtigkeit und Anwachsen der Bevölkerung (siehe S. 169). Bebauungsplan neuer Stadtteile.
5. Weiteres Schicksal der abgeleiteten Wässer (siehe hinten).
6. Erlaß von Vorschriften (Ortsstatuten) über Herstellung und Betrieb der Grundstücksentwässerungsanlagen.

Einen guten Anhaltspunkt zur Aufstellung solcher Vorschriften gibt eine im Verlag der Deutschen

Bauzeitung erschienene kleine Schrift des Vorstandes des Verbandes Deutscher Architekten- und Ingenieur-Vereine 1907.

Allgemeines Schema der Anlage.

Baumartig verzweigtes Kanalnetz mit größeren Sammelkanälen oder Stammsielen. Letztere gehen entweder parallel einem Flußlauf, Abfangsystem, oder nach einem resp. mehreren tiefsten Punkten (Tälern), Fächersystem, oder sie führen die Abwässer nach einzelnen peripher gelegenen Pumpstationen, Radialsystem. Häufig sind auch Kombinationen verschiedener Systeme nötig, Berg- und Talsystem. Soweit es möglich, ist natürlich das vorhandene natürliche Gefälle stets auszunutzen. Wenn letzteres nicht vorhanden ist, werden Pumpstationen nötig. Die Hebung der Abwässer kann auch, anstatt direkt durch Pumpen, durch Luftdruck geschehen, was häufig von Vorteil sein kann, z. B. nach Shones System. Allgem. Baugesellschaft, Erich Merten u. Comp., Berlin.

Material der Straßenkanäle.

Steinzeug, glasiert, aus gut sinterndem, dicht brennendem Ton. Die Rohre sind nicht über 60 cm lichten Durchmesser anzuwenden. Kreisförmiges Profil ist besser wie eiförmiges, da letzteres oft ungleich ist und die Röhren teuer sind. Sohlstücke aus Steinzeug sind häufig nicht stark genug, besser ist es, als Sohle halbe Röhren auf Mauerwerk oder Zement gelagert zu nehmen. Gute Röhren sind säurefest.

Die Dichtung der Muffen wird hergestellt durch Teerstrick und Ton oder durch ein heißes Gemisch von Teer und Asphalt, z. B. 1 Teil Goudron, 1 Teil Asphaltmastix; zum Einbringen der flüssigen Masse sind Gießringe aus Gummi oder Juteschlauch mit Korkeinlage nötig, zu beziehen von Asphaltwerke Remy, Worms, 6—10 Mk. Nach Erhärten der Asphaltmasse werden die Gießringe entfernt. Asphaltdichtungen sind vollkommen undurchlässig für Flüssigkeiten und elastisch, sie erweichen bis 50° C nicht und sind säurebeständig. Zement ist weniger zu empfehlen, da dabei häufiger Rohrbrüche vorkommen, wenn die Röhren nicht sehr fest gelagert sind.

Anforderungen, welche an Tonrohre für die Kanalisation gestellt werden müssen, sind: scharfer

Brand, kreisrunde Form, gleichmäßige Wandstärke, gute Glasur, genügende Festigkeit (durch Druckproben festzustellen), heller Klang beim Anschlagen; ein Scherben, in Wasser gelegt, darf nicht mehr als 3% Wasser aufnehmen. Keine Löcher in der gebrannten Masse.

Zementbeton, aus Zement 1 Teil und Sand (Kies) 6—12 Teilen, die Sohle und event. der innere Verputz im Verhältnis von 1:1 gemischt. Die Dichtung der Fugen wird mit Zement hergestellt; saure Wässer greifen Zement an.

Backsteine werden für begehbare Kanäle genommen, für die Sohle nur beste Klinker, meist zwei Schichten stark, dazwischen Zementschicht. Die Fugen sind mit Zement gut zu glätten.

Hausteine, harte, aus Granit, Basalt, sind zu Sohlstücken sehr geeignet, aber nicht immer billig.

Gußeisen ist zu empfehlen für Hauskanäle, sowie für oberflächliche und in schlechtem Boden liegende Leitungen. Sie sind gegen Rost durch Anstrich zu schützen.

Asphaltröhren sind meist, da wenig Druck aushaltend, nur als Klosettfallröhren in Gebrauch. Geringes Wärmeleitungsvermögen, daher Einfrieren weniger leicht zu befürchten. Per lauf. Meter von 20—30 cm Durchmesser 6—8,50 Mk. Asphaltgeschäft von Seeger, Stuttgart.

Monierröhren aus Zement mit Eiseneinlage sind in neuerer Zeit mehrfach angewendet. Ausgedehnte Erfahrungen über ihre Dauerhaftigkeit liegen aber noch nicht vor.

Drainage des Untergrundes durch Straßenabwasserkanäle.

Eine Senkung des Grundwasserspiegels durch die Kanalisation ist besonders erwünscht bei hohem Grundwasserstand, sie kann herbeigeführt werden durch

a) Aussparen von Öffnungen in den Kanalwandungen, was aber wegen gelegentlichen Rückstaues und Verunreinigung des Untergrundes dadurch, nur anzuwenden ist, wenn die Kanäle so tief liegen, daß die Kanalhochwasserlinie tiefer wie der Grundwasserspiegel ist.

b) Hohle Sohlstücke der Kanäle aus Ton. Dieselben brechen leicht in lockerem Boden, können sich verstopfen und erschweren die Dichtung der Kanalfugen.
c) Ausfüllen der Baugrube mit porösem Material, wie Kies, Sand, ist in der Regel vorteilhaft anzuwenden.
d) Drainierung in gewöhnlicher Weise durch Drainröhren neben den Kanälen. Die Röhren können auch etwaiges Grundwasser aus niedrig gelegenen Kellern aufnehmen und diese dadurch trocken erhalten.

Das Grundwasser ist fortzuführen bis zu einer tieferen durchlässigen Schicht oder in einen öffentlichen Wasserlauf. Wenn dies nicht möglich ist, so ist das Wasser am Ende den Kanälen zuzuführen in den Scheitel derselben oder zu Pumpstationen, welche das Wasser in den nächsten Wasserlauf pumpen.

Tiefe der Kanäle. Die Kanäle sind frostfrei zu verlegen, wenigstens also je nach den örtlichen Temperaturverhältnissen mit ihrem Scheitelpunkt 0,80 bis 1,50 m oder etwa 1 m unter Terrain in Orten, wo die Temperatur im Winter bis — 15° C sinkt, ferner möglichst so tief, daß alle angeschlossenen Keller entwässert werden können. Besonders ist dies nötig bei Kellerwohnungen und hohem Grundwasserstand. Es ist aber nicht immer möglich in kleinen Städten, in flach gelegenen Städten und bei plötzlichen Niveauveränderungen der Erdoberfläche. Besonders tiefe bestehende Keller können zuweilen durch hochgelegte Ausgußbecken noch entwässert werden oder durch kleine Ejektorpumpe (Körting, Hannover, 27 Mk.). Eventuelle Neuanlage von tiefen Kellern für Wohnungen ist in solchen Fällen durch Polizeiverordnung zu verbieten.

Gefälle der Kanäle.

	Profilgröße in cm	Minimum	Optimum	Maximum
		des Gefälles		
Hauskanäle	15–20	1:100	1:50 —1:20	1:10
Kleine Straßenkanäle	20–30	1:150	1:150 —1:50	1:15
Mittlere „	30–60	1:400	1:250 —1:100	1:25
Große „	60–100	1:1000	1:500 —1:150	1:40
Größte „	100–200	1:3000	1:1000—1:250	1:75

Größte Geschwindigkeit der Wässer in den Kanälen 1,80 m pro Sekunde.

Geringste Geschwindigkeit der Wässer in den Kanälen 0,70 m pro Sekunde, bei wenigstens 2 cm Wasserhöhe.

Profil der Kanäle ist bis zu 30 cm Durchmesser rund zu nehmen, bei größeren Röhren meist zweckmäßig eiförmig (Höhe zu Breite 3:2), bei ganz großen Kanälen sind häufig Seitenbankette empfehlenswert.

Für Regen-Notauslässe sind umgekehrte Eiprofile oder Halbkreisprofile mit ebener Sohle am Platze.

Auf je 25—70 ha Entwässerungsfläche ist ein Notauslaß vorzusehen; dieselben sollen automatisch in Funktion treten, wenn die Regenmenge zur mittleren Brauchwassermenge im Verhältnis 5:1 bis 1:1 anwächst. Letzteres ist nur statthaft, wenn die Notauslässe in schnell fließende größere Gewässer münden. Mündungsstellen der Notauslässe sind stets wie Kanalwassermündungen auszuwählen, d. h. fern von Wasserentnahmeplätzen, Badeanstalten und dergleichen.

Spezielle Einrichtungen der Straßenkanalisation.

Kanalverbindungen sind stets tangential, nicht im rechten Winkel auszuführen.

Revisions-(Einsteige-) Schächte gemauert, bei kleinen Kanälen direkt auf dieselben, bei großen seitlich von denselben hinabgehend. Sie sind in Abständen von 50—70 m nötig. Zwischen zwei Einsteigeschächten sind nur gerade Rohrstrecken zulässig, wenn die Kanäle nicht begehbar sind. Kleinere Lampenrevisionsschächte zwischen den Einsteigeschächten sind nicht sehr empfehlenswert.

Ventilation des Kanalnetzes ist nötig zur Beseitigung stinkender Gase und zum leichten Entweichen der Kanalluft bei plötzlicher Füllung der Kanäle durch Regenwasser.

In Abständen von ca. 50 m sind die Scheitel der Kanäle deshalb mit der Außenluft in Verbindung zu setzen (durch durchbrochene Gitter der Revisionsschächte, Gullies usw., Lufteinlaßöffnungen, Hauskanalventilation). Ferner sind die Fallröhren der Häuser über Dach zu verlängern (cave Nachbarschaft der Fenster von Dachwohnungen; mindestens

3 m Abstand). Auch die Regenrohre ohne Wasserverschluß ventilieren bei trockenem Wetter. (Luftauslaßöffnungen.) Zum leichten Zugängigmachen einzelner Teile der Rohrleitung können „Rohrschlösser" in die Leitung eingelegt werden (Tonröhrenfabrik von Münsterberg i. Schl.). Siehe Techn. Gem.-Bl. 1899, p. 180.

Reinigung der Kanäle:
a) Durch Spülung mittelst Spültüren, je 100—200 m eine, Spülschiebern oder Spülgalerien, welche mit Fluß-, Regen- oder Leitungswasser spülen; in letzterem Fall ist eine Abzweigung der Wasserleitung direkt bis in die Kanäle praktisch. Automatisch wirkende Spüler (Selbstspüler) sind besonders am Platze bei leicht eintretender Verschlammung (schlechtes Gefälle, unzweckmäßiges Kanalprofil), sie brauchen im allgemeinen viel Wasser und öfters sorgfältige Revisionen.

Kippspüler sind nur für kleinere Kanäle brauchbar, da große Kippspüler leicht schadhaft werden.

Heberspüler sind besser für größere Spülwassermengen; zahlreiche Konstruktionen sind bekannt, z. B. die der Halbergerhütte, von Oberingenieur Brix, Wiesbaden usw.

Besondere Konstruktionen, z. B. nach Baurat Frühling, Dresden; Geiger, Karlsruhe (100—380 Mk.).

b) Durch Hand- oder Maschinenbetrieb, ist neben der Spülung stets nötig.

Bei schlechtem Gefälle alle 2—6 Wochen, bei gutem alle 2—6 Monate vorzunehmen mittelst Bürsten, die an Seilen durchzuziehen sind, oder in großen Kanälen durch Reinigungswagen, Schiffe oder Schilder. Zur Beseitigung von Verstopfungen, namentlich in engeren (Haus-)Kanälen, werden die biegsamen Wellen von G. Pickhardt in Bonn oder der Nowotnysche Reinigungsapparat von Hannov. Eisengießerei Anderten bei Hannover empfohlen.

Straßensinkkasten, Gullies, sind alle 30—50 m einzuschalten, aus Eisen, Steinzeug oder Zementbeton, ca. 50 cm im Durchmesser, mit Einlaufschlitzen (40—70 cm lang, 8—15 cm hoch) oder Rosten, mit Schlammkasten oder beweglichem Eimer (40—60 l) am zweckmäßigsten auf einem Wulst im Schacht aufgehängt, endlich mit Wasserverschluß, 10—20 cm hoch, 15 cm weit. (Preis komplett 80—100 Mk.)

Sandfänge sind nötig bei plötzlicher Verringerung der Wassergeschwindigkeit in den Kanälen (Dükern, Pumpstationen), Verlangsamung der Durchflußgeschwindigkeit der maximalen Hochwassermenge auf 0,10 - 0,15 m pro Sekunde; darnach sind die Dimensionen zu wählen.

Hauskanalisationseinrichtungen.

Allgemeines:

Beim Entwerfen eines Neubaues ist stets auf die Kanalisation Rücksicht zu nehmen; es ist ein genauer Kanalisationsplan zu entwerfen und sorgfältig aufzubewahren.

Die Entwässerung hat stets auf möglichst kurzem Wege zu geschehen.

Das Gefälle ist möglichst gut auszunutzen.

Bei mehretagigen Häusern sind die Entwässerungsanlagen möglichst übereinander anzulegen.

Es soll stets nur das beste Material genommen werden.

Die Rohrleitungen sind möglichst leicht zugängig, ganz besonders bei Krümmungen, und, wo ästhetische Gründe nicht entgegenstehen, sichtbar zu verlegen. Sie sollen überall vollkommen wasser- und luftdicht sein. Weißer Anstrich der Röhren macht Leckage leicht erkennbar. Dieselben sind frostfrei anzulegen, im Freien Röhrenscheitel mindestens 1 m unter Terrain, bei freiliegenden Wassereinläufen Wasserspiegel mindestens 0,75 m unter Terrain. Im Innern sind Röhren nicht an die Außenwände zu legen; wenn dies nicht zu vermeiden oder die Röhren nicht frostfreie Räume passieren müssen, sind dieselben durch schlechte Wärmeleiter zu isolieren.

Ein Rohr darf nie in ein engeres im weiteren Gefälle übergehen. Die Röhren sind stets in spitzem Winkel miteinander zu verbinden. (Verstellbare Patentbögen für Abortrohre von Held, Ludwigshafen.)

Alte Kanäle (Schlammfänge) sind bei Neukanalisierung, wenn sie nicht mehr brauchbar sind, zu entfernen oder, wenn dies nicht möglich, mit Kalkmilch gründlichst auszuspülen und an den Enden zu vermauern.

Verjauchter Boden ist dabei zu entfernen und durch neuen zu ersetzen.

Material der Kanäle: im Hause Eisen, innen und außen asphaltiert, mit Bleidichtung oder Bleirohr mit guten Nähten, letzteres ist nur frei zu verlegen;

außer dem Hause auch Zinkblech für Fallrohre und Steinzeugkanäle in der Erde. Bleirohr sollte indessen nur möglichst selten angewendet werden, da es Beschädigungen viel leichter ausgesetzt ist, auch die Dichtungen viel schwieriger gut herzustellen sind.

Beim Passieren der Grundmauern sollen stets eiserne Röhren verwendet werden, ebenso außerhalb des Hauses eiserne Röhren und nicht Tonröhren in der Nähe von Brunnen und in schlechtem, aufgefülltem Boden. Im Hause empfehlen sich auch schmiedeeiserne oder Stahlrohre mit Schraubenverbindungen; die Rohre sind dann durch Asphaltieren oder Verzinken resp. durch Einbetten in Zement beim Passieren der Zwischendecken gegen Rost zu schützen. Bleirohre werden dagegen vom Zement angegriffen und sind in diesem Falle besser in Gips zu verlegen.

Beim Passieren der Grundmauern eines Hauses ferner sind Kanäle nie fest einzumauern, sondern lose in Ton oder Sand einzubetten.

Dimensionen der Kanäle, im Lichten: Hauptleitung 15 cm, Nebenleitungen 10—12½ cm, Regenrohre 10 cm und zwar 1 qcm pro 1 qm Dachfläche, Balkonregenrohre 4 cm, Küchen 6—8 cm, Aborte 10—14 cm. Spülrohr vom Spülkasten zum Klosett 3 cm.

Als Mindestmaße können gelten:

	bei senkrechten Rohren mm	bei liegenden Rohren mm
für 1—4 Waschtoiletten	38—50	50—65
„ 1—2 Küchenausgüsse	50	50—65
„ 3 u. mehr „	65	100
„ 1—4 Wasserklosetts	100	100—150
„ 5 u. mehr „	125	125—200

Vom Verband deutscher Architekten und Ingenieur-Vereine sind 1903 Normalien für deutsche Abflußröhren aufgestellt worden, welche nur Abflußröhren von 25, 30, 40, 50, 70, 100, 125, 150 und 200 mm Durchmesser zulassen und neuerdings fast ausschließlich angewendet werden.

Bei Verbindung zweier Röhren von verschiedener Weite sind besondere Verbindungsformstücke notwendig. Die Wandstärke von eisernen Kanalisationsröhren soll mindestens betragen bei einem Durchmesser von 50—100 mm 5 mm, bei 125 mm 6 mm, bei 150 mm 7 mm und bei 200 mm 8 mm.

Wasserklosetts sind in sehr vielen Mustern in Gebrauch. Die Haupttypen sind:

1. **Einfaches Siphonklosett** mit Holzumkleidung und zentraler oder tangentialer Beckenspülung. Die Spülung ist oft nicht ganz ausreichend.
   3. Klasse ca. 26 Mk., 2. Klasse mit Eisen- oder Fayencebecken 32—52 Mk.; in allen Installationsgeschäften zu haben.

2. **Siphonklosett mit Zungenbecken.** Das Wasser des Siphons ist durch eine Zunge verdeckt. (Zeppernick u. Hartz, Dresden; Forster u. Comp., München.)

3. **Pfannenklosett mit Stinktopf**, mit konstantem Wasserniveau in flacher Kippschale im Klosettbecken; sie stinken oft und sind leicht reparaturbedürftig, daher hygienisch nicht zu empfehlen.

4. **Klosetts mit konstantem**, hochstehendem (daher nicht spritzendem) und meist flachem **Wasserniveau**. Dieselben halten sich sehr gut rein, sie werden auch meist als freistehende oder Wandkonsolklosetts eingerichtet, was ein leichteres Reinhalten des Fußbodens gestattet.

Empfehlenswert ist ferner ein aufklappbares Sitzbrett, da sodann das Klosett zugleich als Pissoir und eventuell als Ausguß verwendet werden kann. Ein gut schließender Deckel soll nicht fehlen, weil während der Spülung ein Verspritzen durch kleinste Tröpfchen und dadurch bedingte Infektion des Klosettraumes sonst nicht ausgeschlossen erscheint. Die Spülung muß schnell und ausgiebig erfolgen, wozu je 5—10 l Wasser und ein besonderer Spülkasten erforderlich sind.

Diese Klosetts sind in zahlreichen Variationen im Handel und haben mit Recht die übrigen Konstruktionen in den letzten Jahren sehr verdrängt.

Von wesentlichen Typen unterscheidet man:

Ausspül-(wash-out)-Klosetts, muldenförmiges flaches Wasserbecken, mit einfachem oder doppeltem verdeckten Wasserverschluß.

Niederspül-(wash-down) Klosetts, eine Modifikation des alten Trichterklosetts mit erweiterten Trichterwänden und dadurch höherem und größerem Wasserniveau.

Weiter gibt es Heberspül-, Kombinationsklosetts, Schiffsklosetts usw. in verschiedenen Mustern.

Der eigentliche Klosettsitz wird jetzt oft als Sitzwulst ausgebildet, was den Vorteil hat, daß ein Aufstehen auf den Rand und eine Verunreinigung des Sitzes unmöglich oder erschwert ist. Für öffentliche Gebäude, auch Krankenhäuser, Schulen usw. sind Klosettsitze aus Gummiwulsten (Flügge, Hamburg) oder mit verdicktem Porzellanrand (Sanitas-Akt.-Ges., Hamburg) oder seitlichen Backen (Otto Schmehl, Stuttgart) besonders zu empfehlen.

Das Material der Becken ist meist Steinzeug oder Porzellan, für besonders der Beschädigung ausgesetzte auch Feuerton.

Die Preise schwanken je nach der Ausführung für vollständige Einrichtung von 80 bis ca. 400 Mk.

Von Firmen seien unter vielen anderen erwähnt:
C. Flügge, Hamburg;
Sanitas-Akt.-Gesellschaft, Hamburg, Reiherstieg;
Akt.-Gesellschaft Schäffer u. Walcker, Berlin;
Hoffmann, Frankfurt a. M.;
Tob. Forster u. Co., München;
Bureau für gesundh. techn. Anlagen, Hamburg, Fulentwiete;
Butzke u. Comp., Berlin;
Schmidt, Weimar;
Houben, Aachen;
Vereinigte Eschebachsche Werke, Dresden;
Aug. Lemier, Hannover;
Fr. Genth, Krefeld.

Klosettspülung, direkt durch ein Zweigrohr der Wasserleitung ist nicht immer unbedenklich wegen Gefahr eines gelegentlichen Rücksaugens aus dem Klosett, besonders bei schwachem Leitungsdruck und Entleerung der Leitung (zur Beseitigung dieser Gefahr sind Rohrunterbrecher einzuschalten. Akt.-Ges. Butzke u. Comp., Berlin; Budde u. Goede, Berlin; R. Mews, Brandenburg a. H., 4–5 Mk.), mehr empfiehlt sich Spülung mittelst zwischengeschaltetem Spülbehälter (4–8 l) mit Schwimmerhahn. (Klosetthahn 13–20 mm weit, 7–8 Mk.) Geräuschloser Schwimmkugelhahn von Gaebert, Berlin N 54; K. Bayer und Sohn, Frankfurt a. M., und anderen.

5. **Klosetts für öffentlichen Gebrauch:** für bessere Anlagen sind freistehende mit guter Spülung zu nehmen. Kontinuierliche oder periodische Spülung ist gut, beansprucht aber meist viel Wasser. Auslösen der Wasserspülung durch Erheben vom Sitze ist ebenfalls gut (Patent Goodson, Berlin W. 9). Empfehlenswert sind auch Sitzbretter in (siehe vorher) Wulstform, wodurch das Aufstehen auf die Sitzplatte unmöglich wird. Für einfachere Anlagen können Siphonklosetts mit periodischer gemeinsamer Spülung genommen werden. (Trogklosetts.) Regulierautomaten mit periodischer Spülung unter anderen von Reiter u. Comp., Dresden.

Massen-Aborttrichter, unten weiter werdend und daher im Trichter keine Spülung benötigend, aus Steinzeug für Fabriken, Schulen usw. per Stück 20—25 Mk. von der Technischen Vertriebs-Gesellschaft, Duisburg.

Stehen Wasserklosetts in nicht frostgeschützten Räumen, müssen bei Siphonklosetts die Siphons durch ein Zwischenrohr mit dem Becken verbunden und etwa 1 m tief in den Boden verlegt werden, oder es ist das Abortgebäude bei Frost durch eine kleine Dauerbrandkokesheizung zu erwärmen. Frostsichere Spülkästen für periodische Spülung von Lubinus, Stein u. Comp., Kattowitz O. S. oder Th. Goodson, Berlin W. 9, oder Butzke u. Comp., Akt.-Ges. Berlin, oder Saug- und Preßluft-Industrie, G. m. b. H., Düsseldorf.

Pissoirs. Stets ist für gute Beleuchtung (Tag u. Nacht) und Lüftung zu sorgen.

Becken am besten freistehend als Schnabelbecken aus Ton (4—5 Mk.), Porzellan (7—25 Mk.), emailliertem Eisen (5—9 Mk.), pro Stand 70—80 cm breit.

Rinnen sind aus Stein, Zementputz oder Schiefer (6 Mk. pro m), nicht aus Holz oder Zinkblech herzustellen, Rückwand aus Glas, Marmor, Schiefer. Gefälle der Rinne 1:40. Fußboden und Wand ist (1,50 m hoch) wasserdicht herzustellen, ersterer mit Ablaufrinne. Lüftung des Raumes ist stets vorzusehen.

Spülung, kontinuierliche, braucht sehr viel Wasser, intermittierende, je 5—10 Minuten $1/2$ Minute lang, ist meist genügend.

Bei einzelnen Ständen ist auch Verbindung mit Klosettspülung praktisch, zum Desodorisieren ein Stück Kampfer oder Seife in das Becken legen.

Öffentliche Pissoirs sind sehr viel billiger und besser rein zu halten ohne Spülung durch ein- bis zweimal tägliches Reinigen mit Bürste und Karbolseifenlösung nebst kurzem Nachspülen.

Besondere Ölpissoirs verfertigen Wilh. Beetz, Wien; Stoffert, Hamburg, Hermannstr.; Roessemann u. Kühnemann, Berlin N; Gust. Haag, Köln; Gibian u. Comp., Mainz; Butzke u. Comp., Berlin S; Steinfurth, Mülheim a. Rh., und andere. Dieselben haben sich in der Praxis gut bewährt und ersparen ebenfalls die Kosten der Wasserspülung. Als besonderes Wandmaterial für Pissoirstände, welches keiner permanenten Reinigung durch Wasser bedarf, wird das „Torfit" von der chemischen Fabrik L. Schwarz u. Comp., Hemelingen bei Bremen empfohlen. 1 Pissoirstand dieser Art komplett 30 Mk. Es desinfiziert den Urin nicht, macht aber das Pissoir geruchlos bei richtiger Behandlung.

Syphonoel von Urban u. Lemm, Charlottenburg bei Berlin.

Badeeinrichtung.

Badewannen, aus Holz für Wohnungen sind nicht zu empfehlen, sie werden undicht oder faulen und riechen dann;

aus Zinkblech (50—60 Mk.) meist gebräuchlich und für einfache Ausstattung genügend;

aus Kupferblech 3—4mal so teuer, aber auch bedeutend haltbarer;

aus Gußeisen, emailliert (80 Mk.), z. B. vom Eisenwerk Lauchhammer, Eisenhüttenwerk Thale am Harz, sind leicht rein zu halten;

aus Steingut (Tonröhrenfabrik Münsterberg i. Schl., 80 Mk.), Fayence (E. Noske, Hamburg-Ottensen, Eisenwerk Tangerhütte; Grove, Berlin, 330—500 Mk.) sind reinlich, erfordern aber mehr Heizmaterial für Erwärmung des Badewassers.

Die Badewanne, falls sie nicht im undurchlässigen Fußboden versenkt wird, steht am besten ganz frei, ohne Holzbekleidung (letztere muß jedenfalls abnehmbar konstruiert sein); sie soll auch nicht auf dem Fußboden fest aufruhen. Ganz bewegliche Badewannen ermöglichen eine bequeme Reinhaltung des Fußbodens; in diesem Fall muß Ablauf und Überlauf der Badewanne mit dem Ablauf am Fußboden bei richtiger Stellung der Wanne korrespondieren.

Baderaum. Derselbe soll bequem erreichbar sein von den Schlafzimmern aus, er soll ferner möglichst keine kalten Außenwände haben. Der Fußboden besteht am besten aus Asphalt, Zement, Terrazzo. Bei Holzfußboden unter der Wanne ist eine Sicherheitspfanne aus Zink- oder Bleiblech anzubringen, zweckmäßig etwas versenkt. Die Wände müssen für Wasser undurchlässig sein, Zementputz, Ölfarbe, Kachelbelag, jedenfalls stets hinter der Badewanne; dort nicht keine Paneelleisten (Scheuerleisten), sondern wasserdichten Übergang zum Fußboden anbringen. Bei kaltem Fußboden ist leicht beweglicher Holzlattenrost, eventuell Korkdecke nötig. Keine dunklen Winkel im Baderaum. Ventilation zweckmäßig, aber nur erwärmte Luft einführen. Besondere Erwärmung ist nötig, wenn der Badeofen nicht zugleich heizt.

Abfluß des Badewassers durch nicht zu enges Abflußrohr (50 mm) mit Sieb von 10 mm Lochweite stets mit Geruchverschluß und Sicherung gegen Bruch desselben. Überlauf am besten als entfernbares leicht zu reinigendes Standrohr (siehe bei Waschbecken), sonst ist das Überlaufrohr zeitweilig durch Eingießen von Karbolsäure zu reinigen.

Erwärmung des Badewassers. Meist sind gebräuchlich Übersteigerbadeöfen (90—120 Mk.), heizen zugleich den Baderaum, daher oft im Sommer lästig. Gasbadeöfen wärmen Wasser schnell und zweckmäßig. (Gasverbrauch pro Bad ca. 1,5—2 cbm.) Stets sind dabei die Verbrennungsgase abzuführen. Zirkulationsbadewannen sind billig, aber schlecht zu regulieren und zu reinigen, daher wenig empfehlenswert. Siehe auch Brausebäder für Schulen.

Am besten ist Erwärmung von der Küche aus, dann kleiner Ofen im Badezimmer für den Winter vorzusehen, falls nicht Zentralheizung vorhanden.

Ausgüsse aus Ton 5—7 Mk., aus Gußeisen 7—11 Mk., haltbarer. Spülsteine aus natürlichem oder Kunststein 4—8 Mk.

Sie müssen feste Siebplatte mit Löchern von höchstens 10 mm Durchmesser am Auslauf haben, ferner Siphon-

oder Glockenverschluß. Gut ist auch oft ein Sand- (8 bis 12 Mk.) und Fettfang (20 Mk.). Fettfänge sind allerdings in der Regel nur nötig bei Schlächtereien, Hotels, Krankenhäusern, Wäschereien und gewerblichen Anlagen, die fetthaltige Abgänge haben. Dieselben sollen einen Wasserverschluß von mindestens 10 cm haben, luftdicht verschließbar und leicht zugängig sein. Besonderer, leicht zu reinigender Kegelsiphon von Budde u. Göhde, Berlin S (10 Mk.). Unter Umständen muß dem Fettfang ein Kühlbassin vorgeschaltet werden.

Hofsinkkästen. Gullies, für Höfe und Straßen, gemauert (50 Mk.) oder aus Beton mit Eimer (50—60 Mk.) sollen wasserdicht sein. Im Freien soll der Wasserstand mindestens 1 m, in nicht frostfreien Räumen 0,5 m unter der Oberkante liegen. Abfluß mit Wasserverschluß 0,5 m über der Sohle des Sinkkastens. Abschluß nach oben durch einen Rost, Stäbe 1 cm voneinander. Im Kasten am besten zur bequemen Reinigung ein herausnehmbarer auf einem Falz ruhender Eimer. Besonders sorgfältige Ausführung in der Nähe von Brunnen, niemals direkt über Brunnenkesseln. Straßensinkkasten ähnlich. nur größer, komplett 80—100 Mk.

Regenröhren sind meist aus Zinkblech und bei Anschluß an die Kanalisation ohne Wasserverschluß, nur anzulegen, wenn die obere Öffnung mindestens 3 m von Fenstern bewohnter Räume entfernt ist, sonst Wasserverschluß und Sandfang; letzterer auch bei Holzzement und schlechten Schieferdächern oft nötig. Knickungen der Regenröhre (Sprünge) befördern die Gefahr des Einfrierens im Winter, ebenso frei über Regeneinlässen mündende Regenrohre, sie sind also bis in frostfreie Tiefe (1,40—1,50 m) ohne Sprung in den Erdboden fortzuführen. Ein Zersprengen der Röhren beim Frieren des Inhalts kann durch Wellblechröhren meist vermieden werden. Regenrohre im Hause verlaufend nur aus Guß- oder Schmiedeeisen. Regenrohrsinkkasten (9—16 Mk.).

Waschbecken werden aus emailliertem Gußeisen, Porzellan oder Fayence (40 Mk. und mehr) entweder fest mit Siphon oder als Kippschale in sehr verschiedener Ausstattung angefertigt.

Stets ist für leichte Zugängigkeit und Reinigung aller Teile zu sorgen, ganz besonders, wenn die Becken in Schlafzimmern aufgestellt werden. Sammelkasten der Kippschalen sind mit Bleiblech zu füttern. Die Schalen sollen leicht herausnehmbar sein. Bei hölzerner Umkleidung der Waschbecken ist diese leicht herausnehmbar zu konstruieren. Feste undurchlässige Rückwand.

Feste Waschbecken mit Pfropfenverschluß am Boden haben den Nachteil, daß das Überlaufrohr zu wenig gespült wird; letzteres soll daher möglichst kurz sein und so geformt, daß es leicht gereinigt werden kann. Eine bessere Konstruktion ist ein den Abfluß verschließendes Überlaufrohr, das beim Entleeren des Beckens abgehoben wird*). Versteckte, versenkte Verschlüsse sind nicht zu empfehlen, da sie nicht gut rein zu halten sind. Eiserne Waschtische für Kasernen, Seminare und ähnliche Zwecke, meist zu mehreren vereinigt, pro Stück 40—50 Mk. Lubinus, Stein u. Comp., Kattowitz O.-S.

Eisschränke. Wenn solche mit ihrem Wasserablauf an das Kanalnetz angeschlossen sind, ist dafür zu sorgen, daß bei Nichtgebrauch der Ableitung (im Winter, bei Reisen, Wechsel des Wohnungsmieters) die Ableitung leicht und sicher geschlossen werden kann; besser ist es stets, dieselben frei über einen Ausguß münden zu lassen.

Wasserverschlüsse, Siphon, Trap, Glockenverschluß, Topf mit Scheidewand.

Grundsatz: Jeder Wasserablauf oder Überlauf muß durch einen besonderen Wasserverschluß gesichert werden (ausgenommen nur Regenrohre, siehe dort). Die Höhe des Wasserverschlusses soll mindestens 4 cm, bei Spülaborten 5 cm, bei Hofsinkkästen, Sand- und Fettfängen 10—15 cm betragen. Jeder Wasserverschluß muß eine Reinigungsöffnung (Putzschraube) haben. Leicht lösbare Verbindungen von Bleisiphon und Abfallrohr, für Reparaturen sehr bequem, von Schnutenhaus und Linnemann, Caternberg bei Essen.

Um das Brechen der Wasserverschlüsse zu verhindern, ist der Scheitel desselben durch ein besonderes Rohr zu entlüften (siehe weiter unten). Diese sekundäre oder Siphonlüftung ist nötig, wenn

1. die Beckensiphonverschlüsse weniger wie 10 cm, die Abortsiphonverschlüsse weniger wie 5 cm tief sind;
2. die Fallrohrquerschnitte nicht größer als die Siphonquerschnitte sind;
3. die Becken oder Aborte weiter als ein Meter vom Fallrohr entfernt liegen;

---
*) z. B. von Müllenbach u. Zillessen, Hamburg.

4. die Siphons an Fallröhren liegen, durch welche zeitweise größere Wassermengen (z. B. Regenwasser) entleert werden, sofern die Siphons nicht über 10 cm Durchmesser haben;
5. mehrere Becken durch eine Schrägleitung an ein Fallrohr angeschlossen sind; doch kann dann auch die Schrägleitung selbst entlüftet werden.

Ebenfalls gegen das Brechen der Wasserverschlüsse sind noch einige andere Einrichtungen empfohlen, z. B. von Pettenkofer u. Renck (Vierteljschr. f. öff. Gespfl., Bd. 14) ein kleiner Siphon mit besonderem Verschluß, der auch nachträglich noch anzubringen ist, ferner eine Erweiterung im aufsteigenden Ast des Wasserschlusses (Patent von H. Reineck, Steglitz). Siphon von Kesselring und Rockenbecher, Straßburg i. E. Besser wird es aber jedenfalls sein, wenn man die Siphonlüftung überhaupt entbehrlich macht, indem man zu den Fallröhren 65 mm weite und zu den Seitensträngen höchstens 50 mm weite Röhren nimmt.

Bei längerem Nichtgebrauch der Leitung (Reisen, Leerstehen der Wohnung) ist durch Eingießen von einem Weinglas Öl ein Verdunsten des Wasserverschlusses zu verhindern. Dasselbe erreicht man durch Entleeren des Wasserverschlusses mittelst der Putzschraube und nach Schließen der letzteren durch Eingießen von Glyzerin. Ein Wasserverschluß am Stammsiel des Hauses ist unnötig und teilweise sogar der Entlüftung direkt hinderlich.

Lüftung der Hausleitung. Sämtliche Fallrohre sind über Dach als Dunstrohre zu verlängern und zwar in voller Weite und möglichst ohne Krümmung. Das Entlüftungsrohr der Wasserverschlüsse wird ebenfalls über Dach geführt oder mündet auf dem Dachboden in das Fallrohr. Dasselbe sollte wenigstens 5 cm Durchmesser haben und ebenso sollten die Siphonabzweigungen höchstens 1 cm enger als die Siphonquerschnitte sein. Eine Entlüftung der Siphons direkt in das Fallrohr ist nur bei Anschluß von höchstens 1—2 Becken an das Fallrohr zu erlauben. Zweckmäßig sind ferner alle Dunst- und Entlüftungsrohre, besonders natürlich die engeren, von 50 cm unter Dach an, nach oben etwas zu erweitern. Eine aufgesetzte Schutzhaube darf die Öffnung nicht verengern.

Besondere Einrichtungen der Hauskanalisation.

Revisionskästen (Inspektionsgruben) sind am Ende des Hauskanales empfehlenswert, bei sehr langen Leitungen auch mehrere. Sicherungen gegen Rückstau sind oft bei tiefen Kanälen in Kellern nötig; selbsttätige durch Klappen- und Kugelverschlüsse sind nicht zuverlässig; oft ist Hochlegen des Ausgusses möglich und genügend, sonst sind die gefährdeten Teile der Leitung durch Schieber oder Hähne abzuschließen, welche nur bei Gebrauch (Waschküchen) geöffnet oder bei Gefahr (Regen, Überschwemmung) geschlossen werden. Rückstauventile aller Art liefert G. Kettmann, Berlin S., Gräfestr. 3 oder Bopp u. Reuther, Mannheim-Waldhof. In Ortsstatuten ist für die gefährdeten Leitungen ein selbsttätiger und ein durch Hand zu schließender Verschluß vorzuschreiben, der jedoch niemals die Hauptleitung des Hauses verschließen darf.

Prüfung der Abflußleitungen ist bei neuen Leitungen stets vor Ingebrauchnahme nötig und im ferneren Betriebe zeitweilig zu wiederholen (mindestens alle zehn Jahre); durch Ortsstatut vorzuschreiben.

Wasserdruckprobe. Füllen der Leitung nach Schluß derselben am tiefsten Punkt bis 1—2 m Wasserdruck und Beobachten des Wasserniveaus; am besten vor Anschluß der Ausgußgefäße und nur bei eisernen Leitungen oder Grundleitungen.

Rauchprobe. Einleitung von Rauch in die Leitung durch Kohlenfeuerung und Gebläse nach vollständiger Vollendung der Leitung. Sie kann auch so angestellt werden, daß ein kleiner tragbarer Ofen unten an die Leitung angeschlossen wird; in dem Ofen ist Papier oder anderes rauchentwickelndes Material zu verbrennen oder zu verschwelen, der Rauch ist durch Handblasebalg in das Kanalnetz einzutreiben.

Geruchprobe. Einige Tropfen Pfefferminzöl mit heißem Wasser werden in den obersten Teil der Leitung eingegossen.

Grove, Berlin, empfiehlt einen besonderen Druckräucherapparat. Kosten der Räucherung damit 20 bis 40 Mk.

Kosten der Hauskanalisation betragen etwa 1 bis 2 Mk. für jedes qm Stockwerksfläche.

Einige Adressen von Firmen, welche Kanalisationsartikel im großen herstellen und liefern:

Sanitas-Aktiengesellschaft, Hamburg, Reiherstieg; C. Flügge, Hamburg; Eisenhüttenwerk Marienhütten, Kotzenau; Geigersche Fabrik für Straßen- und Hausentwässerung, Karlsruhe i. B.; Heckert, Halle a. S.; Fabrik- u. Ingen.-Bureau für gesundheitstechn. Anlagen, Hamburg; Grove, Berlin; G. Hoffmann, Frankfurt a. M.; Laubmayer & Comp., Braunschweig; Eisenwerk Lauchhammer, Gröditz i. Sachsen; Pfister & Schmidt, München; F. Forster & Comp., München.

Verbleib der Kanalwässer wird von Fall zu Fall sehr verschieden zu beurteilen sein. Im allgemeinen wird folgendes zur Richtschnur dienen können:

A. Einleiten in öffentliche Wasserläufe.

In stehende Wässer überhaupt nicht zulässig, oder höchstens bei kleinen Schmutzwassermengen in große Seen und dann weitab vom Ufer und namentlich fern von bewohnten Ufern.

In die See nur, wenn in der Nähe keine Ortschaften, Bade- oder Waschanstalten, oder Austernparks vorhanden sind.

In fließende Wässer, nicht oberhalb von Ortschaften, Wasserentnahmestellen, Bade- und Waschanstalten, ferner nur bei regulierten Flußufern, bei Fehlen von Mühlgräben und Wehren. Bei Ebbe und Flut oder sonstigem gelegentlichen Rückstau so weit abwärts, daß von der Einlaufstelle der Schmutzwässer bis zur nächsten Ortschaft die Flutwelle nicht hinaufgelangen kann.

Die Einlaufmündung ist stets in die Mitte des Stromes zu verlegen.

Weiter wird die Menge und Art (städtisches Abwasser mit und ohne Fäkalien und Regenwasser, Fabrikwasser usw.) der Abwässer, das Verhältnis der Menge derselben zu der Menge des Flußwassers und die Geschwindigkeit der Strömung des Flusses (Stromgeschwindigkeitsmesser 70 bis 300 M. G. Butac-Schön, Bahrenfeld bei Hamburg; A. Ott, Mechan. Institut, Kempten in Bayern) zu berücksichtigen sein, da von allen diesen Faktoren wesentlich die mehr oder weniger schnelle Selbstreinigung des Wassers abhängt.

Allgemein gültige Zahlen lassen sich darüber nicht aufstellen. Das früher meist als Minimum geforderte Verhältnis von 1:15 zwischen Abwasser und Flußwasser bei mindestens gleicher Strömungsgeschwindigkeit beider Wässer hat sich als nicht immer genügend erwiesen. Ebenso dürfte die etwas weiter gehende Forderung, daß
  bei 1 m Sek. Stromgeschwindigkeit pro Kopf und Tag
    5 cbm Flußwasser,
  bei 0,6 m Sek. Stromgeschwindigkeit pro Kopf und Tag
    10 cbm Flußwasser,
  bei 0,3 m Sek. Stromgeschwindigkeit pro Kopf und Tag
    15 cbm Flußwasser
genügt, nicht immer gültig sein.

Bei gewerblichen Betrieben, besonders Zuckerfabriken u. dergl., sind jedenfalls oft strengere Vorschriften nötig; vielfach wird da nur nach Klärung oder anderer Reinigung der Abwässer Einleitung in die Wasserläufe statthaft sein.

Ebenso wird ein Abfangen gröberer Schwimmstoffe durch Rechen, Gitter oder Eintauchplatten unter allen Umständen erwünscht sein (siehe bei Klärbecken).

Als gesetzliche Handhabung der Frage kann vorläufig in Deutschland das Fischereigesetz von 1874 sowie das Feld- und Forstpolizeigesetz von 1880 herangezogen werden, welche verbieten, in öffentlichen Gewässern unbefugt Flachs zu röten, Felle zu weichen, Schafe zu waschen oder in dieselben Sachen zu werfen, welche fremde Fischereirechte schädigen. (Ausnahmen statthaft bei überwiegendem Interesse von Landwirtschaft und Industrie.)

Für Preußen ist außerdem die Kab.-Ordre (alte Provinzen) von 1816 maßgebend, welche verbietet, gewerbliche Abgänge in Flüsse zu werfen, wenn sie dadurch erheblich verunreinigt werden, sowie die Verfügung, betr. Reinhaltung der öffentl. Gewässer, von 1901. Dieselbe besagt:
1. Allgemein landesgesetzlich kann die Frage nicht behandelt werden, da die verschiedenen Interessen zu weit auseinander gehen.
2. Die einzelnen Polizeibehörden sollen über den Zustand der öffentlichen Wässer ihres Bezirks orientiert sein. Letztere sollen mindestens alle 2 Jahre begangen werden.

3. Von den Behörden sind als Ziele im Auge zu halten:
    a) Vermeidung der Verbreitung ansteckender Krankheiten.
    b) Reinhaltung der Trink- und Wirtschaftswässer.
    c) Schutz gegen Belästigung des Publikums.
    d) Schutz des Fischbestandes.

B. Klärung.

1. **Mechanische**, durch Einleiten der Schmutzwässer in gemauerte oder ausgegrabene Klärbecken mit möglichst undurchlässigen Wandungen; meist sind wenigstens zwei nötig zum Wechseln bei notwendig werdender Reinigung oder Reparatur. Konstruktion siehe weiter unten. Durchlaufsgeschwindigkeit je nach der Menge der absetzbaren Stoffe (Sinkstoffe) und der Länge der Klärbecken in der Regel zwischen 2—12 mm Geschwindigkeit pro Sekunde zu wählen.

    Wirkung der Klärung; suspendierte organische und anorganische Substanzen werden zu 50—90% abgeschieden; Bakterien aber und gelöste Stoffe nur sehr unvollkommen, zuweilen ist sogar Zunahme derselben im abfließenden Wasser zu konstatieren. Die geklärten Wässer können also unverdünnt bald in stinkende Fäulnis übergehen. Menge des Klärschlamms von städtischen Abwässern ca. 3 cbm wässriger Schlamm auf 1000 cbm Kanalwasser.

2. **Chemische Klärung.** Als Zusätze werden gebraucht:

    Kalk als Kalkmilch (gelöschter Kalk mit Wasser 1:4—10 verdünnt). Es werden gebildet Kalziumkarbonate und -phosphate, Schwefelkalzium und unlösliche Kalkseifen. Es entwickelt sich häufig Geruch nach Ammoniak. Ziemlich voluminöser Bodensatz, organische Stoffe werden nicht ausgeschieden, sondern zum Teil noch weiter gelöst. Eine genügende Desinfektion wird selbst bei Zusatz von 1 Tl. Kalk auf 1000 Tl. Abwasser nach einer Stunde noch nicht immer erzielt.

    So kommt es denn auch meist bald zur Trübung und stinkender Schlammbildung in dem geklärten Abwasser.

    Chlorkalk ähnlich wie der vorige Zusatz wirkend, jedoch im vorher mechanisch geklärten Wasser gut desinfizierend.

1 Tl. auf 5—20000 Tl. Abwasser tötet Cholerabaz. in 1—3 Stunden = ca. 0,9 Pf. pro cbm Abwasser. Eine Neutralisierung des Chlors nach der Desinfektion erfolgt am besten durch Eisensulfat 1:5000.

Schwefelsaure Tonerde. Es werden gebildet schwefelsaures Ammon und andere schwefelsaure Salze. Geruch des Abwassers schwindet rasch. Klärung des Wassers vollzieht sich auch meist rasch durch ausfallendes Tonerdehydrat, dessen Flocken die anderen suspendierten Bestandteile mit zu Boden reißen. Sehr voluminöser Bodensatz, keine desinfizierende Wirkung. Vielfach mit Kalk zusammen gebraucht, dann auch noch Gips gebildet; ca 160 bis 200 gr Tonerde auf 1 cbm Kanalwasser.

Kieselsäure, lösliche. Es wird gebildet, bei gleichzeitigem Zusatz von den eben erwähnten Mitteln, Kalzium- und Aluminiumsilikat, wodurch meist schnelle Klärung und guter preßfähiger Niederschlag erzielt wird.

Eisenvitriol. Wirkung ähnlich wie Tonerde, außerdem noch Schwefeleisen gebildet, wird meist in Verbindung mit den anderen Mitteln angewendet.

Besondere Klärverfahren sind unter anderen angegeben von:

Hulwa, Breslau. Eisen, Tonerde, Magnesia, Kalk und Zellfaser in verschiedener Menge, je nach dem zu klärenden Wasser.

Humusverfahren. Dem Abwasser zugesetzt werden Torf und Eisensalze oder Braunkohlenbrei und Tonerdesalze pro cbm Abwasser ca. 2—3 kg Braunkohle und 0,3—0,5 kg Tonerde erforderlich. Kosten ca. 1,40—1,75 Mk. pro Kopf und Jahr.

Der Klärungs- und Reinigungseffekt in chemischer Beziehung ist ein sehr guter, die geklärten Abwässer gehen nicht wieder in stinkende Fäulnis über, die Desinfektion derselben ist durch Chlorkalk (siehe oben) leicht und billig zu erreichen. Die Rückstände faulen ebenfalls nicht und werden getrocknet als Brennmaterial verwendet oder vergast und verbrannt. (W. Rothe u. Comp., Berlin NW 23.)

Auswahl der Chemikalien hat sich zu richten nach der leichten und billigen Beschaffung derselben an verschiedenen Orten, nach der Zusammensetzung der

Abwässer (Wirkung der einzelnen Mittel oder Mischungen derselben ist am besten in jedem Falle besonders auszuprobieren), nach der mehr oder weniger nötig erscheinenden Desinfektion, z. B. nach der weiteren Verwendung der geklärten Wässer (die Desinfektion der städtischen Abwässer wird als genügend angesehen werden können, wenn sich durch bakteriologische Untersuchung die stets in denselben vorhandenen Bazillen der Coligruppe als abgetötet erweisen), nach der weiteren Verwendung des Schlammes. (Dungwert oft wesentlich herabgesetzt).

Konstruktion der Kläranlagen.

Vor der eigentlichen Kläranlage in den Kanal sind einzuschalten ein Schlammfang, in dem etwa 1:400 bis 1:10000 der Kanalwassermenge zurückbleibt, ferner Siebplatten mit 0,5—2 cm Maschenweite und Eintauchplatten zum Zurückhalten schwimmender Gegenstände. Eine mechanische Entfernung dieser Gegenstände, welche für große Anlagen empfehlenswert ist, bewerkstelligt der Rechenapparat von Ing. Riensch, F. Wurl, Maschinenfabrik Weißensee-Berlin, sowie ein Apparat von Baurat Herzberg, Berlin oder Gesellschaft für Abwasserklärung Berlin, W. 9 oder W. Kothe u. Comp., Berlin NW. 23, endlich Mischvorrichtungen mit Rührwerk zum Zusatz der Chemikalien.

Die Klärung geschieht in

Klärbecken. Meist gemauerte Bassins, 5—10 m breit, 30—100 m lang, 2—3 m tief. Gefälle des Bodens 1:25—1:75. Tiefste Stelle (Pumpensumpf) am Einlauf. Möglichst gleichmäßige, ruhige Strömung, durch breite Einlaufwehre zu erzielen. Geschwindigkeit 2 bis 4 mm pro Sekunde und 4—6stündiges Verweilen des Wassers im Klärbecken vorzusehen.

Die Reinigung geschieht durch Abpumpen des Schlammes kontinuierlich, oder periodisch alle 2—10 Tage, dabei ist das Wasser oben abzulassen. Klärbecken sind wegen Geruch am besten zu überdecken. Ein Einfrieren ist allerdings selbst in kalten Wintern bei uns kaum zu fürchten.

Klärbrunnen. (System Müller-Nahnsen [z. B. in Halle]). Gemauerte Bassins, 7—12 m tief, 20—50 qm im Grundriß, also viel weniger Platz beanspruchend. Geschwindigkeit des Wassers nur 1—2 mm. Verweilen des Wassers im Brunnen $1^1/_2$—2 Stunden.

Eventuell sind auch 2 Brunnen hintereinander zu schalten. Ähnliche Anlagen stellt her Heinrich Scheven, Düsseldorf oder Geigersche Fabrik, Karlsruhe i. Baden.

Der Schlamm kann permanent abgepumpt werden.

Klärturm. (System Rothe-Roeckner [z. B. in Potsdam, Essen]). Eiserner schräggestellter Turm mit Luftpumpe, 4—5 m im Durchmesser, 6—8 m hoch. Ziemlich schnelle Klärung, kein Geruch. Anlagen der Art macht W. Rothe u. Comp., Berlin NW. 23.

Wirkung der Kläranlagen.

Suspendierte Stoffe des Wassers werden zu 90% etwa, die gelösten Stoffe mit Ausnahme der Phosphorsäure meist nicht ausgefällt.

Die Bakterien werden zum Teil bis 70—90% mechanisch entfernt und teilweise auch getötet (Chlorkalk). Ablassen des geklärten Wassers ist meistens nur in Flußläufe möglich, die mindestens 2—3 cbm Wasser auf den Tag und Kopf der an die Kläranlage angeschlossenen Bevölkerung führen. Selbstverständlich ist die Nähe von Badestellen u. dergl. zu vermeiden (siehe vorher).

Verwendung der Schlammrückstände.

Siebrückstände sind mit Torfmull zu kompostieren oder zu verbrennen.

Schlamm, 1 cbm Wasser gibt ca. 3—10 l Schlamm zu 90% wasserhaltig. Der Dungwert ist im allgemeinen gering. Eine Vermischung mit Straßenkehricht gibt dagegen guten Kompost. Der feste Schlammrückstand enthält meist viel Cellulose, ferner Fett in wechselnder Menge, ca. 3% Stickstoff, 1% Phosphorsäure usw.

Ablagern in drainierten Schlammgruben zur Konzentration und späteren weiteren Verwendung. Der Geruch und die Fliegenplage des Ablagerungsbassins läßt sich durch Überstreuen des Schlammes mit Kalkpulver verringern.

Abpumpen nach einsamen Orten, eventuell direkt auf Ländereien, auch in Verbindung mit Rieselfeldern (siehe dort.)

Abfahren durch Feldbahnen oder Schiffe dorthin.

Pressen des Schlammes zu Fäkalkuchen, ist ziemlich teuer und gibt wenig guten Dünger (siehe Poudrettierung.) Kosten pro cbm Preßgut ca. 3 Mk.

Teilung der Klärung in mechanische (für Dünger) und Kalkklärung (Schlamm zu Kalk oder bei Tonzusatz zu Portlandzement zu verwenden) in Deutschland kaum angewendet.

Entfettung des Schlammes durch Benzin oder Benzol. Das Fett wird fast vollständig wiedergewonnen, der Rest des Schlammes gibt einen brauchbaren Dünger. Bisher noch keine dauernde Erfolge namentlich in wirtschaftlicher Hinsicht erzielt.

Vergasung des gepreßten und mit Torf versetzten Schlammes, siehe vorher bei Humusverfahren.

C. Filtration des Schmutzwassers.

(Biologisches Reinigungsverfahren. Oxydationsverfahren.)

Dieselbe wird bereits seit längerer Zeit in vielen englischen Städten und neuerdings auch bei uns mit Erfolg angewendet.

Man unterscheidet:

1. **Kontakt- oder intermittierendes Verfahren.** Nötig sind dazu mehrere Filterbassins (Oxydationskörper), welche mit grobkörnigem 6—30 mm großen Material (Kohlenschlacke, Kokes, Steinschlag) gefüllt sind und abwechselnd in Gebrauch genommen werden müssen. Nach etwa 4 stündigem Verweilen im Filter muß die Flüssigkeit vollkommen abgelassen werden und das Filter etwa 10—20 Stunden luftgefüllt sich erholen.

Eine Reinigung des Filters wird je nach der Beschickung erst nach 2—3 Jahren nötig, sie ist relativ einfach durch mechanisches Abspülen des Filtermaterials zu bewerkstelligen. Der abgespülte spärliche Schlamm riecht nur etwas modrig und geht nicht in faulige Zersetzung über. Das Filtrat ist bei rationellem Betrieb ebenfalls nicht mehr fäulnisfähig, jedoch manchmal etwas trübe, was aber durch eine zweimalige Filtration in der Regel vollkommen zu beseitigen ist. Der Gehalt an organischer Substanz hat sich meist um 60 % und mehr verringert. Bakterien sind im Filtrat enthalten, jedoch ist noch nicht sicher bekannt, welche und wieviel davon aus dem Rohwasser stammen und die Filter ungehindert passiert haben. Eine sichere Desinfektion der filtrierten Wässer wird durch Chlorkalk (siehe pag. 197) leicht im Bedarfsfall erreicht werden können.

Für manche Zwecke kann ein Vorfaulen in einem besonderen geschlossenen Tank von Nutzen sein, es kann dann auch das sonst nötige vorherige Abfangen gröberer Schwimmstoffe unterbleiben, wodurch der Betrieb vereinfacht wird.

Die Größe und Anzahl der Filter richtet sich nach der Menge und Zusammensetzung der Abwässer; es können daher, vorläufig wenigstens, ebenso wie über die Kosten des Verfahrens keine allgemein gültigen Zahlen angegeben werden. Für rein städtisches Abwasser oder solches von Krankenhäusern usw. wird man die Größe der Vorfaulkammern etwa gleich der Tagesabwassermenge zu nehmen haben und der Oxydationskörper, der bei größeren Anlagen zu teilen ist, sollte bei einer Mindesttiefe von 1,5 m, pro cbm täglichen Abwasser 1 qm groß gemacht werden. Für eine gleichmäßige Verteilung des Schmutzwassers durch Rinnen, durchlochte Röhren oder sogenannte Springler ist stets Sorge zu tragen und das gute Funktionieren dieser Teile zu überwachen. Ebenso wird es in jedem Falle zweckmäßig sein, an die Oxydationskörper noch eine kleine Grube für Desinfektion anzuschließen.

2. **Tropfverfahren mit kontinuierlichem Zufluß des Abwassers.** Nötig ist hierfür, bei kleinen Anlagen, nur ein Oxydationskörper, welcher ganz ähnlich wie bei 1 konstruiert und dauernd überrieselt werden kann. Besonders wichtig ist gleichmäßige Verteilung des Abwassers auf die Oberfläche des Tropfkörpers durch Sprenger (Springler) oder Schalentropfkörper (Dunbar), sowie ein richtiger Aufbau des Körpers selbst, der bei 1 m Höhe pro qm Fläche etwa 1 cbm Abwasser täglich reinigen kann.

Ein Vorfaulraum ist meist nicht erforderlich, dagegen zuweilen ein Sandfang oder ein Klärraum (ca. $^1/_3$ der täglichen Abwassermenge) zweckmäßig. Ein Überdachen der Anlagen wegen Frostgefahr ist ebenfalls meist nicht nötig, wohl aber bei Nachbarschaft von bewohnten Räumen. Das Filtrat ist ebenso rein wie bei 1. Die Bedienung, wöchentliches Abharken der Oberfläche des Filters äußerst einfach.

In einzelnen Fällen, bei geeignetem großporigen Boden, tiefstehendem Grundwasser und bequemer Vorflut hat man auch den Boden selbst zur Filtration verwenden können (Bodenfiltration). Einrichtungen für Abwasserfiltration werden ausgeführt in Deutschland von Allgem. Städtereinigungsgesellschaft in Wiesbaden. Erich Merten u. Knauff, Berlin, Charlottenstr. 49; Schweder u. Comp , Groß-Lichterfelde, Ringstraße; W. Bruch, Berlin SW.; F. W. Dittler, Berlin W. 50; W. Rothe u. Comp., Berlin NW. 23; Wasser- u. Abwasser-Reinigungsgesellschaft Neustadt a. Haardt; Halvor Breda, Berlin-Charlottenburg, Kantstr.

D. Rieselung.

1. **Oberflächenberieselung.**

Der beste Boden für Rieselfelder ist mit etwas Lehm gemischter Sandboden, auch reiner Sandboden; nicht geeignet ist fetter Lehmboden, Humusboden, Moorboden. Grundwasser darf nicht zu hoch stehen, mindestens 1—1,5 m unter Terrain.

Ferner zu beachten: Nähe von Ortschaften (Geruch, der nicht immer vollkommen zu vermeiden ist), von Brunnen (die bei schlechter Anlage verunreinigt werden können); geeignete Vorflut für die abfließenden Rieselwässer. Hochwasserfreie Lage.

Größe des Rieselterrains, je nach der Bodenbeschaffenheit verschieden; im Durchschnitt sind zu rechnen 1 ha auf 250 Einwohner oder 1 ha auf 10—50 000 cbm Wasser. Städte, welche das Meteorwasser nicht mit auf die Rieselfelder bringen, kommen oft mit wesentlich geringerem Rieselterrain bis 1 ha auf 900 Einwohner aus.

Vorbedingung für guten Erfolg der Berieselung ist nächst passendem Boden eine gute Aptierung desselben und rationeller Betrieb der Rieselung. Der Boden ist vor der Aptierung meist zu kalken. 4 bis 6000 kg Ätzkalk pro ha. Die Kalkung ist nach einigen Jahren zu wiederholen, da das Kochsalz der Spüljauche den Boden meist rasch entkalkt. (Vogel.)

Verteilung des Rieselwassers geschieht durch geschlossene Rohrleitungen mit eventuellem Anschluß von beweglichen Schläuchen oder durch einfache offene Bewässerungsgräben. Beim Übergang aus dem geschlossenen Rohrsystem zum offenen Graben sind stets einfache Klärgruben einzuschalten zum Zurückhalten gröberer suspendierter Substanzen. Man unterscheidet:

- **Wiesenberieselung**, bei welligem Terrain geneigte Flächen, welche im ganzen oder in 10—15 m breite Terrassen geteilt, periodisch überrieselt werden. Hanganlagen werden meist 10—20 Ar groß, Horizontalanlagen 25—40 Ar groß eingerichtet.
- **Beetberieselung**, für Gemüsekultur, besonders bei ebenem Terrain. Beete 1 m breit und 20—30 m lang, getrennt durch 20—30 cm breite Gräben für das Schmutzwasser. Eventuell sind dieselben auch in Terrassenform anzulegen für gelegentliche vollständige Überrieselung.
- **Staubassins** sind bei längerem Frost kaum zu entbehren. Ebene Flächen mit nicht zu durchlässigem Boden, 1—10 ha groß, durch 1 m hohe Erdumwallung umschlossen. Überrieselung bei Frost bis 50 cm hoch. Im Frühjahr nach dem Versickern wird der Boden umgepflügt und für Korn oder Futterpflanzen gebraucht. Hafer, Dotter, Runkelrüben, Rübsen.
- **Drainage des Rieselterrains** ist meist nicht zu entbehren, nur bei sehr durchlässigem Boden (reiner Sand) genügen offene Abzugsgräben in größeren Abständen. Abstände der Drainröhren bei undurchlässigem Untergrunde 6 m, bei sandigem Lehmboden 8 m, 1—2 m tief. Periodische chemische und bakteriologische Untersuchung des Drainwassers zur Kontrolle eines richtigen Betriebes ist sehr erwünscht.
- **Geeignete Pflanzungen für Rieselfelder.** Viehfutter, Rüben, Öl- und Halmfrüchte, Spargel, Gras (Raygras, Lolium italicum, Phleum pratense, oder Lolium italicum 3 Tl. und Thimotheegras 1 Tl. gemischt), Hafer, Obst, Weiden. (Berlin.) Das Gras hält sich nach dem Schneiden meist schlecht, es ist daher am besten als Grünfutter zu verwenden. Böschungen sind zweckmäßig mit Weiden zu bepflanzen.
- **Wirkung der Rieselung.** Die suspendierten Stoffe inklusive Bakterien werden bei sorgfältigem Betriebe vollständig entfernt. Die gelösten organischen Stoffe bis 90%, die gelösten anorganischen werden bis 60% vom Boden zurückgehalten. Nitrate, Ammoniak, phosphorsaure und Kalisalze werden von den Pflanzen aufgenommen. In dem Schlamm der Rieselfelder (Klärgruben) können sich Krankheitserreger (z. B.

Tuberkelbazillen) längere Zeit (mehrere Monate) virulent erhalten.

Analysen von Abwasser vor u. nach der Berieselung. Es fanden sich im Liter im Mittel aus mehreren Versuchen in mg:

	Berliner Rieselfeld		Breslauer Rieselfeld	
	Spül-jauche	Drain-wasser	Spül-jauche	Drain-wasser
Eindampfrück- stand . . .	850,0	847,9	1161,5	561,5
Glührückstand .	562,4	732,9	650,6	461,4
Glühverlust . .	292,1	109,1	510,9	100,1
Ammoniak . .	77,3	2,9	56,6	3,0
Salpetersäure .	Spur	28,2	0,0	24,8
Chlor	167,5	145,6	130,7	97,3
Kali	79,6	21,1	60,4	15,8

Eine besondere Art der Rieselung ist

2. die Untergrundberieselung, welche nur die flüssigen abgeklärten Schmutzwässer beseitigt, aber für kleinere Gemeinwesen, einzelne Krankenhausanlagen, Hotels, Villen und dergl. oft vorzüglich geeignet ist. Vorbedingung ist Abklärung der Schmutzwässer inkl. Fäkalien in einer Klärgrube, deren Überlauf mit dem unterirdischen Drainnetz verbunden wird; ferner ein geeignetes Rieselterrain, welches wesentlich kleinere Dimensionen, wie das für oberirdische Berieselung, im übrigen aber ähnliche Bodenformation und -beschaffenheit erfordert. Zu vermeiden ist nur Nachbarschaft von Wohngebäuden und Brunnen, sowie von Bäumen (Verstopfungen der Röhren durch Wurzeln). Gegen Einwachsen der Wurzeln wird empfohlen, in der Nähe von Bäumen Muffenröhren zu verlegen. In die Muffe bis $1/3$ voll magerer Zementmörtel, dann ganz voll mit plastischem Ton.

Das Drainrohrnetz wird wie bei gewöhnlicher Drainage verlegt, 0,2—0,6 m tief. Drainrohrstränge 1—5 m von einander. Zuweilen, besonders bei hohem Grundwasser, ist ein zweites Ableitungsrohrnetz unter dem oberen Zuleitungsnetz erwünscht. (Ausführung dieser Berieselungsanlagen unternimmt Grove, Berlin.) Eine ähnliche Untergrundberieselung wird ausgeführt von Baumeister Kleinau, Zehlendorf bei Berlin.

Jährliche Gesamtkosten der Beseitigung der Abwässer und Fäkalien durch die verschiedenen gebräuchlichsten Systeme. Dieselben schwanken selbstverständlich je nach lokalen Verhältnissen in sehr weiten Grenzen. Als ungefähre Anhaltspunkte mögen zwei neuere Berechnungen (von Brix und von Kruse) dienen.

Es betragen die jährlichen Gesamtkosten (ausgenommen die für Hauskanalisation) für den Kopf in Mark (nach Brix)	im Minimum	im Maximum	im Mittel
Schwemmsystem mit Rieselfeldern	2,10	5,50	3,65
Schwemmsystem mit Rieselfeldern und Pumpanlage	3,10	7,00	4,90
Schwemmsystem und Kläranlage	2,30	6,25	4,00
Schwemmsystem und unmittelbare Einleitung in einen Wasserlauf	2,00	5,00	3,30
Getrenntes System mit vollständigem Schmutz- und Regenwassernetz und mit Kläranlage für die Schmutzwässer	2,95	7,25	4,60
Getrenntes System ohne Regenwassernetz und mit Kläranlage für die Schmutzwässer	1,65	3,65	2,50
Spülkanalisation, gemeinschaftliche Kanäle mit chemischer Klärung und Abfuhr der Exkremente	3,40	8,15	5,50
Spülkanalisation, gemeinschaftliche Kanäle mit mechanischer Klärung, Einleitung in einen Wasserlauf und Abfuhr der Exkremente	3,40	7,35	5,20
Dasselbe, aber ohne Klärung mit Einleitung in einen Wasserlauf	3,10	6,90	4,70

Es kostet pro Kopf und Jahr (inkl. Verzinsung und Amortisation der Bausumme): (Kruse 1902.)

Berieselung . . . 1,3–2,5 Mk. (inkl. Pumpanlage)
Oxydationsverfahren 0,8–2 „ (ohne Faulraum)
Chem. Klärung . . 0,5–1,8 Mk. (ohne Schlammbeseitg.)
Mechan. „ . . 0,3–0,45 „ („ „ „)
Schlammbeseitigung 0,1–0,7 „
Desinfektion . . . 0,1–0,8 „

An Terrain wird gebraucht für Abwässerbeseitigung von 100000 Personen: (Kruse.)

bei Berieselung	ca. 200 —500	ha
„ intermittierend, Bodenfiltration	„ 20 — 50	„
„ Oxydationsfiltern	„ 2 — 5	„
„ chem. oder mech. Klärung .	„ 0,2 — 0,5	„
„ grober Reinigung	„ 0,02 — 0,05	„

(Schlammablagerungsbassins nicht einbegriffen.)

Prüfung von Abwasserreinigungsanlagen.

Eingehende Lokalinspektion der Anlage und ihrer Umgebung auf richtigen Betrieb, sowie auf Verunreinigung von Luft, Wasser und Boden, womöglich zu verschiedenen Zeiten (Tag, Nacht, Vormittags, Nachmittags, Regen etc.). Entnahme von Abwasserproben vor und nach der Reinigung. Prüfung auf Klarheit, Geruch und chemische Bestandteile, wie bei Wasser (siehe dort). Bakteriologische Untersuchung nur im Laboratorium (Probeentnahme und Versendung wie bei Wasser). Feststellung der Keimzahl und Keimart (Colibazillen). Aufbewahrung von Wasserproben in größeren Glasflaschen bei Zimmertemperatur zur Feststellung der Fäulnisfähigkeit (Trübung, Geruch, Hautbildung). Einsetzen von Fischen in das Wasser und Beobachten der Lebensdauer derselben. Ein schnelles Urteil über Fäulnisfähigkeit von Abwasser gestattet die Untersuchung auf organischen Schwefel (Hamburger Test), nur von Geübten im Laboratorium zu machen.

Eine Beurteilung und Beratung in allen Fragen der Wasserversorgung und Entwässerung von Ortschaften, Fabriken etc. übernimmt die Königliche Versuchs- und Prüfungsanstalt für Wasserversorgung und Abwasserbeseitigung, Berlin, Kochstr. 73. Auch besteht in Verbindung mit dem Institut ein Verein, dem Gemeinden, Behörden, Korporationen etc. als Mitglied beitreten können.

Beseitigung der festen Abfallstoffe.

Staub in bewohnten Räumen (Zimmerstaub) von sehr verschiedener Zusammensetzung, aber meist reich an organischen, also fäulnisfähigen Bestandteilen. Infektiöse Keime sind wohl nur im Staub der Zimmer zu finden, wenn Kranke mit infektiösen Absonderungen, die nicht sorgfältig beseitigt werden (siehe bei Desinfektion), die Räume bewohnen.

Staub verschiedener **Fabrikbetriebe** kann mechanisch oder chemisch reizend wirken und ist stets durch besondere Vorkehrungen unschädlich zu machen.

Zur Verhütung unnötiger Staubablagerung, namentlich in Krankenzimmern, Schulen und dergleichen Räumen, sind die Ecken der Zimmer abzurunden, unnötige Vorsprünge und Verzierungen an Wänden und Möbeln zu vermeiden und die Oberflächen derselben aus glatten harten Materialien zu wählen. (Keine unnötigen Vorhänge, Teppiche und dergleichen.)

Eine wesentliche **Einschränkung des Zimmerstaubes** kann, namentlich in Schulen, öffentlichen Räumen usw. durch Behandlung der Fußböden mit **staubbindenden Ölen** erzielt werden, von denen eine ganze Reihe, z. B. Dustlessöl, Staublos, Rezentinol, Floricin, Duralit im Handel sind. Eine Ölung des Fußbodens ist je nach dem Material desselben und der Benutzung des Raumes nach einigen Wochen bis Monaten zu wiederholen. Der Preis ist ein mäßiger, ca. 1 Mk. pro kg.

Entfernung des Zimmerstaubes ist durch Abwischen mit trockenen Tüchern nur mangelhaft möglich, besser durch feuchtes Aufwischen oder neuerdings rationeller durch **Staubsaugeapparate**, welche in sehr verschiedener Größe transportabel oder als feste Einrichtung (für größere Betriebe) zu haben sind.

Der Staub wird durch Pumpen mittels geeigneter beweglicher Schläuche und besonderen Ventilen eingesogen und unschädlich gemacht. Als Kraft kann Handbetrieb, Wasserleitungswasser oder elektrischer Strom genommen werden. Der Kraftverbrauch ist ein geringer, die Betriebskosten sind daher nicht groß. Für Neubauten empfiehlt es sich, Saugleitungen für die verschiedenen Räume oder Stockwerke gleich mit einzubauen.

Die Apparate kosten je nach Größe und Ausstattung etwa 60—2000 Mk. und sind unter anderen zu beziehen von:

Siemens-Schuckert-Werke, Berlin SW.
Vakuum-Reiniger Gesellschaft, Berlin W., Mauerstr.
Hammelrath u. Comp., Köln-Lindenthal.
Gebr. Körting, Körtingsdorf bei Hannover.
Vakuum-Reiniger Gesellschaft, München, Theatinerstr.
K. Nath u. Comp., Nürnberg.
Weltwunder Company, Hüsten i. Westfalen.

Hermann, Magdeburg.
Internat. Aspirator Company, Berlin, Friedrichstr. 65a.
Borsig, Maschinenfabrik, Tegel.

Für Turnhallen, staubige Fabrikbetriebe und dergleichen empfiehlt sich auch ein Niederschlagen des Luftstaubes durch Nebelbildung, der in kurzer Zeit ohne Belästigung den Staub aus der Luft entfernt. Apparate dafür, die nur geringe elektrische Antriebskosten machen, liefert: Grött, Reydt i. Westfalen. Siehe auch Schulhöfe, kleinere auch E. Flader, Jöhstadt in Sachsen, 75 Mk.

Straßenstaub kann namentlich bei nicht fester Straßendeckung und bei lebhaftem Verkehr (Automobile) sehr lästig werden. Zur Verringerung desselben kann außer häufiger nasser Reinigung, die aber auf die Dauer meist sehr teuer wird (siehe unten), eine Behandlung der Straße mit Teer, staubbindenden Ölen oder ähnlichen Stoffen vorgenommen werden:

Verfahren bei Neuanlegung von Straßen:
Schotter wird vor dem Aufbringen in heißem Teer gekocht und gut getrocknet, dann auf die gewöhnliche Straßenpacklage etwa 5—6 cm hoch aufgebracht und trocken eingewalzt.

Bei bereits fertigen Straßen: Teer wird durch besondere Maschinen fein verteilt auf die ganz trocknen und reinen Straßen verteilt (ca. 15 Pf. pro qm oder 4—500 Mk. pro km Kosten).

Teerung ist jährlich etwa einmal, aber dann mit geringerer Menge zu wiederholen. An Stelle von Teer kann auch Westrumit, Akonia, Chlorkalzium, Durolit, Simplizit, Rustomit oder ein anderes Mittel genommen werden.

Teerstraßen baut Maschinenfabrik Breining in Bonn.

Straßenkehricht. Menge siehe vorher S. 169.

Straßen in kleineren Gemeinden bis ca. 2000 Einwohner sind am zweckmäßigsten von Seiten der Hausbewohner zu reinigen.

Bei größeren Gemeinwesen ist Reinigung von seiten der Gemeinde weitaus empfehlenswerter. Je 2—5000 Einwohner erfordern einen Kehrichtwagen aus Eisen oder Holz (öfter durch Kalkmilch reinigen) mit 1—4 cbm Inhalt, welcher auch zugleich für Aufnahme des Hauskehrichts dienen kann. Gut schließende Klappdeckel. Ganz empfehlenswert sind zur staub- und geruchlosen

Entfernung des Hauskehrichts an Stelle der Klappdeckel Verschlußschieber mit Ansatzstücken, auf welche die Kehrichtbehälter passen, welche ihrerseits mit einem Schieberboden versehen sind, oder Sammelgefäße bestimmter Form (Wechselkasten), welche ohne Umladung gegen andere ausgewechselt werden. Besondere Wagen für Straßenkehricht und Müllabfuhr liefern in Eisen Wirtschaftsgenossenschaft Berliner Grundbesitzer, Berlin, Burgstr.; die Gesellschaft für staubfreie Müllabfuhr, Berlin; in Holz H. Scheller u. Carl Beermann, beide Berlin; Lebach u. Comp. in Köln und Gerätefabrik Ch. Schäfer in Cassel.

Kehrichtkasten ca. 0,2 cbm fassend auf fahrbarem Untergestell, komplett mit 4 Behältern, 180 Mk. von der Deutschen Müllbehälterfabrik, Dresden.

Sprengen der Straßen: Hauptstraßen 3—4 mal täglich, Nebenstraßen 2—3 mal täglich. 1 Sprengwagen (1500 l) kann täglich 25000 qm besprengen.

Hauskehricht. Menge siehe vorher S. 169.

Zusammensetzung. Hauskehricht besteht in der Regel aus
a) Asche und Staub, im Winter größere Menge wie im Sommer, meist nicht faulend und infektiös.
b) Küchenabfälle verschiedener Art, meist mehr oder weniger feucht und leicht in Fäulnis übergehend, daher bald aus der Wohnung zu entfernen, oft noch gut als Tierfutter weiter verwendbar.
c) Sperrstoffe in sehr wechselnder Menge und Art, wie Metalle, Glas, Papier, Lumpen, Leder, Gummi, Knochen usw. Die Stoffe haben meist noch soviel Wert, daß eine weitere Verwendung sich lohnt. (Siehe unten.)

Sammlung desselben in

Gruben, wasserdicht, wie Abtrittsgruben (siehe dort), oder als Zementkasten, eventuell in Rabitz- oder Monierkonstruktion. Schutz gegen Regenwasser, große, gut schließende (bequeme Entleerung) Deckel und seitliche Entleerungstür sind nötig. Eventuell ist auch eine Trennung der Grube für Feinmüll (Asche, Kehricht, Küchenabfälle) und Sperrstoffe (Glas, Papier, Lumpen, Blech) zweckmäßig. Besondere Behälter zum getrennten Sammeln der Stoffe von der Allgem. Müllverwertungsgesellschaft, Berlin-Charlottenburg.

Entleerung mindestens vierteljährlich, dabei $^1/_{12}$ cbm pro Kopf rechnen.

Tonnen, 75—100 l fassend, feuersicher (glühende Asche), aus Eisen oder Holz mit Eisenblech ausgeschlagen.

Wechsel der Tonnen 1—2 mal wöchentlich oder besser täglich. Besondere Wagen oder Müllkästen zur staubfreien Aufspeicherung und Abfahrt von Kehricht sind zu haben bei der Gesellschaft „Staubschutz", Berlin, Leipzigerstr. 131.

Kehrichtfallröhren sind bei mehretagigen Häusern, zuweilen aber nur in tadelloser Ausführung, empfehlenswert, sie sind innen oder außen am Hause anzubringen, aus Gußeisen, 200—350 mm lichte Weite. Zur Lüftung über Dach verlängern. Die einzelnen Etagen sind durch Zweigrohre von etwas geringerer Weite mit emailliertem, gut verschließbaren Einfalltrichter anzuschließen. Luftdichter Verschluß zwischen Fallrohr und Grube resp. Wechseltonne ist nötig. (Einrichtungen liefert Otto Poppe, Kirchberg i. S. für 4 stöckiges Haus ca. 450 Mk., ferner Philipp Maurer und Aug. Becker, Wiesbaden.

Verwertung des Straßen- und Hauskehrichts.

Wert des unsortierten Kehrichts sehr wechselnd. 100 kg enthalten ca. 3—4 kg Phosphorsäure, 2—4 kg Stickstoff, 1—4 kg Kali, meist in nicht leicht löslicher Form. Dungwert ca. 1—4 Mk.

Bei kleinen Anwesen direkte Verbringung auf das Land oder Kompostierung mit Dung, Fäkalien und Erde für einige Monate: eventuell auch möglich Verbindung mit Torfstreuklosettinhalt. Bei größeren Mengen von Müll sind nötig:

Lagerplätze, mindestens 500 m von der Stadt und nicht in der vorherrschenden Windrichtung, 100 m von Verkehrsstraßen. Ferner beachten, daß keine Brunnen in der Nachbarschaft und ein etwaiger Über- oder Regenablauf nicht in öffentliches Gewässer münde. Guter Zufuhrweg, wenn möglich bei größeren Plätzen, Nähe von Eisenbahnen oder schiffbarem Gewässer.

Sorge für regelmäßige Lagerung und Abfuhr der Kehrichtmassen, welche kompostiert wenigstens ein

Jahr lang mit Kalkmilch oder Torfmull dünn überdeckt lagern sollen. Vor der Kompostierung Auslesen von Metall, Steinscherben u. dergl.

Später Verwendung als Dünger.

Kosten für Abfuhr und Unterbringung des Kehrichts ca. 1–3 Mk. pro cbm oder 0,70–1,40 Mk. pro Kopf und Jahr.

Von größeren Gemeinden wird im Ausland (England, Amerika) vielfach schon länger, in Deutschland ebenfalls neuerdings mehrfach mit Erfolg angewendet:

Verbrennung des Kehrichts in besonderen Öfen (Destruktoren), meist aus mehreren Zellen bestehend, die nach Bedarf beschickt werden.

Zelle verbrennt täglich ca. 8—10 cbm oder 5—8000 kg Müll und reicht für 10—15000 Einwohner aus. Einrichtungskosten pro Zelle 20 bis 25000 Mk. Der Müll brennt in den Öfen meist ohne weiteren Zusatz, nur wenn viel Asche darin ist (bei Braun- und Preßkohlenfeuerung im Winter), wird ein Absieben der Asche oder Hinzufügen von Brennstoffen nötig (vorher ausprobieren). Die übrigbleibende Schlacke kann zu Wegbesserungen oder zur Mörtel- und Steinfabrikation verwendet werden. Die Verbrennungsgase liefern meist die nötige Kraft zum sonstigen Betriebe (elektrische Beleuchtung, Mörtelmaschinen) der Verbrennungsanstalt. Belästigungen der Umgebung der Anstalt sind durch richtige Anlage und Betrieb (Rauchverbrennung) zu vermeiden. Verbrennungskosten pro 1000 kg Müll ca. 0,8—1,8 Mk. (Hamburg).

Öfen in Deutschland liefern: Müllverbrennungsgesellschaft m. b. H. System Herberts, Köln a. Rhein, Maschinenbauanstalt Humboldt, Köln a. Rhein, Stettiner Chamottefabrik, System Dörr, G. Christiani, Südende-Berlin, oder H. Kori, Berlin W 9 (auch kleinere Öfen für ca. 3000 Mk.).

Sortierung und weitere wirtschaftliche Verwertung des Kehrichts ist unter gewissen Vorsichtsmaßregeln einwandfrei und rationell. Dieselbe kann in besonderen Zentralen (z. B. Hausmüllverwertungsgesellschaft Puchheim bei München) vorgenommen werden, welche in Anlage und Betrieb bestimmte Forderungen (Arbeiterbäder und Anzüge, Absaugen und Verbrennen des Staubes, tägliche gründliche Reinigung usw.) erfüllen müssen.

Besser wird die Sortierung bereits im Hause (siehe vorher) eingeleitet. Einrichtungen der Art, sowie zur weiteren Verwendung des sortierten Mülls stellen her: Allgem. Müllverwertungs-Gesellschaft, Berlin-Charlottenburg, Charlottenburger Ufer.

Schulhäuser.

Bauplatz.

Mitte des Schulbezirkes (besonders bei ländlichen Schulen). Vermeidung der Nachbarschaft von störenden oder die Luft verunreinigenden Fabrikbetrieben und von sehr verkehrsreichen Straßen, ferner von hohen Häusern oder Bäumen. Eine Entscheidung, ob gegenüberliegende Bauten oder Bäume zu viel Licht fortnehmen, ist auch bei Bauprojekten nach den bei natürlicher Beleuchtung (S. 90) angeführten Gesichtspunkten leicht zu fällen.

Der Baugrund soll rein und trocken (niedriger Grundwasserstand) sein und zweckmäßig nach einer Seite etwas Gefälle haben. Wenn keine zentrale Wasserleitung vorhanden, ist auf Anlage eines Brunnens Bedacht zu nehmen.

Hauslage.

Für die Orientierung der Klassen nach der Himmelsgegend können verschiedene Faktore maßgebend sein: gegenüberliegende Häuser, Wetterseite u. s. w.

Zu berücksichtigen ist, daß Südzimmer im Sommer weniger durch die Sonne belästigt werden, wie Ost- oder Westzimmer. Die Westlage sollte für Klassen nur gewählt werden in Schulen, in denen Nachmittags kein Unterricht stattfindet. Direkte Nordzimmer sind nur statthaft bei ganz freier Lage des Gebäudes, bei ganz trockenen Gebäuden und unter Voraussetzung einer musterhaften Ventilations- und Heizeinrichtung.

Baumaterial.

In der Regel wohl massiver Steinbau, statthaft jedoch auch Steinfachwerk, dann zweckmäßig oft mit besonderer Isolierung der Wetterseite.

Klassen.

Maximalmaße: Länge 10 m. Grenze des deutlichen
  Sehens. Grenze der Kontrolle und Stimme des
  Lehrers.
Tiefe: 7 m. Ausnahmen nur bei Klassen mit Oberlicht. Die Tiefe der Zimmer darf nicht mehr wie
  $1^1/_2$ mal die Höhe der Fensterscheitel über dem Fußboden betragen.
Höhe: 3,50—4,50 m, höhere Klassen zeigen häufig zu
  starke Resonanzerscheinungen. Langklassen sind
  den Tiefklassen bei weitem vorzuziehen.

Nach der Anzahl der Schüler sind zu rechnen:
  für jüngere Schüler 4—5 cbm Luftraum = 1 qm
  Bodenfläche, für ältere Schüler 6—7 cbm Luftraum
  = 1,5 qm Bodenfläche.
  Die Maximalschülerzahl darf nicht über 60 sein in
  einer Klasse.

Von obigen Zahlen sollte nur im Notfall abgegangen
werden bei sehr kleinen Schülern, bei kurzer Schul-
stundendauer und bei vorzüglicher Ventilationseinrichtung.
Bei bestehenden Klassen und überstarker Besetzung derselben sollen die Schulpausen möglichst lang gewählt
werden, die Kinder stündlich den Klassenraum verlassen
und während der Zeit durch Fenster und Tür gelüftet
werden. (Siehe Zuglüftung.)
Durch Ministerialerlaß vom 25. Nov. 1895 ist für Volksschulen in Preußen bestimmt worden, daß einklassige
Schulen nicht mehr wie 80 Schüler, mehrklassige nicht
mehr wie 60 pro Klasse haben sollen.
Als Mindestmaße sind festgesetzt für die Länge der
Klassen 9,70 m, für die Tiefe 6,50 m und für die lichte
Höhe 3,20 m, als Luftkubus für das Kind 2,25 cbm
und an Bodenfläche 0,50—0,52—0,54 m Breite und
0,68—0,70—0,72 m Tiefe für jedes Kind, je nach der
Größe derselben.

Fenster sind stets nur an der linken Seite der Schüler
  vorzusehen; für besonders helle Beleuchtung auch
  Oberlicht.
Fenstergröße mindestens gleich $^1/_5$ der Bodenfläche;
  bei Vorlagerung von Bäumen und Häusern dazu noch
  5—10 % zu rechnen.
Brüstung je nach der Schülergröße 0,80—1,0 m über
  dem Fußboden.

Scheitel flach, keine Spitz- oder Rundbogen, möglichst hoch an die Decke reichend. Deckenbalkenlage daher zweckmäßig, falls die Zimmer nicht hoch oder besonders tief sind, parallel den Fenstern; allerdings ist es bei einer derartigen Anordnung der Balkenlagen meist schwierig, einen Ventilationskanal in den Zwischendecken von der Außenwand bis unter den Ofen zu führen; ist daher nicht auf andere Weise für Luftzufuhr gesorgt, werden die Balken doch besser nicht der Außenwand parallel gelegt werden.

Innenflächen der Fensternischen abgeschrägt. Möglichst schmale Pfeiler (am besten atelierfensterartig). Schmale Fensterkreuze, ganz besonders bei Doppelfenstern; letztere sind in Städten meist nötig. (Straßengeräusch.)

Die oberen Fensterflügel sind als Jalousiefenster oder Kippflügel mit seitlichen Backen zu konstruieren mit besonders haltbarer Stellvorrichtung (keine Schnüre, siehe bei natürl. Ventilation).

Wände der Klassen. Bei sehr kalten Wänden (Fachwerkaußenwand) und wenn die Kinder sehr nahe der Wand sitzen müssen, Holzpaneelierung oder anderweitige Isolierung durch Korkplatten etc., sonst Ölfarbenanstrich, der bei trockenen Wänden bis an die Decke reicht, sonst nur als Sockelanstrich von $1^{1}/_{2}$ bis 2 m Höhe, darüber Kalk- oder Leimfarbenanstrich, hellgelblich-rötlicher Farbenton. Alle Ecken sind abzurunden, Fensterbrüstungen bündig anzulegen.

Die Decke ist zu weißen, was gelegentlich zu wiederholen ist.

Fußboden, am besten harter Holzfußboden aus schmalen Brettern in Asphalt verlegt oder massiver Fußbodenestrich mit Linoleum; liegt derselbe direkt auf der Erde, ist der Raum unter dem Fußboden durch Zimmerluft zu ventilieren. (Reinigung siehe vorne bei Staub.)

Türen, nach außen aufschlagend. Klassentüren sollen mindestens 1—1,25 m breit sein, Haus- und Hoftüren nicht unter 2 m, Aborttüren nur 0,60 m.

Korridore, in kleinen Schulen mindestens 2,50 m breit, besser aber breiter und so groß, daß die Oberkleider der Schüler auf demselben Platz finden können (siehe Seite 218, Kleiderablage) und bei schlechtem Wetter derselbe von den Kindern in den Pausen benutzt werden kann. Material der Wände wie in den Klassenräumen, Fußboden auch Terrazzo oder ähnliches Material.

Treppen, sollen bequem erreichbar und begehbar sein. Außentreppe möglichst kurz. Wendeltreppen sind zu vermeiden, sie dürfen wenigstens nicht spitz zulaufen. Stufenhöhe für kleinere Kinder 14—15 cm, für größere bis 16,5 cm. (Siehe auch bei Treppen vorne.)

Für je 120 Kinder sind mindestens 1 m, für 180 Kinder 1,50 m, für 240 Kinder 2 m Treppenweite zu rechnen. Im Minimum ist die Treppe aber 1,30 m breit anzulegen.

Die Treppen sollen feuersicher sein mit besonders dauerhaftem Beleg, Weißbuche oder Eichenholz; steinerne Treppen sind mit Linoleum (nur beste Sorte) zu belegen. Die Treppengeländer müssen Knöpfe zum Verhindern des Abrutschens auf denselben haben. Die Wandseite der Treppe muß einen Handläufer haben. Ein Fußkratzer darf nicht vergessen werden.

Heizung. In kleineren Schulen wird Einzelheizung, in größeren dagegen jedenfalls Zentralheizung einzurichten sein. Über die Auswahl der Heizkörper und Systeme siehe bei Heizung, S. 161. Zentralheizkörper werden am besten in den Fensternischen unter den Fenstern untergebracht; die Außenwand dahinter ist durch Kacheln oder Korksteinbelag zu isolieren.

Hervorgehoben soll nur noch werden, daß der Schulofen stets besonders regulierfähig sein muß (eiserner, kein Kachelofen), sowie daß mit der Heizung unbedingt eine Zuführung frischer Luft verbunden sein muß, wenn nicht eine besondere Pulsionsanlage dafür vorgesehen ist.

Ventilation. Im Sommer durch die Fenster, namentlich während der Pausen, sowie auch an sehr heißen Tagen in der Nacht ausgiebige Zuglüftung (siehe dort); im Winter mit der Heizung zu verbinden (siehe dort).

Aborte. Dieselben sind in isoliertem Anbau, bei sehr großen Bauten auch am Ende der Korridore, durch eine Zwischenkammer getrennt von diesen, anzulegen.

Für 40 Knaben ist ungefähr ein Sitz und 1—2 Pissoirstände, bei Mädchen für je 25 ein Sitz zu rechnen.

Spülklosetts können mit gemeinsamem Spültrog versehen werden, der nur periodisch, am besten während oder nach den Pausen, mit den Becken gespült wird. (Sonstige Konstruktionen und Details siehe bei Beseitigung der Abfallstoffe.) Gelegenheit zum Händereinigen sollte, wenn irgend möglich, nicht vergessen werden.

Kleiderablage. Am besten ist es, für die Aufbewahrung der Oberkleider besondere Räume für die einzelnen Klassen vorzusehen. Für eine Klasse von 60 Schülern sind etwa 15 qm oder für den Schüler 0,25 qm zu rechnen. Sollen die Kleider auf dem Korridor untergebracht werden, muß für die Klasse mindestens 10 laufende Meter Wandfläche gerechnet werden, bei breiteren (6 m) Korridoren können auch besondere Kleiderständer quer zur Längsachse aufgestellt werden. Die Höhe der Haken über dem Fußboden beträgt je nach dem Alter der Schüler 1—1,70 m, der Abstand voneinander 15 cm. Hutbrett und Schirmständer ist nicht zu vergessen. Die Rückwand ist mit Ölfarbe zu streichen. Haken sind zu numerieren. Für ländliche Schulen und Turnhallen sind besondere Schuhschränke vorzusehen.

Wasserversorgung. Für gutes und reichliches Wasser ist stets Sorge zu tragen (siehe bei Wasser). Besondere Schulbrunnen, welche ohne Becher benutzt werden und daher eine Infektion ausschließen, fertigt Paul Dumont, Wien I, Rauensteingasse 6, ebenso L. Opländer Wwe., Dortmund (Hohestraße), für ca. 200 Mk. zu 6 Ausläufen.

Spielplatz. Pro Schüler sind 2—4 qm zu rechnen; derselbe soll eine Kiesbeschotterung und Ablauf für Regenwasser haben (Gefälle). Spielplätze für Mädchen und Knaben sind zu trennen. Bei hohen Gebäuden kann ein Holzzementdach mit Steinbrüstung sehr wohl zum Spielplatz für die Schüler der oberen Etagen verwendet werden (in Städten bei hohen Bodenpreisen).

Baumpflanzungen sind auf den Spielplätzen anzulegen, soweit sie nicht den Klassen Licht fortnehmen. Es empfiehlt sich (für schlechtes Wetter), einen Teil des Spielplatzes zu überdecken. Zur Staubbindung auf Schulhöfen kann „Duralit" verwendet werden, pro qm 5–6 Pf. von H. Wertheim, Weißensee-Berlin.

Turnhalle. Dieselbe ist entweder im Erdgeschoß des Schulhauses oder besser in besonderem Bau einzurichten. Pro Kind sind etwa 2,5–3,0 qm Bodenfläche zu rechnen, so daß, wenn nur eine Klasse zur Zeit turnen soll, eine Länge von 18—19 m, eine Breite von 10 m und Höhe von 5—6 m ausreicht. Ferner ist eine Garderobe von mindestens 20 qm vorzusehen, falls nicht die Turnhalle in der Schule selbst gelegen und ausschließlich für die Schüler der betreffenden Anstalt bestimmt ist.

Beleuchtung durch hohe Fenster an beiden Langseiten, Brüstung mindestens 1,50 m über Fußboden. Letzterer wird am besten aus schmalen Riemenbrettern oder Stab, in Asphalt verlegt, auf Betonfundament hergestellt. Jährlich einmal firnissen. Die Wände erhalten ein hohes Holzpaneel.

Heizung durch eiserne Ventilationsöfen oder Zentralheizung. Abführung der verbrauchten Luft durch Dachreiter und Kippfenster.

Um eine Staubentwickelung in den Turnhallen möglichst einzuschränken, sind der Fußboden täglich, die Turngeräte 2—3 mal wöchentlich feucht abzuwischen, ferner ist eine gründliche Reinigung viermal im Jahr nötig. Der Turnraum darf nur mit besonderen Turnschuhen betreten werden. Die Sprungmatratzen sind aus Kokosfaser oder mit Leder überzogen oder aus Segelleinen mit Schwammfüllung (Oswald Faber, Leipzig-Lindenau, Preis pro qm 25 Mk.) herzustellen und müssen öfter im Freien geklopft werden. Staubvermindernde Fußbodenanstriche (siehe pag. 70) machen zuweilen den Boden für Turnzwecke zu glatt. Aus der Luft des Raumes kann der Staub durch Nebelbildung oft rasch und zweckmäßig entfernt werden, siehe bei Staub.

Schulbrausebäder sind in letzter Zeit vielfach und mit großem Nutzen eingerichtet, besonders in Volksschulen. An Raum wird gebraucht ein Baderaum für 10—12 Brausen, sowie am besten 2 Räume zum An- und Ausziehen für je 12 Kinder, damit die Benutzung der Brausen möglichst wenig Unterbrechung erleidet. Die Räume können im Keller liegen und auch alte leerstehende Keller leicht dazu umgeändert werden. Der Baderaum erhält Asphaltfußboden auf Betonsockel, darüber ein Lattenrost aus einzelnen Stücken, die leicht aufzunehmen und täglich zu lüften sind. Der Boden ist mit Wasserablauf und Gully zu versehen. Für kleine Kinder sind auch flache Zinkblechwannen von 1—1,5 m Durchmesser für je 2—4 Kinder anwendbar. Badenischen einzurichten ist in der Regel nicht nötig; pro Brause ist ein Platz von ca. 1 m Breite und 0,80 m Tiefe zu rechnen. Wände aus gut gefugten Verblendersteinen oder glattem Zementputz; heller Anstrich; dunkle Winkel zu vermeiden. Bei Zellenausbau Zwischenwände aus Schiefer oder gut verzinktem Wellblech. In Handhöhe längs der Wand eine Stange zum Anhalten. Brausen 2—2½ m hoch, in Winkel von 45° stellen. Guter Fensterschluß gegen Zug. Besondere Erwärmung des Raumes vorzusehen, wenn letzterer nicht durch den Badeofen mit erwärmt wird, was aber für die wärmere Jahreszeit nicht empfehlenswert ist. Im Auskleideraum Bänke und Haken anzubringen und ebenfalls Heizeinrichtung. Wassererwärmung bei vorhandener Dampfheizung durch diese in besonderem Kessel (z. B. Grove, Berlin, Kessel für 20—60 Bäder stündlich 275—450 Mk.) oder, dann aber sehr sorgfältige Bedienung erfordernd, durch Mischhähne (Grove, H. Vetter, Schmidt & Schönberner, Berlin; Schaffstaedt, Gießen; Geppert, Weißenfels a. d. Saale; Schaeffer und Oehlmann, Berlin N. 4). Mischhähne für 6—15 Brausen 165—300 Mk. Sonst Wasserkessel für Kohlenfeuerung; dieselben kosten

für 6— 8 Brausen ca. 450—500 Mk.
„ 8—15 „ „ 500—600 „

Liegende Gasbadeöfen für Schulen liefert Geiger, Karlsruhe. Wasserleitungsröhren freiliegend, aber gegen Rost zu schützen. Wassertemperatur muß leicht regulierbar sein, am Anfang des Bades 32—33° C., zum Schluß kälter werdend, bis 16° im Winter. Brausen pro Stück 7,50—18,50 Mk. Mit Einrichtung für bemessene Wasserquantum, für Schulen aber kaum nötig, 40 Mk. (Grove, Börner & Herzberg, Schäffer & Walcker, Berlin; Körting, Hannover; Geiger, Karlsruhe i. B.; Gebr. Sulzer, Winterthur, Schweiz; Noske, Altona.) Betriebsleitung durch den Schuldiener oder dessen Frau; besondere Aufsicht durch Lehrer oder Lehrerin meist nicht nötig. Den Kindern zu liefern ist etwas Seife (flüssige), den mittellosen event. ein Handtuch; Badezeit für je 10—12 Kinder 8—10 Minuten, davon 2 Minuten unter der Brause, so daß stündlich durch 12 Brausen eine Klasse gebadet werden kann. Die Beteiligung der Kinder soll freiwillig sein; das Baden kann in die Schulzeit (Handarbeit-, Lese-, Schreib-, Zeichen-, Rechenstunde) verlegt werden.

Auf Reinlichkeit der Anlage und Ordnung bei der Benutzung derselben ist aufs strengste zu achten.

Sonstiges Inventar des Schulzimmers.

Podium für den Lehrersitz, einstufig, 2—3 m lang, 1—1,50 m breit.

Wandtafel, tiefschwarz und nicht glänzend, 1,50—2 m lang, 1,25—1,50 m hoch; am besten Schiefer, ferner Schieferimitation. Glastafeln (Anton N. Bouvy, Amsterdam, Herrengracht; F. Binsky, Berlin O, Grünerweg; P. Joh. Müller, Charlottenburg), Tafel ohne Gestell 15-20 Mk., oder schieferartiger Anstrich (J. Tecker Gayen, Altona; H. Reinhold, Hamburg). Binsky liefert auch sogenannte Rollschultafeln aus elastischem Stoff, welcher, in Form eines endlosen Bandes auf zwei drehbaren Rollen befestigt, als Tafel manche Vorzüge haben kann.

Klassenschrank, 1—1,50 m lang, 2 m hoch.

Papierkasten für Frühstückspapier, auch auf die Korridore zu stellen.

Kleiderhaken sollen nicht im Schulzimmer angebracht werden, sondern auf den Korridoren oder in besonderen Räumen. Siehe S. 218.

Spucknäpfe (Konstruktion siehe bei Desinfektion) sind sowohl in der Klasse wie auf den Korridoren und Treppenpodesten aufzustellen.

Fenstervorhänge sind nötig bei allen Räumen, welche, wenn auch außerhalb der Unterrichtsstunden, vom Sonneneinfall betroffen werden können. Bei Nordzimmern nur, wenn gegenüber befindliche Mauern blenden.

Entweder stellbare Stoffjalousien (M. Böttcher, Berlin, Chausseestr. 68) oder einfach weiße Vorhänge aus weißem, feinfädigem Shirting, ecru- oder crêmefarbenem Körper oder weißem Dowlas. Preis pro Meter und 104—130 cm breit 80—95 Pf. Die Vorhänge müssen zum Ziehen nach der Seite, nicht nach oben, eingerichtet werden und 10—50 cm vom Fenster abstehen. Letzteres muß jedoch vermieden werden, wenn die Sonne während des Unterrichts schräg in die Fenster einfällt.

Schulbankmaße in cm nach

I. — Rembold. Württembergische Schulbank. Bewegliche Distanz.
II. — Spieß. Frankfurter Schulbank. Bewegliche Bank.
III. — Erismann. Rußland. Vorderer Teil der Tischplatte aufzuklappen. Die Körpergröße stimmt für die größeren Bänke nicht vollkommen mit der der anderen Maße überein.
IV. — Rettig. Zweisitziges festes Subsellium. Die Maße für die 3. Bank sind aus 2 Bänken für Schüler von 116—132 cm Körpergröße kombiniert, um einen Vergleich zu ermöglichen.

Schülergröße in cm	115				125				135				145				155				165			
	I.	II.	III.	IV.	I.	II.	III.	IV.	I.	II.	III.	IV.	I.	II.	III.	IV.	I.	II.	III.	IV.	I.	II.	III.	IV.
a) Bankbreite	23	24	—	—	25	26	—	—	27	27	—	—	—	29	29	—	—	31	31	—	—	35	32	—
b) Bankhöhe	33	32,5	30	30,7	36	35	34	34	39	37,5	38	37,6	—	41	40	40,3	—	44	42,5	43,1	47	45	50
c) Differenz	20	19,5	18,5	19,5	21	21	20	21,2	23	22,5	21,5	23,2	25	24	23	24,6	26	25,5	24,5	26	28	27	26	27,6
d) Distanz, minus	4	0	5	0	4	0	5	0	5	0	5	0	5	0	5	0	5	0	5	0	6	0	5	0
e) Lehnendistanz	—	28	18,5	19,5	—	30	20	21,2	—	32	21,5	23,2	—	34	23	24,6	—	36	24,5	26	—	38	26	27,6
f) geneigte Tischplatte	32	32	40	32	35	36	40	33,5	38	36	40	35	42	38	40	36	44	40	40	37	45	42	45	38
g) gerade Tischpl.	—	8	10	7	—	8	10	7	—	8	10	7	—	8	10	7	—	8	10	7	—	8	10	7
h) Abstand d. Bücherbrettes von der Tischplatte	10	—	—	—	10	—	—	—	11	—	—	—	12	—	—	—	13	—	—	—	13	—	—	—
i) Höhe d. Kreuzlehnenwulstes über der Bank	—	—	18,5	13	—	—	20	14,2	—	—	21,5	15,5	—	—	23	16,4	—	—	24,5	17,4	—	—	26	18,4
k) Tischlänge pro Platz	48	50	—	58	52	52	—	58	56	54	—	58	58	56	—	58	60	58	—	58	65	60	—	58

Schlechte Vorhangstoffe sind: hell und dunkel gestreiftes Leinen, Leinendrell, Segelleinen und rotes Futterleinen.

Die Vorhänge sind viermal im Jahre zu waschen.

Subsellien.

Hygienische Anforderungen: Richtiges, möglichst wenig anstrengendes Sitzen, ermöglicht durch richtige Subsellienmaße sowohl im ganzen nach der Größe des Kindes, wie in den einzelnen Abmessungen. (Nicht weniger von Einfluß auf richtiges Schreibsitzen ist die Heftlage und die dementsprechende Steil- oder Schrägschrift, über welche Lehrer und Schulärzte stets genügend orientiert sein sollten.)

Solide Konstruktion. Möglichkeit einer leichten Reinigung des Fußbodens.

Pädagogische Anforderungen: Setzen nach den Leistungen der Schüler kann nicht berücksichtigt werden, die Kinder müssen vielmehr nach der Größe (Kurzsichtigkeit, Schwerhörigkeit) gesetzt werden.

Bequemes Aufstehen in den Bänken, auf oder neben dem Sitzplatz, ist in verschiedener Weise zu ermöglichen.

Über die zweckmäßigen Maße der einzelnen Subsellienteile für verschiedene Körpergrößen der Kinder herrscht noch keine vollkommene Einigkeit unter Hygienikern und Schulmännern, doch sind die Abweichungen im großen und ganzen nicht bedeutend, wie die nebenstehende Tabelle zeigt, welche einige von namhaften Schulhygienikern angegebene Subsellienmaße leicht vergleichen läßt.

Bei einem Subsellium ist das Wichtigste eine richtige Differenz, d. h. der Unterschied der Tisch- und Bankhöhe vom Fußboden aus, sowie die Distanz, welche am besten eine Minusdistanz sein soll, wobei ein Lot von der hinteren Tischkante noch die Bankfläche trifft. Zuweilen wird auch Nulldistanz empfohlen, wodurch aber entschieden die Haltung des Kindes beim Schreiben ungünstig beeinflußt wird. Eine Plusdistanz ist hygienisch zu verwerfen.

Eine besondere Kreuzlehne mit vorspringendem Wulst darf nicht fehlen, die Rückenlehne kann durch das nächstfolgende Subsellium gebildet werden. Lehnendistanz oder Sitzraumtiefe (siehe Skizze e) soll etwa 19 % der Körpergröße betragen.

Ein **Fußbrett** wird in der Regel nicht nötig sein. (Ausnahme besonders kalter Fußboden.) Ist es vorhanden, soll es leicht zu entfernen sein, falls nicht das ganze Subsellium zur Reinigung bequem entfernt werden kann (siehe System Rettig).

Als Mittel obiger Maße kann genommen werden:

(Königsberger Volksschulbank.)

Schülergröße in cm	115	125	135	145	155	165
a) Bankbreite	23	25	27	29	31	33
b) Bankhöhe	32	34	38	41	44	47
c) Differenz	19,5	21	23	24	25,5	27
d) Minusdistanz	4	4	5	5	5	5
e) Lehnendistanz	20	22	24	26	28	30
f) geneigte Tischpl.	32	34	36	38	40	42
i) Kreuzlehnenwulst über der Bank	18	20	22	23	24	26

Für eine Klasse sind wenigstens zwei verschiedene Subselliengrößen nötig, die jährlich nach der Größe der Schüler unter den einzelnen Klassen ausgetauscht werden sollten. Für eine ganze Volksschule genügen meist 7 verschiedene Größennummern. Die Subsellien sollen nicht fest am Boden angeschraubt, aber Tisch und dazu gehörige Bank mit einander verbunden sein.

Eine jährliche, besser halbjährliche Messung der Schüler ist vorzunehmen, und sind danach die Plätze derselben in der Klasse zu bestimmen; zu dem Zweck muß an einer Stelle der Schulzimmerwand ein einfacher Maßstab, sowie auf den einzelnen Subsellien die dafür passende Körpergröße gut sichtbar angebracht werden.

Für einzelne körperlich zurückgebliebene Kinder sind Sitz- und Fußbretter einfachster Art herzustellen, welche auf die betreffenden Plätze aufgeschraubt und bei etwaigem Platz- oder Klassenwechsel leicht mitgenommen werden können.

Aufstellung der Subsellien hat stets so zu erfolgen, daß das Licht der Fenster von links her auf dieselben fällt. Zwischen Wand und Subsellien, sowie zwischen den einzelnen Subsellienreihen sind Gänge von mindestens 50—60 cm (bei Rettigschen und ähnlichen Bänken 40 cm) auszusparen. Die letzten Bänke sind nicht direkt an die Wand zu stellen, oder doch nur, wenn diese keine Außenwand ist oder ein Holzpaneel besitzt. Zu vermeiden ist die Nähe des Ofens (Ofenschirm), der Fenster, sowie der Öffnungen der Ventilationszu- und -abluftkanäle.

Verschiedene Arten der Subsellien.

Feste Subsellien, in ihren einzelnen Teilen unbeweglich, sollten stets nur als zweisitzige gebaut werden, da sonst bei der nötigen Minus- oder Null-, sowie Lehnendistanz ein Aufstehen und Heraustreten aus der Bank für die mittleren Plätze unmöglich wird. (Ausnahmen siehe unter System Löffel und Marsch.)

Ihre Vorteile bestehen in ihrer soliden Konstruktion, daher wenig Reparaturen; es können ferner weniger Schüler in die Klasse, daher größerer Luftkubus für die einzelnen. Kein Geräusch durch bewegliche Teile. Billigkeit, meist von gutem Tischler nach obigen Maßen für 8—10 Mk. pro Platz anzufertigen.

Nachteile sind: Mehr oder weniger unbequemes Ein- und Austreten, daher Ecken an Tisch und Bank abzurunden, sowie schmale Tisch- und Bankwange. Meist auch weniger bequeme Reinigung des Fußbodens.

Besondere feste Subsellienkonstruktionen:

Buhl-Linsmeyer, mit fester Minusdistanz in 4 Größen von L. Gimmet, München.

Löffel, mit Ausschnitten in der Bank, bei Nulldistanz auch für mehr als 2 Plätze pro Subsellium, von Löffel, Colmar im Elsaß, oder Vogel, Düsseldorf.

Marsch, ähnlich wie die vorige, mit runden Ausschnitten in Bank und Tisch zum seitlichen Hineintreten beim Aufstehen. 2—4 sitzig. Preis 14—26 Mk. Zweisitzig von C. A. Kapferer, Freihung, Pfalz.

Rettig, Nulldistanz, Tisch etwas länger wie Sitz, dadurch bequemes Heraustreten, ebenso durch schmale Tisch- und Bankwangen erleichtert. Subsellien im ganzen durch sinnreiche Konstruktion umlegbar, dadurch leichte und gründliche Reinigung der Klasse möglich. Zu beziehen von P. J. Müller, Charlottenburg, Spandauerstr. Preis pro Sitz ca. 11—12 Mk. Die Beschläge einer Bank allein nebst Lizenzgebühr werden für 5½ Mark abgegeben, so daß dann jeder geschickte Tischler dieselben anfertigen kann.

Zschocke, Schwellenlose Mittelholmbank, ohne Fußbrett und Fußleisten, neuerdings viel angewendet und gelobt. Zu beziehen von P. J. Müller, Charlottenburg; Schulbankfabrik Kaiserslautern; Harlinghausen u. Comp., Gütersloh; A. Zahn, Berlin SO. 36; Gruner u. Comp., Heidelberg, u. andere. Preis ca. 9—10 Mk. pro Stück.

Bewegliche Subsellien. Die Zahl und Art der verschiedenen empfohlenen Modelle ist sehr groß. Es sind entweder Bank und Tisch oder nur eines von beiden, im ganzen oder geteilt, beweglich gemacht.

Vorteile sind: Guter Schreib- und Lesesitz und zugleich Möglichkeit eines leichten und bequemen Aufstehens in der Bank und Heraustretens aus derselben.

Nachteile sind besonders bei schlechter Konstruktion: Geräusche verursachender Bewegungsmechanismus; Verletzungen der Kinder durch die beweglichen Teile, Einklemmen der Finger, Aufstoßen des Gesäßes auf nicht ganz zurückgeschlagene Sitze beim Hinsetzen; meist etwas höherer Preis gegenüber den festen Subsellien; größere Reparaturkosten bei nicht solider Konstruktion.

Zweifellos erfüllen eine ganze Reihe, ja vielleicht die meisten der in den renommierteren Subsellienfabriken hergestellten beweglichen Subsellien die von seiten der Hygiene zu stellenden Forderungen. Für kleinere Schüler kann die Bank im ganzen beweglich sein, für größere Schüler jedenfalls besser die einzelnen Sitze. Die Tischplatte als Ganzes beweglich zum Umschlagen einzurichten, empfiehlt sich besonders zum Zwecke einer bequemeren Reinigung des Fußbodens. Sitz und Tisch sollten stets miteinander fest verbunden bleiben, da sonst erfahrungsgemäß vielfach Verwechselungen vorkommen.

Der Preis der beweglichen Subsellien schwankt je nach der Ausstattung und Konstruktion zwischen

9 und 20 Mk. für den Sitz. Im ganzen bewegliche Bänke und Tische sowie hölzerne Konstruktionen sind in der Regel billiger, wie Einzelsitze und Tische oder eiserne Gestelle, z. B. von Schulrat Hippauf. Breslau.

Nachstehend mögen einige Bezugsquellen für bewegliche Subsellien aufgeführt werden; von den meisten derselben können übrigens auch zweisitzige feste Subsellien bezogen werden. Ebenso sind vom Medizinischen Warenhaus, Berlin, die meisten besseren Schulbanksysteme direkt zu erhalten.

P. Joh. Müller u. Comp., Charlottenburg, Spandauerstraße, verschiedene Konstruktionen angefertigt.

C. Elsässer, Schönau bei Heidelberg; gußeiserne Gestelle. Bank fest, Tischplatte einzeln, halb aufklappbar, oder einzeln bewegliche Pendelsitze mit festen, einzeln aufklappbaren oder im ganzen umlegbaren Tischplatten.

L. G. Vogel, Düsseldorf; schmiedeeiserne Gestelle. Sitze einzeln zurückklappbar, Tisch fest, zum Teil oder ganz aufzuklappen, oder zur Reinigung des Fußbodens herunterzuklappen; oder Bank fest, Tische im ganzen oder einzeln beweglich.

A. Lickroth & Comp., Frankenthal, Pfalz und Dresden; gußeiserne Gestelle. Sitz oder Bank im ganzen aufklappbar, ebenso Tischplatte teilweise oder im ganzen zurückzuschlagen in mehrfachen Kombinationen; ferner auch Subsellien nach System Kunze, Tischplatte vor- und zurückschiebbar bei festem Sitz.

H. Simon & Comp., Berlin, Haidestraße; im ganzen dieselbe Konstruktion wie bei Lickroth.

Spohr & Krämer, Frankfurt a. M.; gußeiserne Gestelle. Sitze einzeln als Pendel- oder Klappsitz beweglich. Tische im ganzen zur Klassenreinigung umzulegen.

C. A. Kapferer, Freihung, Oberpfalz; gußeiserne oder hölzerne Gestelle. Tische fest oder einzeln resp. im ganzen für Klassenreinigung zurückzuklappen. Sitze einzeln oder im ganzen beweglich und zwar als Pendelsitz oder nach dem neueren System Columbus, welches vielfach gelobt wird, als geräuschlose und dauerhafte Konstruktion.

Ramminger & Stetter, Tauberbischofsheim, fertigen auch das System Columbus.

Haussubsellien, verstellbar nach der Größe, werden von sämtlichen vorgenannten Fabriken geliefert, ferner unter andern auch noch von Tischlermeister H. Löhr, Braunschweig, Kannengießerstraße 8, E. A. Naether, Zeitz in Sachsen, aus Holz; von C. Schuster, Berlin, Dorotheenstraße 25, E. Löhr, Braunschweig, Neuestraße, und Dr. Schenks Witwe, Bern, Schweiz, Christoffelplatz. Letzteres Subsellium hat nach hinten geneigten Sitz und dürfte sich vor allem für schwächliche Kinder eignen. Der Preis der Haussubsellien bewegt sich nach Konstruktion und Ausstattung in der Regel zwischen 30 und 50 Mk.

Siehe auch später, Verbesserung schlechter Subsellien.

Schulbücher entsprechen sehr häufig nicht den billigsten Anforderungen der Hygiene.

Das Papier derselben soll nicht blendend weiß sein, sondern einen leichten Chamoiston haben und so dick sein, daß die Schrift nicht auf der Rückseite durchscheint. Das Durchscheinen tritt leicht bei holzreichem Papier ein; dieses wird erkannt durch Auftupfen von schwefelsaurem Anilin, das bei holzreichem Papier einen gelben Fleck macht, oder Holzpapier, erst mit Salzsäure, dann mit Phloroglucin betupft, wird rot.

Als Minimalmaße eines für Schulen zulässigen Druckes gelten:

Höhe der kleinen Buchstaben 1,5 mm; für untere Klassen 1,75 mm; Zwischenraum zwischen zwei Buchstaben 0,5 mm; Durchschuß = Vertikalabstand zweier Zeilen voneinander 2,5 mm. Geringste Grundstrichdicke 0,25 mm; größte Zeilenlänge 100 mm; größte Zahl der Buchstaben auf einer Zeile 60.

Die nachstehenden Schriftproben lassen im Vergleich mit dem fraglichen Buchdruck erkennen, ob letzterer den Anforderungen für ein Schulbuch genügt.

Kleinere Lettern oder Durchschüsse wie in den nachstehend angeführten Beispielen sind überhaupt in Schulbüchern nicht anzuwenden.

Verbesserung bestehender fehlerhafter Schulanlagen.

Zu dunkle Schulzimmer können wesentlich heller gemacht werden durch

hellen Anstrich der Wände, inklusive Türen und Öfen,
Weißen der Decke,

1. Dieser Druck ist für Anmerkungen als zulässig zu erachten, genügt dagegen nicht für den Haupttext, weil die Buchstabenhöhe zu gering und die Grundstrichdicke nicht genügend ist.

2. Dieser Druck ist für Anmerkungen als zulässig zu erachten, genügt dagegen nicht für den Haupttext, weil die Buchstabenhöhe zu gering und die Grundstrichdicke nicht genügend ist.

3. Dieser Druck ist ebensogut zu erkennen wie die beiden vorstehenden Druckproben, genügt aber nicht für den Haupttext in Schulbüchern; für Anmerkungen, Fußnoten und dergleichen ist er dagegen wohl zulässig.

4. Dieser Druck kann in oberen Klassen als kleinster zulässiger Druck für den Haupttext gelten; besser wäre es allerdings, wenn der Durchschuß, wie in der Druckprobe 7, größer gewählt wäre.

5. Dieser Druck kann in oberen Klassen als kleinster zulässiger Druck für den Haupttext gelten; besser wäre es allerdings, wenn der Durchschuß, wie in der Druckprobe 8, größer gewählt wäre.

6. Dieser Druck ist besser wie die beiden vorstehenden Proben, jedoch ist auch hier der Durchschuß noch zu gering, jedenfalls darf die Schrift nur in höheren Klassen gelesen werden.

7. Dieser Druck entspricht einem guten Druck für Schulbücher; nur für die unteren Klassen genügt derselbe noch nicht, hierfür sind vielmehr die unter Nr. 10—12 angeführten Schriftproben zu wählen.

8. Dieser Druck entspricht einem guten Druck für Schulbücher; nur für die unteren Klassen genügt derselbe noch nicht, hierfür sind vielmehr die unter Nr. 10—12 angeführten Schriftproben zu wählen.

9. Dieſer Druck entſpricht einem guten Druck für Schulbücher; nur für die unteren Klaſſen genügt derſelbe noch nicht, hierfür ſind vielmehr die unter Nr. 10—12 angeführten Schriftproben zu wählen.

10. Dieſer Druck iſt als wünſchenswert für Bücher unterer Klaſſen zu bezeichnen; die Buchſtaben ſollten für dieſen Zweck jedenfalls nicht kleiner und ebenſo der Abſtand der einzelnen Zeilen von einander nicht geringer ſein.

11. Dieser Druck ist als wünschenswert für Bücher unterer Klassen zu bezeichnen; die Buchstaben sollten für diesen Zweck jedenfalls nicht kleiner und ebenso der Abstand der einzelnen Zeilen von einander nicht geringer sein.

12. Dieſer Druck iſt als wünſchenswert für Bücher unterer Klaſſen zu bezeichnen; die Buchſtaben ſollten für dieſen Zweck jedenfalls nicht kleiner und ebenſo der Abſtand der einzelnen Zeilen von einander nicht geringer ſein.

hellen Anstrich eventuell gegenüberliegender Hauswände,

Stutzen resp. Entfernen vor den Fenstern stehender Bäume,

Tageslichtreflektoren (siehe bei Beleuchtung S. 91),

Auswahl richtiger Vorhänge (S. 221),

Einsetzen von Fenstern mit größeren Scheiben oder dünneren (eventuell eisernen) Fensterrahmen und Sprossen,

Ausbrechen der Fenster, Vergrößern derselben, Abschrägen der Fensternischen nach innen.

Schlechte Ventilation ist zu verbessern durch
richtige Ventilationsfenster in Verbindung mit richtigen Vorhängen,

Anbringen von stellbaren Jalousien in die Türfüllungen,

Anlage eines Ventilationskanals in der Zwischendecke bis unter den Ofen; häufig ohne große Schwierigkeit bei richtiger Balkenlage möglich,

Anlage eines Ventilationsabzugrohres mit oder ohne Lockflamme oder mit einem kleinen elektrischen oder Wasserventilator. Der Kanal muß bis auf den Fußboden verlängert werden und daselbst sowie an der Decke eine regulier- und verschließbare Öffnung erhalten. Der Kanal braucht nicht in die Mauer verlegt zu werden, sondern kann ebensogut auf der Wand liegen.

Schlechte Heizung.
Kachelöfen lassen sich schwer regulieren, sie überheizen daher die Schulzimmer häufig; in diesen Fällen müssen sie durch eiserne Ventilationsöfen ersetzt werden.

Eiserne Öfen geben ebenfalls häufig zu Klagen Veranlassung, besonders wegen Überhitzung der Räume; diese kann vielfach vermieden werden: durch Verbindung des Ofens mit einem Ventilationskanal, durch richtige Bedienung des Ofens und Auswahl des richtigen Brennmaterials. In größeren Schulräumen wird es häufig zweckmäßig sein, anstatt eines großen zwei kleinere Öfen aufzustellen, von denen bei mildem Wetter nur einer geheizt wird.

Einzelne Plätze, welche den Öfen zu nahe liegen, sind durch Ofenschirme zu schützen.

Mangelhafte Zentralheizungen sind nach den bei Heizung angeführten Gesichtspunkten zu verbessern.

Schlechte Subsellien.

In den weitaus meisten Fällen wird es sich dabei um fehlerhafte Distanz (Plusdistanz) oder Differenz handeln. Letztere wird durch neu einzuziehende Tischbacken am einfachsten zu regulieren sein; bei zu großer Differenz wird der untere Teil der alten Tischbacken einfach verkürzt werden können.

Zur Erzielung einer richtigen Minusdistanz für Schreibsitze können die Bankbretter leicht von jedem Tischler nach der Vorschrift des Schulrat Dr. Hippauf, Breslau, welcher genaue Anweisung dazu auf Anfrage erteilt (Preis der Anweisung 5 Mk.), umgeändert werden. Besonders für untere Klassen geeignet.

Eine weitere Änderung ist möglich nach System „Columbus" durch Beweglichmachen des Sitzbrettes unter gleichzeitiger Verbreiterung desselben. Preis pro Sitz ca. 4 Mk. (C. A. Kapferer, Frankfurt a. M. oder Freihung, Oberpfalz.)

Endlich können in der Bank nach Löffel, Colmar im Elsaß, unter Verbreiterung der Sitze bis auf Minusdistanz zwischen den einzelnen Plätzen 18—22 cm breite Ausschnitte gemacht werden, in welche die Schüler beim Aufstehen treten können.

Besonders für mittlere und obere Klassen geeignet. Für den Sitz ist eine Länge von 30—38 cm, für den Ausschnitt 9—15 cm Plusdistanz zu rechnen. Skizze der Bank siehe unten.

Bei fehlender Lehne ist vor allem eine richtige Kreuzlehne nötig, welche auch nachträglich von jedem Tischler nach den vorher (S. 224) gegebenen Maßen angefertigt werden kann.

Ist ein Reinigen des Fußbodens wegen etwaiger fester Fußbretter nicht möglich, müssen diese beweglich gemacht werden.

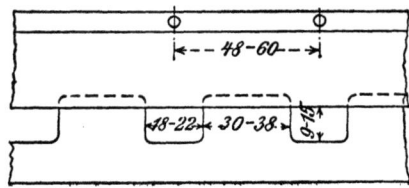

Ungefähre Kosten von Schulbauten.

Volksschulen, einstöckig, pro qm bebaute Fläche 59 Mk., pro cbm 12 Mk., pro Kind 130 Mk.

Volksschulen, zweistöckig, pro qm bebaute Fläche 91 Mk., pro cbm 10 Mk., pro Kind 106 Mk.

Höhere Schulen, pro qm bebaute Fläche 242 Mk., pro cbm 14 Mk., pro Kind 429 Mk.

Schulärzte.

Die Anstellung von Schulärzten, besonders für Volksschulen, hat sich überall bewährt und bürgert sich in Deutschland immer mehr ein. Für 2000 Kinder ist wenigstens ein Schularzt zu rechnen, falls derselbe, wie wohl meist der Fall, noch anderweitig Praxis ausübt.

Hauptsächliche Obliegenheiten des Schularztes sind:

1. Beaufsichtigung der Schulräume auf ihre hygienischen Einrichtungen. Bei Neubauten Begutachtung der Baupläne inkl. innerer Ausstattung. Bei in Betrieb befindlichen Schulen 1 bis 2 mal jährlich eingehende Musterung aller baulichen und Betriebseinrichtungen (unter Begleitung des Schulleiters und des Baubeamten). Außerdem fortlaufende Prüfung der Ventilation, Heizung, Beleuchtung etc. bei Gelegenheit von 3.

2. Einmalige gründliche Untersuchung der neuaufgenommenen Schüler auf allgemeinen Gesundheitszustand, besondere Krankheitsanlagen oder Zustände (Kurzsichtigkeit, Schwerhörigkeit, Schwachsinn, Zähne). Resultat in Gesundheitsbogen eintragen, welcher das Kind von Klasse zu Klasse begleitet.

3. Fortlaufende Überwachung der Schüler (besonders der einer ärztlichen Beobachtung unterstellten) durch periodische Visiten (Sprechstunden) in der Schule (etwa alle 2—4 Wochen für jede Schule).

4. Ermittelung und Bekämpfung von ansteckenden Krankheiten, durch möglichst frühzeitige Untersuchung krankheitsverdächtiger Kinder (solche Kinder sind dem Schularzt von dem Lehrer außer den Visiten von 3 in die Sprechstunde zu senden, wozu am besten ein besonderer Raum vorgesehen wird). Benachrichtigung der Eltern (Formulare), Ausschließung solcher Kinder vom Schulunterricht, Untersuchung

Genesener auf Infektiosität. Eventuell Schluß und Desinfektion der Klasse oder Schule. Beobachtung des Gesundheitszustandes des Lehrers (Tuberkulose) und seiner Familie.

5. Belehrung der Lehrer (durch Vorträge und bei Gelegenheit von 3), die zu Mithelfern des Schularztes zu erziehen und als solche nicht zu entbehren sind.

6. Beratung der Schulvorstände (Sitz und Stimme in der Schuldeputation) in allen gesundheitlichen Fragen (auch Überbürdung, Lektionsplan, Pausenlänge etc.).

Krankenhäuser.

Auswahl des Bauplatzes.

Möglichst freie Lage, am besten etwas erhöht, trockner Baugrund, nicht zu hohes Grundwasser, leichte Beschaffung von Vorflut. Keine Nachbarschaft von lärmenden oder die Luft verunreinigenden Betrieben. In großen Städten sind häufig zweckmäßig die Krankenhäuser nach außen zu verlegen, dann ist aber für gute Verbindung dahin zu sorgen; außerdem für nicht transportable Kranke kleinere Spitäler in der Stadt.

Auswahl des Bausystems.

a) Korridorsystem. Die Krankenzimmer liegen neben einander an einem gemeinsamen Korridor, oft mehrere Stockwerke übereinander.

Vorzüge: Kleinerer Bauplatz, leichtere und billigere Erwärmung. Weniger Personal nötig.

Geeignet für kleinere Krankenhäuser mit wechselndem Krankenbestand, ebenso für besondere Krankenkategorien, wie z. B. rheumatische oder Augenkranke; daneben meist wünschenswert für Epidemien oder sonstigen stärkeren Krankenzufluß eine Isolierbaracke.

b) Pavillonsystem. Die Krankensäle liegen von einander getrennt als isolierte Gebäude oder sind nur durch längere meist offene Gänge verbunden. Ein- und zweistöckige Bauten.

Vorzüge: Bessere Licht- und Luftzuführung zu den Krankensälen und verminderte Gefahr der Weiterverbreitung infektiöser Krankheiten.

Geeignet für größere Krankenhausanlagen.

Vielfach werden auch, namentlich für Krankenhäuser mittlerer Größe, gemischte Systeme besonders vorteilhaft sein.

c) **Barackensystem**; wie das vorige, nur Bauten einstöckig und leichter in der Konstruktion; dieselben Vorzüge wie das Pavillonsystem bietend; häufig auch transportabel eingerichtet.

Geeignet für Feldzüge, Epidemien, Notbauten nach größeren Unglücksfällen und als Reserve zur schnellen Erweiterung bestehender Anlagen.

Als die zur Zeit empfehlenswerteste **transportable** Baracke dürfte die **Doeckersche** zu bezeichnen sein. Dieselbe wird in mehreren Größen und Konstruktionen hergestellt und ist in den gebräuchlicheren Mustern meist vorrätig, also sofort zu haben bei Christoph & Unmack, Niesky, Oberlausitz (Vertreter G. Goldschmidt, Berlin, Kurfürstendamm 233) oder bei L. Strohmeyer & Comp., Konstanz.

Die Baracken sind mit präparierter doppelter Barackenpappe umkleidet oder mit Barackenleinwand resp. mit Holz auf präparierter Barackenpappe; sie haben Holzfußboden und Fenster, werden verpackt versandt und sind an Ort und Stelle in wenigen Stunden aufzustellen. Zu unterscheiden sind solche leichter Konstruktion von geringem Gewicht und besonders schnell aufzustellen, und solche schwererer Konstruktion, für dauernden Gebrauch bestimmt als Ersatz für Fachwerkbauten und leichtere Massivbauten. Erstere kosten 45—60 Mk., letztere 60 bis 80 Mk. pro qm bebaute Fläche. Sie sind auch im Winter heizbar, z. B. durch Löhnholdts Barackenofen (komplett mit Verpackung für 200 Mk. vom Hüttenwerk Warstein, Westfalen).

Als gebräuchlichste Muster mögen angeführt werden:

Nr. 1. 13 × 5 m groß, mit inneren Abteilungen, enthaltend 2 Krankenräume à 6 Betten, 1 Wärter- oder Baderaum, 1 Teeküche, 1 Flur mit 1 außen angehängten Klosettraum. 3400—3600 Mk.

Nr. 6. 22 × 6 m groß, mit inneren Abteilungen, enthaltend 2 Krankenräume à 12 Betten, 1 Teeküche oder Baderaum, 1 Wärterraum, 1 Klosettraum, 1 Flur. 6150 Mk.

Nr. 11. 15 × 5 m groß, ohne innere Abteilungen, für 18—20 Betten, mit 2 Klosetts. 3400 - 3655 Mk.

Eiserne zusammenklappbare Feldbettgestelle dazu von Carl Schulz, Berlin, Hasenhaide 9, für 12 Mk.

Dazu Transport und Aufstellungskosten ca. 7—800 Mk. und innere Einrichtung ca. 1500 Mk.

Eine genaue Beschreibung der Bezugsquellen und Preise für Barackenutensilien findet sich in „Menger, Ausrüstungsnachweis für transportable Barackenlazarette, Berlin, Deckers Verlag". 2,50 Mk.

Weitere Firmen, die Baracken oder Krankenzelte liefern, sind Kurd Hahn, sowie Selberg & Schlüter, Berlin NW. 40. Deutsche Barackenbauges. (System Brünner) Köln-Ehrenfeld, Venloerstraße. Asbestschieferhäuser stellen her A. Calmon, Gummiwerke, A.-G., Hamburg. Eisenskeletthäuser von E. de la Sauce u. Kloß, Lichtenberg-Berlin.

Anzahl der Kranken, Größe des Bauterrains, Größe und Lage der Krankenräume.

Bedarf an Krankenbetten in der Stadt jetzt durchschnittlich 4—6 pro Mille der Einwohner.

Bedarf an Krankenbetten auf dem Lande jetzt durchschnittlich 3 pro Mille der Kreisbewohner.

Ferner sind in der Regel $3/5$ der Betten für innere, $2/5$ für äußere Kranke vorzusehen; $1/4-1/3$ der inneren Kranken, sowie $1/6-1/5$ der äußeren Kranken werden durchschnittlich für die Abteilung für Infektiöse zu rechnen sein.

Für das Bett sind wenigstens 120 qm, besser 150 qm, Bauterrain zu rechnen. Abstand von der Grenze mindestens 10 m. Einstöckige Baracken sollen mindestens 20 m, zweistöckige 30 m Abstand voneinander haben. Für den einzelnen Kranken sind bei sehr guter und permanenter Ventilation 30 cbm Luftkubus, bei 2 mal stündlichem Luftwechsel 40 cbm und 9 qm Bodenfläche zu rechnen. Ein Krankensaal soll mindestens 4,5 m hoch sein. Einzelkrankenzimmer sollen 50—60 cbm und 10 bis 12 qm Bodenfläche haben. Maximalzahl der Betten in einem Krankensaal 30. Besser aber sind kleinere Säle zu 8—10—12 Betten, eventuell auch Teilung eines großen Saales durch 2—$2\frac{1}{2}$ m hohe Zwischenwände. Tagesräume sind mit $1/4-1/5$ Größe der Krankensäle vorzusehen, im Minimum 2 qm pro Bett. Für Sanatorien ist mehr zu rechnen. Die Orientierung der Krankenzimmer nach der Himmelsrichtung wird vielfach von lokalen Verhältnissen abhängig sein, keinenfalls dürfen dieselben bei Korridorbauten nach Norden oder Westen, am besten wohl nach Süden oder Südosten liegen. Pavillonsäle mit zweiseitiger Luftzuführung sind meist besser in der Längsachse von Ost nach West zu orientieren, so daß eine Seite der Fenster nach Süden liegt. In rauherem Klima sind gedeckte, einseitig oder ganz geschlossene Verbindungsgänge zwischen den Pavillons nötig oder erwünscht.

Infektionsbaracken mit mehreren vollkommen von einander trennbaren Abteilungen. Zimmer für 1—3 und Säle für höchstens 10 Kranke.

Das nicht bebaute Terrain ist, soweit irgend möglich, als Gartenanlage für die Kranken einzurichten.

Einzelne Teile der Krankenräume.

Fenster. Minimum der Fensterfläche $1/6$ der Bodenfläche; pro Bett Minimum $1^{1}/_{2}$ qm Fensterfläche, im Einzelzimmer 2 qm. Obere Fensterflügel sind zur Sommerventilation nach innen aufklappbar zu konstruieren (siehe auch bei Schulhygiene). Nicht zu kleine Scheiben (Butzenfenster), Doppelfenster sind stets praktisch, ebenso nötig stellbare Jalousien und geeignete Vorhänge, welche leicht abnehmbar sein müssen (öfter zu waschen).

Fußboden direkt auf den Erdboden zu setzen, ist nur bei ganz trockenem Boden möglich, meist ist dann Unterkellerung oder wenigstens Luftisolierung nötig. Der Zwischenraum ist öfter auf Reinheit zu kontrollieren.

Fußbodenkonstruktion (siehe auch bei Bauhygiene); guter Schiffsriemenboden in Asphalt verlegt. Sehr gut ist Linoleum im ganzen oder als Läufer zwischen den Betten, besonders auf massivem Fußboden; Steinfußboden ist für Spülräume, Operationszimmer geeignet. Mettlacher Fliesen (nur beste Qualität) oder Terrazzo.

Wände. Sockel (2 m hoch) oder besser ganze Wand mit Ölfarbenanstrich (gelblich-rötlicher Farbenton), aber nur nach völliger Austrocknung des Gebäudes. Ecken abgerundet. Für Operationssäle auch Porzellanemailfarbe oder Fliesenbelag.

Heizung. Für ganz kleine Krankenhausanlagen kann Einzelheizung von Vorteil sein.

Für größere Anlagen ist Zentralheizung bei weitem besser. Warmwasserheizung, neuerdings auch als

Fernheizung. Niederdruckdampfheizung oder sehr gut ausgeführte Luftheizung. Hochdruckdampfheizung besonders bei sehr weit ausgedehnten Anlagen und wo der Dampf auch zu anderen Zwecken (Waschen, Kochen, Desinfektion, elektrische Beleuchtung) gebraucht wird. Direkte Heizung mit Hochdruckdampf ist aber nicht gut, sondern Dampf besser als Wärmequelle für eine Warmwasserheizanlage zu verwenden.

Fußbodenheizung ist in einzelnen Fällen (Kindersäle, Fußboden auf der kalten Erde) zweckmäßig, aber nur als Zusatzheizung neben anderer Raumerwärmung.

Ventilation. Bei einstöckigen Bauten im Sommer Dachfirstventilation; in allen Fällen aber womöglich ständige Zuführung genügender Mengen im Winter vorgewärmter frischer Luft nötig, am besten durch eine Pulsionslüftung, welche namentlich, wenn elektrischer Strom vorhanden ist, überall leicht eingerichtet werden kann. (Siehe bei Ventilation und Heizung.) Unter Umständen (größere schwach belegte Säle) ist besondere Heizung auch bei Ventilationsheizung vorzusehen. Für Frühjahr und Herbst sind Lockkamine zweckmäßig; pro Bett sind stündlich mindestens 40 cbm frische Luft einzuführen.

Beleuchtung, am besten elektrische, welche bei vorhandener Dampfkesselanlage oft sehr billig zu beschaffen ist (Dynamo und Akkumulator).

Nebenräume des Krankensaales sind bei Pavillonbauten an den beiden Stirnenden zu verteilen, bei Korridorbauten oft besser zwischen die Säle zu legen.

Es ist erforderlich:

Wärterraum, Teeküche mit Einrichtung für warmes Wasser, nicht zu klein.

Abortraum, soll hell, gut ventiliert und im Winter geheizt sein; er zerfällt am besten in den Klosettraum mit event. Pissoir und einen Vorraum für Spülbecken (Ausguß), Reinigungsutensilien, Kasten für schmutzige Wäsche (Wäsche durch Fallrohre in das Souterrain zu befördern, ist nicht immer zu empfehlen, jedenfalls müssen die Fallrohre 60 cm Durchmesser im Lichten und ein Ventilationsrohr über Dach hinaus haben).

Baderaum, meist neben fester Wanne oder zweckmäßiger wie diese eine bewegliche auf Rädern vorzusehen; für je 30 Betten ist mindestens 1 Baderaum nötig.

Größere Krankenhäuser brauchen meist ein besonderes Badehaus außerdem, in welchem dann Räume für Röntgenaufnahme und Heilgymnastik, sowie ein größerer Ruheraum untergebracht werden können.

Magazin für Unterbringung der Privat- und Spitalkleider der Kranken ist nicht zu vergessen, bei kleinen Anlagen zentral, sonst besser gesondert für die einzelnen Pavillons.

Operationssaal darf nicht fehlen, meist besser zwei, davon einer für septische Kranke; stets hell, im Erdgeschoß mit Lichterker. Wände aus Kacheln oder Emailfarbe, keine Ecken, massiver Fußboden. Heizung besonders reichlich vorsehen, ebenso Reinigung mit Wasserschlauch. Sterilisationsapparate in getrenntem Raum.

Tagesraum ist nicht nach Norden zu legen. Größe siehe vorher (pag. 237), er soll heizbar sein.

Isolierzimmer ist vielfach sehr erwünscht, aber nicht immer unbedingt nötig, ebenso Isolierzimmer für Irre mit dickem Glasfenster usw.

Sonstige hygienisch wichtige Nebenanlagen des Krankenhauses.

Gesamtwirtschaftsräume nicht zu klein, auf eventuelle spätere Vergrößerung des Krankenhauses stets Bedacht nehmen.

Kochküche. Nur bei ganz kleinen Krankenhäusern, sorgfältiger Ableitung der Küchendünste und hohem Souterrain in letzterem unterzubringen, besser in besonderem Gebäude, eventuell in dem Verwaltungsgebäude.

Der Fußboden muß massiv sein, womöglich mit Wasserablauf, Wände in Zementputz, Öl- oder Emailfarbe, oder mit Kachelbelag; die Höhe sollte selbst bei Kellerküchen nicht unter 3—4 m betragen. Die Decke muß, wenn sie zugleich Dach vorstellt, gut gegen Abkühlung (Schwitzwasser) isoliert werden. Eiserne Fenstersprossen, gut im Anstrich halten. Rationelle Ventilation mit Vorwärmung der Luft im

Winter, auch bei besonderer Abführung des Wrasens nötig. Größere Anlagen brauchen außer der Kochküche noch besonderen Spülraum, Gemüseputzraum, event. auch Speiseausgabe; Ausstattung dieser Räume wie die Küche selbst.

Kochmaschinen resp. Kochkessel am besten freistehend, Heizung durch direktes Feuer nur bei kleinerem Betrieb, besser stets Dampf, event. auch Abdampf, namentlich bei größeren Anlagen. Der Dampf wird entweder direkt in die Kessel eingeleitet (nur für Kartoffeln oder Gemüse), oder umspült die Kessel (dann mit Temperaturreglern zu versehen), oder heizt ein die Kessel umgebendes Wasserbad. Letzteres Verfahren vielfach bevorzugt, da Anbrennen unmöglich, Speisen schmackhaft und lange warm zu halten sind, Bedienung sehr einfach ist und Brennmaterial gut ausgenutzt wird.

Größe der Kessel: Für Gemüsekessel sind pro Kopf ca. 1,2 l zu rechnen, für Fleischkessel 0,6 l, für Wasserkessel 0,4 l, für Milch und Kaffee 0,5 l. Es empfiehlt sich meist, eine größere Zahl kleinerer Kessel als umgekehrt wenige große Kessel zu nehmen. Bequeme Entleerung durch Kippkessel.

Material der Kessel: Kupfer rein oder verzinnt (Verzinnung pflegt bald zu leiden), Schmiedeeisen verzinnt oder Gußeisen. Kartoffelkessel müssen siebartigen Einsatz oder Hahn zum Ablassen des Wassers haben. Alle Kessel sind nach außen gegen Wärmeausstrahlung zu isolieren.

Beseitigung des Wrasens: Vom Deckel der Kessel durch Krümmer unter die Feuerung oder durch besonderen erwärmten Entlüftungskanal nach außen, oder am besten in einen Kondensator geleitet.

Außer den Kochkesseln sind noch nötig Brat- und Backofen, Wärmespinde, Warmwasserapparat, Anrichtetische, event. Kaffeekocher, welche nicht mit Dampf, sondern mit direktem Feuer oder Gas erwärmt werden müssen.

Dampfeinrichtungen liefern: Grove, Berlin; Kalkbrenner, Wiesbaden; Kempfe, Magdeburg; Gebr. Demmer, Eisenach.

Wasserbadkocheinrichtungen liefern: Senking, Hildesheim; Rietschel u. Henneberg, Berlin; Thomas, Berlin;

Wigand, Hannover; Schweer, Berlin; Rühmkorff, Hannover; Salzmann, Leipzig; Boy u. Comp., Duisburg; Küppersbusch u. Söhne A.-G., Gelsenkirchen; Gebr. Röder, Darmstadt; A. Voß, Sarstedt bei Hannover.

Kaffeekocheinrichtungen: Rühmkorff u. Comp., Hannover.

Geschirrspül- u. Desinfektionsapparate siehe bei Desinfektion.

Waschküche, liegt am besten in einem besonderen Bau, eventuell mit der Kochküche vereinigt, aber dann mit vollkommener Trennung des Betriebes, keine Verbindungstüren, getrennte Eingänge. Die einzelnen Räume der Waschküche müssen so nacheinander angeordnet sein, daß die Wäsche sie alle nur einmal passiert. Annahme-, Sortier- und eigentlicher Waschraum sollen abwaschbare Wände und wasserdichte Fußböden haben.

Ventilation, Dimensionen und Isolierung des Waschraums ähnlich wie die der Kochküche.

Für infizierte Wäsche besonderer Raum, falls dieselbe nicht sofort in eine Desinfektionsanstalt kommt. Für ununterbrochenen Betrieb ist Dampfkraft erwünscht oder nötig, und zwar werden für 100 kg Wäsche ca. 1—1,3 Pferdekraft, für 1000 kg ca. 10 Pferdekr. nötig. Der Abdampf kann zum Trocknen der Wäsche, zur Heizung, Ventilation und Warmwasserbereitung verwendet werden.

Wäschemenge pro Kopf und Tag.

      in Krankenhäusern ca. . . . 0,5—0,6 kg
      in Seminaren, Waisenhäusern,
        Kadettenhäusern . . . . 0,3—0,4 kg
      in Gasthäusern . . . . . . 0,2—0,3 kg
      in Kasernen . . . . 0,1—0,15 kg.

Wasserbedarf 3—5 cbm pro 100 kg Wäsche, in Krankenhäusern auch noch etwas mehr.

Waschmaschinen in verschiedener Konstruktion, als Hammer-, Walk- oder Trommelmaschinen, bei kleineren oft zugleich zum Spülen der Wäsche zu gebrauchen. (Treichler, Zürich).

Trocknen durch Zentrifugen bis auf 25% des Trockengewichtes der Wäsche;

darauf in Trockenböden, denen im Winter erwärmte Luft zuzuführen ist, oder in Trockenkammern, welche für permanenten oder zeitweisen Betrieb verschieden einzurichten sind. (Kettentrocken- oder Kulissentrockenapparate.)

Waschkücheneinrichtungen liefern: O. Schimmel und Comp., Chemnitz; Boy u. Comp. Duisburg; H. Treichler, Zürich; F. ter Welp, Berlin N 58; Kurd Hahn, Berlin S. Waschmaschinen für 30—100 kg Wäsche ca. 1000—2000 Mk. Spülmaschinen 300—450 Mk. Zentrifugen 500—1500 Mk. Kulissentrockenapparate 600—2000 Mk. Kettentrockenapparate 3000 bis 5000 Mk.

Desinfektionsapparat darf nicht fehlen (siehe bei Desinfektion); zu verbinden damit ist ein Ofen zum Verbrennen des verbrauchten Verbandmaterials; in der Regel genügt dafür ein einfacher eiserner Schüttofen.

Flure und Gänge sollen mindestens 1,80 m breit sein, bei Korridorbauten liegen sie zweckmäßig seitlich; Mittelgänge nur bei besonders guter Ventilation und Beleuchtung. Möglichst geräuschloser Fußboden.

Treppen sollen mindestens 1,30 m breit sein, der Auftritt soll 28 cm breit, die Steigung höchstens 14 cm hoch sein. Feuersicherheit und Beleuchtung durch direktes Tageslicht ist zu beachten.

Ungefährer Preis von Krankenhausbauten bei eingeschossigem Fachwerkbau 13 Mk., massivem Bau 18 Mk., bei zweigeschossigem Massivbau 20 Mk. pro cbm oder bei einfacheren Bauten 3000 Mk., bei reichlicher Ausstattung 5—6000 Mk. pro Bett ohne Inventar.

Verhütung der In-

Allgemeines über Inkubation, Disposition, Ansteckungs-
Infektions-

Krankheit	Inkubationszeit in Tagen bis zum Ausbruch der Krankheit	Disposition für die Krankheit
Cholera asiatica.	Wenige Stunden bis mehrere Tage.	Sie besteht für alle Lebensalter, im übrigen ist noch nicht viel darüber bekannt, doch erhöhen Exzesse im Essen und Trinken, sowie Magen- und Darmkatarrhe anscheinend die Disposition.
Abdominaltyphus.	7—21 Tage.	Kleine Kinder und Greise sind weniger disponiert, kräftige Personen dagegen mehr, ebenso Leute, welche von auswärts in Typhusorte zureisen. Körperliche und geistige Überanstrengung, sowie psychische Affekte sollen die Disposition erhöhen.
Ruhr.	8—10 Tage?	Disposition besteht für alle Lebensalter. Schwächliche Personen und solche mit Magen- und Darmkatarrhen scheinen prädisponiert. Vielleicht sind auch Erkältung, Durchnässung, Diätfehler prädisponierende Momente.
Diphtherie.	2—5 Tage, zuweilen aber auch wohl länger.	Das kindliche Alter vom 1. bis 9. Jahre ist am meisten disponiert, dann mit zunehmendem Alter allmähliche Abnahme der Disposition. Rachenkatarrhe, geringe Mundpflege sind wahrscheinlich auch die Krankheit fördernd.

fektionskrankheiten.

fähigkeit und wiederholtes Auftreten der wichtigeren krankheiten.

Dauer der Ansteckungsgefahr direkt vom Kranken aus	Länge der Immunität nach überstandener Krankheit
Durch den Stuhlgang, solange Cholerabazillen in demselben enthalten sind, was oft noch tagelang nach erfolgter Genesung der Fall ist. Daher bakteriologische Untersuchung nötig.	In den meisten Fällen wohl einige Jahre lang.
Durch den Stuhlgang und Urin, solange Typhusbazillen in demselben enthalten sind; jedenfalls bis zur vollkommenen Genesung und bis der Stuhl wieder vollkommen normales Aussehen zeigt. Bakteriologische Untersuchung nötig.	Meist für das ganze Leben andauernd.
Noch nicht genau bekannt, jedenfalls aber noch wahrscheinlich, bis nicht der Stuhl wieder ganz normal geworden ist. Bakteriologische Stuhluntersuchung erwünscht.	Wird für verschieden lange Zeit erworben.
In den einzelnen Fällen sehr verschieden, jedenfalls aber so lange, als der Diphtheriebazillus sich im Munde des Patienten aufhält, was oft noch viele Tage nach vollkommener Genesung der Fall ist. Daher hier bakteriologische Kontrolle besonders erwünscht.	Immunität wird durch die Krankheit nicht oder nur auf kurze Zeit, durch Serumschutzimpfung auf ca. 3 Wochen erworben.

Verhütung der Infektionskrankheiten.

Krankheit	Inkubationszeit in Tagen bis zum Ausbruch der Krankheit	Disposition für die Krankheit
Keuchhusten.	10—12 Tage.	Die größte Disposition zeigen Kinder von $1/2$ bis zum 6. Jahr, dann Abnahme mit zunehmendem Alter. Bei Erwachsenen selten.
Masern.	9—11 Tage.	Disposition mit wenigen Ausnahmen allgemein und in allen Lebensaltern, nur in den ersten Lebensmonaten oft nicht vorhanden.
Scharlach.	4—7 Tage.	Säuglinge sind wenig disponiert. Erwachsene ebenfalls nicht durchweg. Kinder nach dem 2. Lebensjahre jedenfalls am meisten.
Pocken.	10—14 Tage.	Die meisten Menschen, sofern sie nicht geimpft sind, scheinen in jedem Lebensalter gleichmäßig für Pocken empfänglich.
Pest.	durchschnittlich 3 Tage bis höchstens 10 Tage.	Besteht für alle Lebensalter.
Fleck- u. Rückfalltyphus.	Flecktyphus 8—9 Tage Rückfalltyphus 5—8 Tage.	Die Disposition ist ziemlich allgemein. Befördernd wirken Unreinlichkeit, Hunger und ähnliche sanitäre Mißstände.
Epidemische Genickstarre.	1—4 Tage.	Wie bei Diphtherie.

Dauer der Ansteckungsgefahr direkt vom Kranken aus	Länge der Immunität nach überstandener Krankheit
Unbekannt, jedenfalls wohl meist, solange der Husten besteht.	Immunität wird meist für das ganze fernere Leben erworben.
3—6 Wochen vom Beginn der Erkrankung, jedenfalls bis zur vollendeten Abschuppung und bis darauf folgendem Reinigungsbad.	Desgleichen.
8 Wochen und mehr vom Beginn der Erkrankung; jedenfalls bis zur vollständigen Heilung, Reinigung und Desinfektion des Kranken.	Desgleichen.
Die Krankheit kann auch vom vollständig Genesenen noch längere Zeit hindurch übertragen werden, wenn er nicht sowie seine Umgebung gründlich desinfiziert werden.	Überstehen der natürlichen Pocken gibt meist Immunität für das spätere Leben. Durch Pockenimpfung wird ein weniger langer Schutz, etwa 10 Jahre lang, erzielt.
Vom Beginn der Krankheit bis zur vollständigen Genesung. Nach überstandener Lungenpest sind die Erreger noch mehrere (6) Wochen zuweilen im Auswurf zu finden.	Soweit bekannt, längere Zeit. Zweimalige Erkrankung jedenfalls selten.
Übertragung bis nach vollständiger Genesung und gründlicher Desinfektion des Kranken und seiner Umgebung möglich.	Beim Flecktyphus in der Regel Immunität für das fernere Leben. Beim Rückfalltyphus keine Immunität.
Wie bei Diphtherie.	Unbekannt.

Durchschnittliches Verhältnis der Sterblichkeit an einigen Krankheiten zur Gesamtsterblichkeit in Deutschland.

	1881—1890	1886 - 1895
Diphtherie und Krupp	4,49 %	4,27 %
Masern	1,30 „	1,15 „
Scharlach	1,39 „	0,91 „
Abdominaltyphus	1,09 „	0,75 „
Lungenschwindsucht	13,19 „	12,38 „
Akute Erkrankungen der Atmungsorgane	11,11 „	11,98 „
Akute Darmkrankheiten . . .	10,32 „	11,72 „

Abnahme der Sterblichkeit in deutschen Städten von 15000 und mehr Einwohnern in den letzten Jahrzehnten. Es starben von je 100000 Einwohnern an:

Jahresdurchschnitt	Kindbettfieber	Scharlach	Masern und Röteln	Diphtherie	Typhus	Tuberkulose	Brechdurchfall	Pocken
1877/81	14,4	56,8	27,6	99,8	43,6	357,7	116,8	1,5
82/86	11,5	42	35,5	122,3	30,2	346,2	125,4	1,4
87/91	8,0	21,2	27,6	99,7	20,6	304	138,2	0,4
92/96	6,6	17,9	23,9	84,1	12,1	255,5	135	0,2
97/01	5,1	20	21,3	31,1	10,4	218,7	150,7	0,04
01/05	5,4	20,5	21,1	24,4	6,6	201,7	109	0,03

Bevölkerungsvorgänge in Deutschland auf 10000 Einwohner berechnet für den jährlichen Durchschnitt von 1893—1904.

Geborene	Gestorbene	davon an Diphtherie und Krupp	Keuchhusten	Scharlach	Masern	Typhus
356,1	212,0	6,0	3,6	2,1	2,5	1,1

Verhütung der Infektionskrankheiten.

Lungen-tuber-kulose	Tuber-kulose anderer Organe	Lungen-entzün-dung	Sonstige entzündl. Krank-heiten	Seltenere ansteck. Krank-heiten	Magen-u. Darm-krank-heiten	Kind-bett-fieber
20,4	1,9	13,4	13,5	0,19	29,0	0,7

Neubil-dungen	Ange-borene Lebens-schwäche	Alters-schwäche	Verun-glück-ungen	Sonstige Krank-heiten	Unbe-kannt
7,1	11,1	20,7	3,8	64,5	6,2

Gesetzliche Bestimmungen zur Verhütung und Bekämpfung ansteckender Krankheiten.

a) In Deutschland

Gesetz, betreffend die Bekämpfung gemeingefährlicher Krankheiten vom 30. Juni 1900. (Reichsseuchengesetz, Auszug.)

§ 1—5. **Anzeigepflicht**.

Jeder Todes- oder Erkrankungsfall (auch verdächtiger) an Aussatz (Lepra), Cholera (asiatischer), Flecktyphus, Gelbfieber, Pest und Pocken ist der Behörde mündlich oder schriftlich anzuzeigen.

Anzeigepflichtig sind:
1. der Arzt;
2. der Haushaltungsvorstand, in Krankenhäusern und dergleichen der Vorsteher, auf Schiffen und Flößen der Schiffer oder Führer;
3. jede mit der Behandlung oder Pflege beschäftigte Person;
4. der Wohnungsinhaber oder Hausbesitzer;
5. der Leichenschauer.

(2—5 sind nur zur Anzeige verpflichtet, wenn 1 nicht vorhanden.)

Weitergehende Anzeigepflicht in den einzelnen Bundesstaaten wird hierdurch nicht berührt.

Der Bundesrat kann die Anzeigepflicht auch auf andere Krankheiten ausdehnen.

§ 6—10. **Ermittelung der Krankheit**.

Die Polizeibehörde hat den beamteten Arzt sofort nach erfolgter Anzeige zu benachrichtigen.

Letzterer muß sofort Ermittelungen anstellen und das Resultat derselben zurückmelden. Der Zutritt zu dem Kranken oder der Leiche, ebenso die Vornahme etwa nötiger Untersuchungen ist ihm nicht zu verwehren. Bei Cholera-, Gelbfieber- und Pestverdacht darf er an der Leiche die Sektion vornehmen. (Der behandelnde Arzt darf derselben beiwohnen.)

Dem beamteten Arzt ist auf Befragen Antwort zu geben; derselbe kann bei Gefahr im Verzuge ihm nötig erscheinende Maßregeln sofort selbst anordnen (Benachrichtigung der Behörde) oder muß solche der Behörde vorschlagen, welche sie dann möglichst schleunig zur Ausführung bringt.

In verseuchten oder der Verseuchung verdächtigen Orten kann eine polizeiliche Leichenschau angeordnet werden.

§ 11—27. Schutzmaßregeln.

Den behördlichen Absperrungs- und Aufsichtsmaßregeln ist ohne Verzug Folge zu leisten. (Anfechtung der Verordnungen hat keine aufschiebende Wirkung.)

Solche Maßregeln sind die folgenden:

Kranke und Verdächtige können einer Beobachtung unterworfen werden (Aufenthaltsbeschränkung ist nur bei Herumziehenden oder Obdachlosen gestattet), ebenso Schiffer, Flößer und dergleichen Personen.

Die höhere Verwaltungsbehörde kann anordnen, daß aus verseuchten Orten Zureisende sich sofort bei der Ortspolizeibehörde melden müssen.

Für Kranke und Verdächtige kann eine Absonderung angeordnet werden. (Angehörigen und Urkundpersonen ist der Zutritt unter Vorsichtsmaßregeln gestattet.)

Eine zwangsweise Überführung in ein Krankenhaus kann erfolgen, wenn der Transport möglich, eine sonstige Isolierung nach Gutachten des beamteten Arztes aber nicht möglich ist.

Kranke und Verdächtige müssen in getrennten Räumen untergebracht werden.

Verseuchte Wohnungen können kenntlich gemacht werden.

Die Landesbehörden können anordnen: die Überwachung der Herstellung und des Vertriebes von Gegenständen, welche eine der gemeingefährlichen Krankheiten verbreiten können (Ausfuhrverbot solcher Gegenstände nur bei Ausbruch von Cholera, Pest, Pocken und Flecktyphus zu erlassen), sie können ferner verbieten: Verkauf im Umherziehen, Abhaltung von Märkten und ähnlichen Veranstaltungen, Beförderung kranker und verdächtiger Personen und Sachen.

Kinder aus verseuchten Häusern können vom Schulbesuch ferngehalten werden.

Die Benutzung von Brunnen und anderen Wässern kann in verseuchten oder bedrohten Ortschaften verboten werden.

Eine Desinfektion (event. Vernichtung) infizierter oder verdächtiger Gegenstände oder Räume kann angeordnet werden. (Bei Reisegepäck und Handelswaren nur unter besonders verdächtigen Umständen.)

Eine Vertilgung von Ratten und Ungeziefer kann bei Pestgefahr angeordnet werden, ebenso eine besondere Behandlung infektiöser Leichen.

Die Ausführungsbestimmungen über diese Schutzmaßregeln werden vom Bundesrat erlassen. Dieser kann ebenfalls besondere Bestimmungen treffen über:

Einlaß von Schiffen und anderen Fahrzeugen;

Ein- und Durchfuhr von Waren und Gebrauchsgegenständen;

Einlaß und Beförderung von Personen aus verseuchten Ländern her;

besondere Vorschriften über Gesundheitspässe für ausgehende Schiffe;

besondere Vorschriften über wissenschaftliche Untersuchungen mit Krankheitserregern.

Der Reichskanzler oder mit ihm der zunächst bedrohte Bundesstaat bestimmt, wann diese Maßregeln in Kraft treten sollen.

§ 28—33. Entschädigungen.

Invaliditätsversicherte und isolierte Personen haben Anspruch auf Entschädigung, wenn solche ihnen nicht sonst schon zuteil wird.

Für durch Desinfektion beschädigte Gegenstände wird Entschädigung gewährt, wenn sie nicht widerrechtlich eingeführt worden sind oder nicht erworben wurden, obgleich sie der Infektion verdächtig waren.

Für staatlichen oder kommunalen Besitz wird keine Entschädigung gewährt.

Die Entschädigungskosten werden aus öffentlichen Mitteln bestritten und zwar in den einzelnen Bundesstaaten nach besonderer Anordnung.

§ 34—43. Allgemeine Vorschriften.

Zentrale Wasserversorgungseinrichtungen und solche zur Fortschaffung der Abfallstoffe sind von den Landesregierungen fortlaufend amtlich zu überwachen und müssen von den Gemeinden nach ihrer Leistungsfähigkeit hergestellt, verbessert und in Stand gehalten werden.

Außer den staatlich angestellten Ärzten können geeignetenfalls auch andere Ärzte mit der Funktion und den Verpflichtungen der ersteren amtlich betraut werden.

Die Behörden der Bundesstaaten haben sich gegenseitig zu unterstützen.

Für der Militärbehörde unterstellte Personen und Sachen hat die erstere die erforderlichen Maßnahmen anzuordnen; für Eisenbahn-, Post- und Telegraphenverkehr führen ebenfalls die zuständigen Behörden die nötigen Maßnahmen aus.

Der Reichskanzler hat die oberste Überwachung über die Ausführung dieses Gesetzes zu führen, eventuell Kommissare zu ernennen und die Landesbehörden direkt mit Anweisungen zu versehen.

Von dem Ausbruch einer gemeingefährlichen Krankheit ist das Kaiserl. Gesundheitsamt sofort zu benachrichtigen.

Ein Reichsgesundheitsrat unterstützt das Gesundheitsamt durch Rat und kann an Ort und Stelle des Seuchenausbruchs durch Mitglieder oder Vertreter Aufklärungen einziehen.

§ 44—46. Strafvorschriften.

Mit Gefängnis bis zu 3 Jahren wird bestraft,
   wer wissentlich zu desinfizierende Objekte vor der Desinfektion gebraucht oder weitergibt.

Mit Geldstrafe bis 150 Mk. wird bestraft,
wer eine Anzeige unterläßt oder verzögert, dem beamteten Arzt in seinen Obliegenheiten entgegenwirkt und ihm wissentlich unrichtige Angaben macht oder sonstwie den behördlichen Anordnungen zuwider handelt.

Außer für die in dem vorstehenden Gesetz allgemein in Deutschland anzeigepflichtigen Krankheiten ist in den meisten deutschen Bundesstaaten noch eine Anzeige vorgeschrieben bei Erkrankungen und Sterbefällen an Darmtyphus, Rückfalltyphus, Diphtherie und Krupp, Wochenbettfieber, epidemischer Kopfgenickstarre, Tollwut, Milzbrand, Rotz und Trichinose, für Ruhr, Scharlach und Masern vielfach nur bei bösartigem Auftreten, ebenso bei Todesfällen und Wohnungswechsel Tuberkulöser sehr zweckmäßig in einzelnen Bundesstaaten resp. Bezirken.

Hygienisch ist zweifellos sehr zu wünschen, daß die Anzeigepflicht auf möglichst viele ansteckende Krankheiten allgemein ausgedehnt wird, weil häufig nur dadurch die Behörden in den Stand gesetzt werden, schnell genug und wirksame Gegenmaßregeln treffen zu können.

Als weitere reichsgesetzliche Maßregeln gegen Infektionskrankheiten sind noch zu erwähnen: das Impfgesetz vom 8. April 1874 mit einzelnen späteren Abänderungen, sowie einige §§ des Strafgesetzbuches (z. B. § 327 und 361) und der Gewerbeordnung (§ 37, 56, 81), durch welche den Behörden Handhaben gegen Verbreitung von Krankheiten, namentlich auch der Geschlechtskrankheiten, gegeben sind.

b) In den einzelnen Bundesstaaten bestehen im übrigen noch große Verschiedenheiten in den gesetzlichen Vorschriften. Als letzte wichtige Gesetze für Preußen seien hier nur kurz die Gesetze betreffend die Dienststellung des Kreisarztes und die Bildung von Gesundheitskommissionen vom 16. Sept. 1899, sowie das Gesetz, betreffend die Bekämpfung übertragbarer Krankheiten vom 28. Aug. 1905, nebst Ausführungsbestimmungen dazu im Auszug angeführt.

Ersteres bestimmt, daß der Kreisarzt die Behörden (Kreisausschuß, Kreistag) gutachtlich zu beraten hat, daß er die Gesundheitsverhältnisse des Kreises zu beobachten, die Durchführung der Gesundheitsgesetzgebung

In Preußen zur Bekämpfung der Infektionskrankheiten vorbare Maßregeln (nach Reichsgesetz vom 30. Juni

Krankheit	Beobachtung a Kranker b verdächtiger Pers.	Meldepflicht a Erkrankter b Todesfälle c Verdächtiger	Absonderung a Erkrankter b Verdächtiger
I. nach Reichsgesetz:			
Aussatz			
Cholera asiatica			
Flecktyphus	a + b	a + b + c	a + b
Gelbfieber			
Pest			
Pocken			
II. nach preußischem Gesetz:			
Diphtherie	—	a + b	a mit Einschränkung
Genickstarre	—	a + b	a
Kindbettfieber	—	a + b	—
Körnerkrankheit (Granulose, Trachom)	a + b	a	
Lungen- und Kehlkopftuberkulose	—	nur b	—
Rückfallfieber	a	a + b	a + b
Ruhr	—	a + b	a
Scharlach	—	a + b	a mit Einschränkung
Syphilis (Tripper und Schanker bei gewerbsmäßiger Unzucht)	a + b	—	a
Typhus	a	a + b event. auch für Zureisende	a + b
Milzbrand	--	a + b	—
Rotz	a	a + b	a
Tollwut	b	a + b	a
Fleisch- und Wurstvergiftung	—	a + b	—
Trichinose	—	a + b	

geschriebene (in der Tabelle unterstrichen) und eventuell anwend 1900 und preuß. Gesetz vom 28. August 1905.)

Beschränkung gewisser Gewerbebetriebe, von Versammlungen u. dgl. des Pflegepersonals	Verbot des Schulbesuchs der Geschwister Erkrankter	Desinfektion	Verschiedenes
Bei Schiffern, Flößern, Herumziehenden. Versammlungen, Märkte u. Messen	ja	ja	Kenntlichmachung verseuchter Wohnungen. Ein- und Durchlaß von Schiffen, Waren und Personen. Räumung von Wohnungen. Vorsichtsmaßregeln bezügl. von Leichen. Benutzung von Brunnen, Badeanstalten usw. Vertilgung von Ungeziefer.
Vertrieb von bestimmten Nahrungsmitteln, Pflegepersonal	ja	ja	Leichen wie bei I.
—	—	ja	—
Hebeammen und Pflegepersonal	—	ja	—
—	—	ja	—
—	—	ja	—
Pflegepersonal, Versammlungen etc.	ja	ja	Kennzeichnung u. Räumung der Wohnungen, Schiffahrtsüberwachung.
Versammlungen etc.	ja	ja	Brunnen, Badeanstalten etc., Räumung v. Wohnungen, Leichen.
Vertrieb von Nahrungsmitteln, Pflegepersonal	ja	ja	Leichen.
—	—	—	—
Nahrungsmittel, Versammlungen, Pflegepersonal	ja	ja	Kennzeichnung u. Räumung der Wohnungen, Badeanstalten etc. Leichen.
—	—	ja	Vertrieb bestimmter Gegenstände. Leichen.
—	—	ja	Leichen.
—	—	—	—
—	—	—	—

zu überwachen und Vorschläge zur Abstellung von sanitären Mängeln zu machen hat. Der Kreisarzt ist ferner vor sanitären polizeilichen Erlassen und Anordnungen zu hören und kann bei vorliegender Gefahr direkte Anordnungen treffen, muß dann aber der Behörde davon sofort Nachricht geben.

Gesundheitskommissionen sind in jeder Gemeinde über 5000 Einwohner zu bilden (in kleineren auf besondere Anordnung der Behörden). Ihre Aufgabe ist:
1. Besichtigungen in ihrem Bezirke zu unternehmen und die Maßnahmen der Polizeibehörden zu unterstützen;
2. Gutachtliche Äußerungen über ihr von den Behörden vorgelegte Fragen abzugeben;
3. diesen Behörden selbständig Vorschläge zu machen.

Über die Hauptbestimmungen des preußischen Gesetzes vom 28. Aug. 1905, das sich im Einzelnen eng an das oben im Auszug angeführte Reichsgesetz vom 30. Juni 1900 anlehnt, gibt die vorstehende Tabelle eine kurze Übersicht.

Spezielles über die wichtigeren Infektionskrankheiten.

Über die meisten wichtigeren Infektionskrankheiten sind von seiten des Reiches oder von Preußen kurze amtliche Anweisungen zur Bekämpfung der Krankheiten erschienen, welche für wenige Pfennige durch jede Buchhandlung zu beziehen sind. (Verlag von Julius Springer, Berlin, und von Richard Schoetz, Berlin).

Cholera.

Art der Ansteckung:

Die Infektionskeime sind vorhanden im Erbrochenen und Stuhlgang von Cholerakranken, Rekonvaleszenten und vielfach auch scheinbar Gesunden; sie werden weiterverbreitet durch Anfassen beschmutzter Gegenstände, Betten, Kleider, Hausgeräte, durch Waschen beschmutzter Wäsche, durch Genuß infizierten Wassers (Kesselbrunnen, Flußläufe, Seeen) und Nahrungsmittel (Milch, Gemüse), durch Insekten.

Maßregeln gegen Verbreitung der Cholera.
a) Verhalten der Familienmitglieder der Erkrankten und Anordnungen des behandelnden Arztes.

Polizeiliche Anmeldung auch verdächtiger Erkrankungen eventuell telegraphisch.

Isolierung des Erkrankten und seines Wartepersonals von den übrigen Familienmitgliedern; wenn dieses nicht möglich ist, Überführung in ein Krankenhaus.

Sorgfältige und stets sofortige Desinfektion von Erbrochenem und Stuhlgängen (letzterer auch noch ca. drei Wochen lang nach erfolgter Genesung oder besser bis zweimal durch bakteriologische Untersuchung die Abwesenheit von Cholerabazillen festgestellt ist), von Eß-, Trinkgeschirren und Speiseresten, von beschmutzten Wäschestücken, Möbeln und Körperpartien, ferner der Hände des Wartepersonals, der Türgriffe, des Badewassers. (Ausführung der einzelnen Desinfektionen siehe bei Desinfektion.)

Instruktion des Pflegepersonals von seiten des Arztes.

Sorge für gutes Wasser und eventuell andere Nahrungsmittel, Schutz letzterer gegen Fliegen.

Nach erfolgter Genesung, Tod oder Überführung in ein Krankenhaus bei schmutzigen Wohnungen gründliche Desinfektion aller Zimmer, der Aborte, Brunnen, Ställe; in reinlichen Wohnungen nur des Krankenzimmers (exkl. Wände und nicht gebrauchter Möbel) und des Abortes. Lüftung (Austrocknung) der Räume.

b) **Maßregeln der beamteten Ärzte, Landräte, Ortspolizeibehörden.** (Siehe auch: Amtliche Anweisung zur Bekämpfung der Cholera. Verlag von Julius Springer, Berlin 1905, 40 Pfg.)

Anordnung der Maßregeln sub a), soweit sie noch nicht geschehen sind.

Strengste Isolierung der Erkrankten je nach den lokalen Verhältnissen (bei Wohlhabenden, Intelligenten, bei isoliert liegenden Gebäuden) durch Aufstellung von Wachen in der Wohnung oder Überführung in ein Krankenhaus, eventuell Quarantänestation. Ebenso, jedoch möglichst getrennt von den Erkrankten, sind die Mitbewohner zu isolieren.

Möglichst schleunige Übersendung von Stuhlproben des Erkrankten und seiner Umgebung (Anweisung dazu siehe pag. 262) an das nächste bakteriologische Institut zur Feststellung der Diagnose (kann auch schon vom behandelnden Arzt abgeschickt werden). In Preußen sind postversandtfertige Gefäße kostenlos für Ärzte in fast jeder Apotheke zu erhalten. Aufheben der Isolierung bei negativem Befund der Untersuchung sofort, bei positivem erst, wenn mehrfach (2—3 mal) keine Cholerabazillen bakteriologisch mehr nachzuweisen waren. Verdächtige sind bis zur Feststellung der Diagnose wie Erkrankte zu behandeln.

Ausforschen der eventuellen Infektionsursache. Inquisition des Erkrankten resp. der Angehörigen desselben. Persönliche gründliche Inspektion der Wohnung und seiner Umgebung, besonders der Aborte und des Brunnens (event. ist letzterer zu schließen).

c) Ein besonderes vom Reichskanzler am 8. Aug. 1893 erlassenes Regulativ schreibt den Behörden weiter bei Auftreten von Cholera vor (im Auszug hier mitgeteilt):

Telegraphische Meldung des ersten festgestellten Cholerafalles an das Kaiserl. Gesundheitsamt, ebenso fernerhin täglich telegraphische gedrängte Übersichten der Neuerkrankungen, weiter wöchentliche Krankennachweisungen per Post auf besonderem Formular.

Bekanntmachung der festgestellten Cholerafälle in den Kreisblättern.

Messen, Märkte und dergl. sind zu beaufsichtigen und bei besonderer Gefahr zu verbieten.

Schulkinder aus Choleraorten dürfen nicht auswärtige Schulen besuchen, ebenso sind in Choleraorten keine Schulkinder von auswärts zum Schulbesuch zuzulassen.

Zugereiste aus verseuchten Gegenden sind 5 Tage lang, jedoch möglichst ohne Belästigung derselben, zu beobachten; solche Personen können polizeilich angehalten werden, ihre Ankunft im Ort sofort anzumelden.

Gegen Obdachlose und Herumziehende kann bei Krankheitsverdacht besonders vorgegangen werden.

In Choleraherden (ob ein Ort als Choleraherd zu betrachten ist, wird in jedem Fall vom Kaiserl. Gesundheitsamt resp. der Reichscholerakommission bestimmt) ist die Ausfuhr von Milch, gebrauchtem Bettzeug und Kleidern sowie von ungepreßten Lumpen zu verbieten. Bei Postpaketen kann Angabe des Inhalts gefordert werden.

Einfuhrverbote sind nicht zulässig, doch können beschmutzte Gegenstände (gebrauchte Wäsche, Betten) aus Choleraorten stammend nach ärztlichem Gutachten zwangsweise desinfiziert werden.

Der Krankentransport darf nicht in öffentlichem Fuhrwerk geschehen; bei Übertretung der Vorschrift ist das Fuhrwerk zu desinfizieren.

Choleraleichen dürfen nicht gewaschen und nicht öffentlich ausgestellt werden; sie sind in Karboltücher zu hüllen, in dichtem Sarg auf einer Schicht Sägemehl, Torfmull oder dergl. möglichst schnell aus dem Sterbehaus zu schaffen und zu beerdigen. Leichengefolge ist zu beschränken, Leichenschmäuse und Betreten der Sterbewohnung sind zu verbieten.

Der Nahrungsmittelverkehr ist besonders zu überwachen. In Ausnahmefällen sind Verkaufsräume zu schließen und Vorräte zu vernichten.

Für gutes Trinkwasser ist bei Zeiten zu sorgen. Schlecht angelegte oder verdächtige Brunnen sind zu schließen. Dafür sind Röhrenbrunnen (Abessinier) aufzustellen. Verunreinigungen von Brunnen sowie Spülen und Waschen verdächtiger Gegenstände in der Nähe von Brunnen ist zu verbieten.

Schmutzwässer aus Choleraorten dürfen nur nach genügender Desinfektion (siehe dort) in öffentliche Gewässer eingeleitet werden.

Abtrittsgruben sind beim Nahen einer Epidemie zu entleeren, nach Ausbruch derselben aber nicht mehr.

Öffentliche Aborte und Pissoirs sind besonders rein zu halten und nach Lage der Verhältnisse zu desinfizieren.

Desinfektionen sind nach besonderen Vorschriften auszuführen und zwar unentgeltlich.

Choleragesundheitskommissionen sind, wenn noch nicht vorhanden, zu bilden. Denselben liegt ob, sich über die gesundheitlichen Zustände des betreffenden Ortes zu unterrichten und auf dem Laufenden zu halten durch fortgesetzte Besuche der einzelnen Häuser, besonders Herbergen und dergleichen, und auf Abstellung der eventuellen Übelstände hinzuwirken (Schließung von Brunnen, Desinfektionen, Evakuieren von Kranken oder Verdächtigen, Reinigen von Straßen, Höfen, Gruben usw.).

Als besondere Aufgaben sind von den Kommissionen ins Auge zu fassen und von ihnen zu beschaffen:

1. Unterkunftsräume für Kranke und Verdächtige durch Evakuieren von Hospitälern, Siechenhäusern oder Häusern in der Nähe von solchen Anstalten, Turnhallen, Schulen, Festsälen; Aufstellen von transportablen Baracken (siehe bei Krankenhäusern).
2. Pflegepersonal wie Wärter, Diakone, Diakonissinnen, barmherzige Schwestern.

3. Ärztliche Hilfe, Einrichtung von Sanitätswachen, Verpflichten von einzelnen Ärzten, sich in gewissen Zeiten zu Hause oder auf der Wache aufzuhalten.
4. Transportmittel, Krankenwagen und Tragen, Omnibusse, Kontrakte mit Fuhrwerksbesitzern, Abmachung mit der Feuerwehr usw. Für den Transport von infizierten Objekten geschlossene Möbelwagen, mit Blech ausgeschlagene Kisten auf Handwagen, Leinensäcke.
5. Desinfektionseinrichtungen und -Mittel (Improvisieren von Desinfektionsapparaten siehe bei Desinfektion), Ausbildung von Desinfektoren (Krankenwärter, Polizisten, Feuerwehr, Straßenreiniger, Nachtwächter). Vorrätighalten und Gratisverteilen von Kalkmilch und Karbolseifenlösung.
6. Belehrung des Publikums durch Plakate oder Flugblätter. Dieselben sollen allgemein verständlich etwa folgendes enthalten:

Erklärung der Art und Weise der Verbreitung der Krankheit. Warnung vor überstürzter Flucht bei Annäherung der Cholera, vor Aufnahme von aus Choleraorten kommenden Menschen, vor Genuß von Nahrungsmitteln aus Choleraorten, besonders Obst, Milch, vor Exzessen im Essen und Trinken, vor Benutzung von verdächtigem Wasser zu Trink- und Haushaltungszwecken, event. Kochen desselben. Warnung vor Häusern und Orten, in denen Cholera vorgekommen ist, besonders vor Genuß von Lebensmitteln daselbst. Anleitung über die Gefährlichkeit der Abgänge verdächtiger Personen und über rationelle Desinfektion derselben. Desinfektion des eigenen Körpers, besonders der Hände. Verhalten bei einem Sterbefall an Cholera. Einsargung. Nachlaß. Desinfektion. Warnung vor sogenannten Choleramitteln.

Grundsätze für die Überwachung des Eisenbahn-, Binnenschiffahrt- und Flößereiverkehrs in Cholerazeiten sind vom Reichskanzler durch ein Rundschreiben vom 27. Juni 1893 veröffentlicht (abgedruckt in d. V. d. K. G.-A. 1893 und im 11. Jahresbericht über d. Fortschr. d. Hygiene, von Uffelmann, S. 237 ff.; Wernich u. Wehmer, Lehrb. p. öffentl. Gesundheitswesens, S. 611 ff.).

Durch Übereinkunft der meisten europäischen Staaten ist zur internationalen Bekämpfung der Cholera folgendes festgesetzt worden:

Die Regierung eines Landes, in welchem sich ein Choleraherd gebildet hat, zeigt den übrigen Regierungen dieses an und sendet an dieselben wöchentliche Berichte über den weiteren Verlauf der Seuche.

Ein Bezirk ist als verseucht anzusehen, wenn ein Seuchenherd amtlich (in Deutschland durch die Reichscholerakommission) konstatiert ist. Vereinzelte Fälle bilden keinen Herd.

Ein Bezirk ist wieder rein, wenn 5 Tage keine Person darin erkrankt oder gestorben ist.

Waren und Gegenstände, deren Ein- resp. Durchfuhr verboten werden darf, sind ausschließlich nur:

> Gebrauchte Leib- und Bettwäsche und Kleider.
>
> Hadern und Lumpen, wenn sie nicht hydraulisch gepreßt sind oder als neue Abfälle (Shoddy) direkt aus Fabriken kommen.

Diese Gegenstände sind von der Einfuhr im gedachten Falle auszuschließen oder an der Grenze zu desinfizieren. Die Durchfuhr ist aber auch in diesem Falle zu gestatten, wenn die Sachen sicher verpackt sind.

Desinfektion an der Grenze soll ferner geschehen bei schmutziger Wäsche und Kleidung von Reisenden, wenn sie aus dem Seuchenherd kommen, nicht dagegen bei Briefen, Büchern, Zeitungen u. dergl.

Maßregeln an den Landesgrenzen.

Landverkehr.

Nur mit Choleradejektionen direkt beschmutzte Eisenbahnwagen sind an der Grenze zurückzuhalten, ebenso nur verdächtig erkrankte Personen.

Dagegen darf stattfinden bei allen Reisenden eine ärztliche Besichtigung und nach Ankunft des Reisenden am Reiseziel eine 5 tägige Überwachung desselben, möglichst ohne ihn zu belästigen.

Seeverkehr.

Ein Schiff ist anzusehen als verseucht, wenn in den letzten 7 Tagen Cholera an Bord war.

Ein Schiff ist anzusehen als verdächtig, wenn vor den 7 Tagen Cholera an Bord war.

Ein Schiff ist anzusehen als rein, wenn Cholera nicht an Bord war, auch trotz Herkunft aus verseuchtem Hafen.

Verseuchte Schiffe: Kranke ausgeschifft und isoliert. Übrige Personen bis 5 Tage beobachtet. Schiff wird desinfiziert.

Verdächtige Schiffe: ärztliche Revision. Desinfektion der gebrauchten Wäsche. Desinfektion und Auspumpen des Bilgewassers. Füllen der Wassertanks mit gutem Wasser.

Reine Schiffe: sind sofort dem freien Verkehr zuzulassen, doch können Reisende und Besatzung bis 5 Tage, von der Abfahrt des Schiffes aus dem verseuchten Hafen ab gerechnet, einer Überwachung unterworfen werden.

Entnahme und Versendung choleraverdächtiger Untersuchungsobjekte.

Stuhlgangproben sind in reinen Gefäßen aufzufangen und möglichst bald nach der Entleerung abzusenden. Werden zum Auffangen Bettschüsseln verwendet, dürfen dieselben keine Desinfektionsmittel enthalten; sind noch Reste derselben von einem früheren Stuhlgang her in der Schüssel enthalten, muß dieselbe vorher mit Wasser ausgespült werden. Zusatz von Desinfektionsmitteln, auch von Wasser, zum Stuhlgang hat natürlich zu unterbleiben. Ist zurzeit kein Stuhlgang zu erhalten, kann ein Glyzerinsuppositorium in den After eingeführt werden, worauf meistens sehr bald eine genügende Menge Stuhlgang erfolgen wird. Ein Teelöffel voll genügt im Notfall. Die Stuhlgangprobe wird mit Hilfe eines Blechlöffels, Blechtrichters oder ähnlichen leicht zu beschaffenden Instrumentes in ein reines Glas eingefüllt, worauf das Instrument verbrannt oder desinfiziert wird. Am besten eignen sich für den Zweck der Versendung die weithalsigen Pulvergläser der Apotheken mit eingeschliffenem Glasstopfen. Es können jedoch auch andere feste Gläser mit gut schließendem Korkstopfen genommen werden. Dieselben müssen jedoch einen glatten zylindrischen Hals haben, in welchem der Korken gut festsitzt. Für dünnflüssige Proben sind auch Arzneiflaschen (sind schlecht zu füllen) zu verwenden. Sämtliche Verschlüsse sind außerdem noch mit angefeuchteter Blase oder Pergamentpapier zu überbinden.

Die Gläser sind in festen Kistchen, in Sägespäne, Papier, Stroh, Häcksel oder dergl. verpackt, der nächsten Poststation als „durch Eilboten zu bestellen" zu übergeben. Wenn keine Zeit dadurch verloren geht, erfolgt der Transport am besten in der Nacht. Zum Versand fertige Gläser liefert Th. Schröter, Leipzig-Connewitz. 100 Stück für 30 Mk.

Von choleraverdächtigen Leichen sind 3 Stücke Dünndarm, doppelt unterbunden, und zwar 1. aus dem mittleren Teile des Ileum, 2. etwa 2 m oberhalb und 3. dicht oberhalb der Ileocökalklappe zu entnehmen und in oben beschriebener Weise verpackt einzusenden.

Es empfiehlt sich für die beamteten Ärzte, namentlich bei Fahrten über Land zu verdächtigen Patienten, einige vorschriftsmäßig zur Versendung vorbereitete Gläser, sowie einige Glyzerinsuppositorien mitzuführen.

Typhus abdominalis, Unterleibstyphus.

Art der Ansteckung: ähnlich wie bei der Cholera, siehe dort. Typhuskeime sind außerdem zeitweise auch in großen Mengen im Urin des Kranken und auch des Genesenen enthalten; sie sind ferner widerstandsfähiger wie die Cholerabazillen; sie werden daher wahrscheinlich außerdem auch verbreitet werden können durch Verstäuben in der Luft, wenn sie irgendwo am Boden oder an Gegenständen angetrocknet sind.

Maßregeln gegen Verbreitung: ähnlich wie bei der Cholera, insbesondere ist zu beachten:

Isolierung des Kranken im Hause oder, wenn dies nicht möglich, Überführung in ein Krankenhaus. Die Isolierung ist bis 8 Tage nach der Genesung oder besser bis der Stuhlgang sich als typhusbazillenfrei bei zweimaliger Untersuchung erweist, aufrecht zu erhalten.

Instruktion des Wartepersonals, sorgfältige Händedesinfektion vor jedem Essen. Auffangen der Abgänge des Kranken und sofortige Desinfektion derselben. Der Urin ist zweckmäßig noch bis mehrere Wochen nach der Genesung dauernd zu desinfizieren und auftretende Trübungen desselben sind dem Arzte (Urotropinkur) zu melden. Verbot für den Kranken, das Klosett zu benutzen, überhaupt sorgfältiges Fernhalten der Abgänge von Boden und Senkgruben; letztere sollen, solange Krankheitsfälle vorkommen, möglichst nicht geleert werden. Gebrauchte und beschmutzte Leib- und Bettwäsche ist ebenfalls sofort in Desinfektionsflüssigkeit zu legen. Desinfektion des Badewassers. Anmeldung der Erkrankung bei der Behörde.

Der beamtete Arzt hat, namentlich bei wiederholten Erkrankungsfällen in demselben Hause, sich über die Infektionsursache zu orientieren. In zweifelhaften Erkrankungsfällen kann oft die Serumdiagnose oder die bakteriologische Untersuchung des Stuhlganges zu der gewünschten Aufklärung führen. Zu ersterem Zweck ist eine geringe aus der Fingerkuppe oder dem Ohrläppchen des Kranken entnommene Blutprobe (in Lymphröhrchen oder sonstwie vor Eintrocknen geschützt) dem nächsten bakteriologischen Institut zur Untersuchung einzusenden.

Zureisung von Personen aus anderen Gegenden. Genaue Lokal-, eventuell auch chemische und bakteriologische Untersuchung des Trinkwassers und speziell der Brunnen, ferner der Aborte, der ganzen Kanalisationsanlage des Hauses (Verlauf und Dichtigkeit der Abfallrohre in Zwischendecken, hinter Holzverkleidungen), der Nahrungsmittelversorgung und Aufbewahrung (besonders Milch- und Gemüsebezugsquelle). Eventuell ist die Abgabe dieser Lebensmittel aus dem infizierten Hause polizeilich zu verbieten.
Nach eingetretenem Tode möglichst schnelle Beerdigung unter Vorsichtsmaßregeln wie bei der Cholera (siehe dort). Desinfektion aller vom Kranken oder im Krankenzimmer gebrauchten Sachen (Eßgeräte, Bücher usw.), des Bettes und des Fußbodens; in unsauberen Wohnungen auch der Wände des Krankenzimmers und eventuell des ganzen Hauses.

Dysenterie, Ruhr.

Art der Ansteckung ganz ähnlich wie bei Cholera und Typhus.

Maßregeln gegen Verbreitung: ebenso wie bei Cholera und Typhus, besonders sorgfältige Desinfektion der Stuhlgänge, sowie der beschmutzten Wäsche und Bettstücke. Anhalten des Pflegepersonals zur Reinlichkeit, wie bei Cholera. Inspektion der Wasserversorgungsquellen und event. Schließung verdächtiger Brunnen.

Cholera infantum, Brechdurchfall der Säuglinge.

Art der Ansteckung: Genuß von Milch, die durch unsaubere Aufbewahrung und höhere Temperatur sich verändert hat.

Verhütung der Infektionskrankheiten. 265

Maßregeln gegen Verbreitung: Belehrung der einzelnen Familien, sowie der Gesamtbevölkerung durch geeignete Veröffentlichungen. Unentgeltliche Verteilung von diesbezüglichen Belehrungen durch die Hebamme bei der Geburt oder bei Anmeldung der Geburt auf den Standesämtern. Regelung und Beaufsichtigung des Haltekinderwesens, sowie des Ammenwesens. Beaufsichtigung des Milchverkehrs. Förderung von Anstalten, welche sterilisierte Kindermilch verkaufen (Milchküchen). Verbesserung der Wohnungsverhältnisse für die ärmere Bevölkerung.

Diphtherie und Krupp. Vom Standpunkt des Hygienikers sind beide Krankheitsformen in gleicher Weise zu behandeln.

Art der Ansteckung: durch Berührung des Erkrankten (Küsse, Anhusten), durch infizierte Speisereste, Eß- und Trinkgeschirre, Spielsachen, Kleidungsstücke, besonders Taschentücher und Bettwäsche, Milch aus infizierten Milchwirtschaften, durch unsaubere, besonders feuchte Wohnungen, gedrängtes Aneinanderwohnen, durch Schulen, Kindergärten, Roll- und Plättstuben, durch Droschken und sonstige öffentliche Fuhrwerke, wenn sie zum Transport Diphtheriekranker gedient haben, durch behandelnde Ärzte oder pflegende Personen, welche sich nicht desinfizieren.

Maßregeln gegen Verbreitung:

a) von seiten der Familienmitglieder und des behandelnden Arztes.

Möglichst frühzeitige Isolierung Erkrankter und Verdächtiger, besonders, wo Kinder vorhanden (Kinder bis zum 10. Jahre sind besonders disponiert) in der Wohnung, nur wenn wirklich durchführbar; sonst im Krankenhaus. (Besonderer Transportwagen und Desinfektion desselben nötig.)

Anmeldung des Erkrankungsfalles bei der Behörde, auch bei sogenanntem Krupp (meist polizeilich vorgeschrieben).

Bakteriologische Untersuchung der verdächtigen Stellen im Halse (Anweisung zur Entnahme von Material siehe Seite 267), der Erkrankten und womöglich auch des Halssekretes sämtlicher Familienmitglieder.

Instruktion des Pflegepersonals (Mütter), Warnung vor Küssen, Eß- und Trinkgerät (Probieren der Speisen).

Immunisierung der Geschwister oder besser der ganzen Familie mit Diphtherieserum. Für noch nicht erkrankte Personen genügen für 6—8 wöchentlichen Schutz meist 200 Immunitätseinheiten; für ganz frisch erkrankte Fälle 600 Immunitätseinheiten, für vorgeschrittenere Fälle sind 1000—1500 Immunitätseinheiten erforderlich. (100 Immunitätseinheiten kosten 35 Pf., als sogenanntes hochwertiges Serum verausgabt 45—80 Pf.)

Fernhalten von erkrankten Kindern und deren Geschwistern aus Schule und Kindergärten bis 4 Wochen nach Abstoßen der diphteritischen Beläge oder besser bis nach negativem Befunde bei bakteriologischer Untersuchung.

Sofortige (tägliche) Desinfektion aller gebrauchten Trink- und Eßgeschirre, Taschen- und Betttücher, Vernichtung der Speisereste aus dem Krankenzimmer. Ein besonderer kleiner transportabler Kochherd (nach Jäger) zum Bereiten von Speisen im Krankenzimmer selbst, sowie zum Desinfizieren mit Dampf ist zu beziehen durch E. Möhrlin, Stuttgart.

Täglich mehrfache Mundspülung sämtlicher Hausangehöriger mit Sublimat (1 : 10000), giftig, oder bei kleinen Kindern mit hypermangansaurem Kali (weinrote Lösung) oder Chlorwasser, 1 Teil Chlor auf 1100 Teile Wasser, oder mit 1 Teil Thymol in 500 Teilen 20 % Alkohol oder Perhydrol.

Bereithaltung eines Leinenrockes für den Arzt beim Betreten des Krankenzimmers und von Desinfektionsflüssigkeit zum Waschen seiner Hände.

Nach erfolgter Genesung Desinfektion des Patienten und des ganzen Krankenzimmers, bei schmutzigen Wohnungen der ganzen Wohnung, besonders auch des Spielzeuges. Fortsetzung der Mundspülungen noch wenigstens 4 Wochen lang.

Nach erfolgtem Tode Einhüllen der Leiche ohne Waschung in Sublimattücher (1 : 1000) und Verfahren wie bei der Cholera, sodann Wohnungsdesinfektion.

b) **Maßregeln von seiten der beamteten Ärzte, Landräte, Ortspolizeibehörden.**

Anordnung der Maßregeln sub a), soweit sie noch nicht geschehen sind.

Erlaß eines Verbotes, öffentliche Fuhrwerke zum Transport Diphteriekranker zu benutzen. Sorge für geeignetes

Fuhrwerk zu diesem Zweck und für Desinfektion nach jedem Transport.

Einrichtung von Desinfektionsanstalten und Ausbildung von Personal für dieselben, wenn dafür noch nicht gesorgt ist.

Schluß von Schulen, Kindergärten, Alumnaten und dergl., wenn mehrfache und namentlich bösartige Erkrankungen unter den die Anstalt besuchenden Kindern vorgekommen sind, oder wenn in der Familie des Lehrers Diphtherie auftritt und eine genügende Absperrung von der Schule nicht durchzuführen ist.

Desinfektion der Klassenräume, in denen diphtheriekranke Kinder sich aufgehalten haben, ebenso vor Wiedereröffnung von geschlossenen Schulen.

Instruktion der Lehrer über vorläufige Untersuchung und sofortige Entfernung verdächtig erkrankter Kinder und deren Geschwister, über zweckmäßige tägliche feuchte Reinigung der Klassen und Lüftung derselben.

Schließung von Nahrungsmittelgeschäften, Roll- und Plättstuben, wenn Diphtherie in der betreffenden Familie vorgekommen ist.

Verbot des Vertriebes von Nasch-, Eß- und Spielwaren durch Leute, welche Lumpen und Felle sammeln oder kaufen.

Entnahme und Versendung von diphtherieverdächtigen Proben zur bakteriologischen Untersuchung.

In Preußen sind jetzt in jeder Apotheke postfertig zum Versand Tupferröhrchen mit sterilisiertem Holzmundspatel kostenlos für Ärzte zu erhalten. Im Notfall kann auch folgendermaßen verfahren werden.

Es werden kleine Papierpakete von gutem Schreibpapier, nach Art der Pulverkapseln der Apotheker zusammengefaltet, vorrätig gehalten. Dieselben enthalten ein erbsengroßes Stückchen feinsten Schwammes und müssen mitsamt der Papierumhüllung entweder vom Apotheker oder vom Arzt selbst (im Notfall im Bratofen) sterilisiert werden durch halbstündiges Erhitzen auf etwa 150—200°. Daß die Pakete steril sind, erkennt man leicht an der milchkaffeefarbenen Bräunung des Papiers, wenn man dasselbe mit anderem Schreibpapier vergleicht. Die sterilen Paketchen halten sich lange keimfrei und können in der Verband- oder Brieftasche zu gelegentlichem Gebrauch mitgeführt werden.

Zur Benutzung am Krankenbette wird zunächst eine Pinzette, Kornzange oder dergl. am einfachsten durch kurzes Überhalten über den Zylinder einer ja stets erhältlichen Petroleumlampe sterilisiert, sodann nach dem Erkalten des Instrumentes das Schwämmchen gefaßt und durch leichtes Aufdrücken auf oder Hin- und Herfahren über die verdächtige Schleimhautpartie der Schwamm mit dem zu untersuchenden Material gefüllt. Das geimpfte Schwämmchen wird darauf in das Papier wieder eingewickelt, letzteres mit Namen des Patienten und Absenders versehen und in ein gewöhnliches Briefkuvert sorgfältig eingeschlossen der Post zur Weiterbeförderung an die Untersuchungsstelle übergeben.

Fertige Schwämmchenpakete liefert 100 Stück für 3 Mk. 50 Pf. Th. Schröter, Leipzig-Connewitz; Tupferröhrchen zur Diphtherieprobeentnahme, fertig zum Versand 100 Stück für 15 Mk., Wachenfeld & Schwarzschild, Cassel.

Pertussis, Keuchhusten.

Art der Ansteckung: Der Erreger der Krankheit ist mit Sicherheit noch nicht nachgewiesen, zweifellos aber wohl in den ausgehusteten Schleimpartikeln und auf den damit in Berührung gekommenen Gegenständen vorhanden und wird hierdurch weiter verbreitet. Kinder vom 1. bis 7. Jahre sind besonders disponiert. Krankheitsdauer meist mehrere Monate.

Maßregeln gegen Verbreitung.

Isolierung des Erkrankten, soweit dieselbe auf so lange Zeit möglich.

Instruktion der Eltern, Geschwister und Kinderwärterinnen, sich nicht anhusten zu lassen, erkrankte Kinder nicht zu küssen, den Auswurf feucht aufzufangen und schnell zu beseitigen, das Eßgerät und Speisereste zu desinfizieren resp. zu vernichten, den Verkehr mit gesunden Kindern zu vermeiden.

Ausschließung der erkrankten Kinder von Schulen und Kindergärten bis 3 Wochen nach vollständiger Heilung.

Anzeigepflicht besteht zurzeit in Deutschland noch nicht überall.

Schulschluß ist anzuordnen bei massenhaftem Auftreten der Krankheit.

Masern.

Art der Ansteckung: Der Erreger der Krankheit ist noch unbekannt; die Krankheit wird auf noch nicht früher Durchmaserte übertragen durch angesteckte (3—4 Tage vor Ausbruch des Ausschlages), erkrankte oder in Genesung befindliche (meist wohl noch 3 bis 4 Wochen nach Verschwinden des Ausschlages) Personen bei unmittelbarer Berührung oder bei Aufenthalt in demselben Zimmer (Schule, Spielplatz), wahrscheinlich ferner auch durch Personen oder Sachen, welche kurz zuvor mit dem Kranken in näherer Berührung waren (Ärzte, Wärter, Besuchende, Verwandte; Wäsche, Kleider, Geschirre, Spielsachen).

Maßregeln gegen Verbreitung.

Isolierung der Erkrankten und Verdächtigen. Nach erfolgter Genesung Reinigungsbad, gründliche Reinigung und Lüftung des Krankenzimmers und womöglich Desinfektion desselben. Ausschluß von der Schule 4—6 Wochen vom Beginn der Erkrankung an gerechnet in normal verlaufenden Fällen, sonst event. auch länger.

Transport ins Hospital in öffentlichen Fuhrwerken ist nicht zu gestatten.

Ärzte und Besuchende sollten nach Berührung mit dem Kranken die Oberkleider wechseln (Leinenröcke in den Familien und Krankensälen bereit halten) und längere Zeit sich in freier Luft bewegen.

Schulschluß auch der Kleinkinder- und Spielschulen wird meist nur bei besonders massenhaftem oder bösartigem Auftreten der Krankheit nötig sein, ebenso in letzterem Falle Anzeige der Erkrankung an die Behörde.

Kinder bis zum 5. Jahre sind besonders vor Ansteckung zu behüten.

Scharlach.

Art der Ansteckung: Der Erreger der Krankheit ist noch unbekannt, befindet sich jedoch sicher in den Hautschuppen und im Auswurf des Kranken. Die Krankheit wird zweifellos in ganz ähnlicher Weise wie die Masern übertragen (siehe dort), doch scheint der Infektionserreger an dritten Personen und Sachen bedeutend länger zu haften, wie das Maserngift.

Maßregeln gegen Verbreitung.

Es wird im wesentlichen dasselbe wie bei Masern (siehe dort) zu beachten sein; bei der größeren Gefährlichkeit des Scharlachfiebers (3 bis 10% Sterblichkeit der Erkrankten, öftere Nachkrankheiten) sind hauptsächlich die Isolierungs- und Desinfektionsmaßregeln aufs peinlichste einzuhalten. Genesende Kinder müssen noch 8 Wochen, Geschwister von erkrankten Kindern mindestens 6 Wochen vom Schulbesuch ferngehalten werden, ebenso von Spielplätzen, Impfterminen und aus öffentlichen Fuhrwerken.

Polizeiliche Anmeldung ist nicht überall vorgeschrieben, sollte aber niemals versäumt werden.

Ebenso sollte stets ein Desinfektionszwang und Bestrafung bei Benutzung öffentlichen Fuhrwerks angeordnet werden. In Molkereien, Milch- und Eßwarenhandlungen ist bei Auftreten von Scharlach eine vollkommene Abschließung des Pflegepersonals von den Geschäftsräumen einzuhalten. Bei Häufung von Fällen sind behördlicherseits Belehrungen (z. B. die des preuß. Ministeriums, Verlag von Richard Schoetz, Berlin) zu verteilen.

Schluß der Schule wird wie bei Masern zu bestimmen sein.

Pocken.

Art der Ansteckung: Der Erreger der Krankheit ist noch nicht bekannt, zweifellos aber in den Hautschuppen, Pustelinhalt, Auswurf und Nasensekret der Erkrankten enthalten. Er hält sich lange in getrocknetem Zustande infektionsfähig. Die Ansteckung wird vermittelt außer durch Berührung der eben angeführten Absonderungen durch die verschiedensten von dem Kranken benutzten Objekte, vor allem Kleider, Wäsche usw., wohl auch durch Nahrungsmittel und zwar auch noch nach längerer Zeit (Lumpen). Auch der bloße Aufenthalt im Krankenzimmer genügt, die Krankheit zu übertragen. Die Infektionsgefahr besteht bereits im Initialstadium der Krankheit, und ebenso sind Leichen noch ansteckungsfähig. Die individuelle Disposition ist fast universell und besteht für jedes Lebensalter.

Maßregeln gegen Verbreitung.

Der wirksamste Schutz besteht ohne Frage in einem geregelten Impfwesen, wie dasselbe in Deutschland seit 1875 durchgeführt ist. Dabei ist zu berücksichtigen, daß trotz des Gesetzes noch bei uns ca. 10% der impfpflichtigen und 3—4% der wiederimpfpflichtigen Kinder tatsächlich nicht resp. erst später geimpft werden, sowie daß in den meisten Fällen im späteren Alter eine weitere Impfung nicht geschieht (Ausnahme Militär). Da aber der Impfschutz im Durchschnitt ca. 10—12 Jahre, zuweilen auch weniger beträgt, ist auch in Deutschland die Zahl der für Pocken empfänglichen Personen keine ganz geringe. Werden daher Pocken irgendwo eingeschleppt, so werden besondere Maßregeln stets am Platze sein, nämlich:

Sofortige polizeiliche Anmeldung des Krankheitsfalles.

Sofortige strengste Isolierung des Kranken; Überführung in besonderem Wagen in ein Krankenhaus.

Schutzimpfung des Ärzte- und Wärterpersonals, sowie der mit dem Kranken sonst in Berührung gekommenen Personen, falls dieselben nicht in den letzten Jahren vorher geimpft worden sind. Isolierung dieser letzteren Personen resp. Beobachtung derselben bis zu 14 Tagen.

Aufs strengste durchgeführte Desinfektion der ganzen Umgebung des Kranken, Wohnung, Kleidung (letztere am besten verbrennen). Fortgesetzte sofortige Desinfektion der Sekrete des Kranken.

Überwachung der Pennen, Herbergen und dergl. auf neu auftretende Erkrankungen, ebenso von Arbeitern, welche aus Ländern mit weniger gut durchgeführtem Impfverfahren kommen; dieselben sind sofort zu impfen, falls dies noch nicht vorher geschehen ist.

Bei Umsichgreifen der Krankheit Schutzimpfung der impfpflichtigen, aber noch nicht geimpften Personen auch außerhalb der Impftermine.

Behandlung der Leichen wie bei Cholera.

Fleck- und Rückfalltyphus.

Art der Ansteckung: Der Erreger des Rückfalltyphus ist bekannt, der des Flecktyphus noch nicht. Die Ansteckung kann bei beiden Krankheiten erfolgen durch Verweilen im Krankenzimmer, Berührung des Kranken oder von Gegenständen, die mit dem Kranken in Berührung gekommen waren. Begünstigt wird die Verbreitung durch Unsauberkeit, enges Beieinanderwohnen, Notstände, schlechte Ernährung, Kälte, feuchte Wohnungen und dergl.

Maßregeln gegen Verbreitung.

Sofortige Anzeige bei Auftreten der Krankheit an die Behörde (gesetzlich vorgeschrieben). Von der Behörde aus weitere Anzeige an das Kaiserliche Gesundheitsamt.

Möglichst schnelles und energisches Eingreifen des beamteten Arztes. Ermittelung der Einschleppung. Isolierung der Kranken. Überführung in ein Krankenhaus oder besonders einzurichtende Station. Evakuierung und Beobachtung der Familienangehörigen des Erkrankten und sonst mit ihm in Berührung gekommener Personen bis zu 14 Tagen. Strengste Durchführung der Desinfektion der Wohnung und Effekten des Erkrankten. Schließung von infizierten Herbergen oder unsauberen, feuchten Privatwohnungen. Sorge für Ernährung der ärmeren Bevölkerung, sowie für passende Unterkunftsräume, wenn solche fehlen (Baracken). Kontrolle der Herbergen, Pennen und kleinen Wirtshäuser. Behandlung der Leichen wie bei Cholera (siehe dort).

Tuberkulose.

Art der Ansteckung: Durch Einatmen von tuberkelbazillenhaltigem Staub in Krankenstuben, öffentlichen Fuhrwerken, Eisenbahnwagen, Hotels, durch Küssen und Anhusten Tuberkulöser, durch Benutzung von Eß- und Trinkgeschirren, Taschentüchern, Kleidern, Betten, Wohnungen von tuberkulös Erkrankten oder Verstorbenen ohne gründliche Desinfektion, durch Genuß von Milch und selten Fleisch tuberkulöser Tiere, durch schleppende Kleider auf der Straße, in Wartehallen, auf unsauberen Treppen, durch Spielen auf dem Fußboden (Kinder).

Maßregeln gegen Verbreitung:

a) Von seiten der Familienmitglieder und des behandelnden Arztes.

Möglichst frühzeitige Ermittelung der Krankheit (bakteriologische Untersuchung des Auswurfs). Entfernung des Erkrankten aus der Familie. Abraten vom Heiraten bei Erkrankung. Belehrung der Eltern, Eheleute, Erkrankten, des Dienstpersonals über Art und Gefahr der Ansteckung. Anhusten, Vorhalten des Taschentuches beim Husten. Entlassung tuberkulöser Ammen, Erzieherinnen usw. Ungefährliche, schleunige Beseitigung des Auswurfs (siehe bei Desinfektion). Erziehung zur Reinlichkeit. Bereitstellung eines besonderen Bettes, wo solches noch nicht vorhanden ist. Entfernen von Staubfängern, Teppichen, Portieren usw. aus den Krankenzimmern; gründliche Reinigung der Eß- und Trinkgeräte der Tuberkulösen nach jeder Mahlzeit. Desinfektion der Krankenzimmer und der Kleider des Erkrankten, in nicht zu langen Zwischenräumen zu wiederholen, jedenfalls aber nach etwa erfolgtem Tode oder bei Wohnungswechsel; häufige nasse Reinigung der Zimmerfußböden. Aufkochen verdächtiger Milch.

b) **Von seiten der Behörden, namentlich auch in Kurorten für Lungenkranke.**

Einführung von Anmeldungszwang Tuberkulöser, besonders für Gast- und Logierhäuser, Desinfektionszwang für Räume, in denen Tuberkulöse gewohnt haben, nachdem dieselben die Wohnung verlassen haben oder darin gestorben sind, und Anzeigepflicht in diesen Fällen. Aufstellen von Speibecken (siehe bei Desinfektion) auf Treppen, Fluren, Aborten, in Schulen, Eisenbahnwagen, Gärten, Arbeitsplätzen Tuberkulöser. Sorge für Reinhaltung derselben. Verbot, auf den Boden zu spucken, durch Plakate, desgleichen Verbot, Kleider schleppen zu lassen.

In Schulen Belehrung der Lehrer; häufiges feuchtes Reinigen der Klassenräume. Pensionierung schwindsüchtiger Lehrer.

Reinigung von öffentlichen Fuhrwerken, Einrichtung von Desinfektionsanstalten und Sanatorien für Schwindsüchtige. Beaufsichtigung der Marktmilch und der Milchkuranstalten; diagnostische Probeimpfung des dort eingestellten Viehes mit Tuberkulin. In Deutschland sind neuerdings vielerorts Tuberkulosefürsorgestellen eingerichtet worden, welche sich die Auffindung tuberkulös Erkrankter und Verbesserung der Lage der letzteren zur Aufgabe machen, ebenso sind eine ganze Anzahl von Heilstätten errichtet worden, in denen Lungenkranke umsonst oder gegen geringes Entgelt aufgenommen werden können.

Cerebrospinalmeningitis, epidemische Genickstarre.

Art der Ansteckung: Der Infektionserreger ist ein außerhalb des menschlichen Körpers ziemlich rasch zugrunde gehender Mikrococcus. Er findet sich während der Krankheit im Gehirn des Kranken und auf der Schleimhaut des Rachens und der Nase, an letzteren Orten, namentlich zu Zeiten von Epidemien auch häufig bei gesunden Personen, welche mit einem Kranken in Berührung gekommen sind. (Kokkenträger). Von hier aus kann er durch direkte Berührung der Personen, durch Husten, Niesen usw. (Tröpfcheninfektion) oder durch gemeinsam benutzte Gebrauchsgegenstände weiter übertragen werden. Die Disposition ist nicht allgemein und auch zeitlich sehr wechselnd. Kinder scheinen oft mehr disponiert.

Maßregeln gegen Verbreitung.

Sofortige polizeiliche Meldung des Krankheitsfalles, auch des verdächtigen.

Isolierung des Kranken und wenn möglich Überführung in ein Krankenhaus, ebenso der Kokkenträger.

Bakteriologische Untersuchung des Rachensekretes von Kranken und sämtlichen Personen seiner Umgebung, beim Kranken auch Untersuchung der Lumbalflüssigkeit. Fortlaufende Desinfektion der Abgänge des Kranken, besonders des Mund- und Nasensekretes, der Wäsche desselben (Taschentücher), der sonstigen vom Kranken gebrauchten Gegenstände, Eßgeschirr, Betten usw., sowie des Krankenzimmers.

Kinder von Familien, in denen ein Erkrankungsfall vorgekommen ist, dürfen die Schule nicht besuchen, bis nicht nach Genesung oder Tod des Kranken wenigstens 14 Tage verstrichen sind, und die Desinfektion in der Wohnung regelrecht vorgenommen worden ist. (Bakteriologische Untersuchung).

In Kasernen, Alumnaten usw. Evakuierung und sorgfältigste Desinfektion der Zimmer, in denen Erkrankungsfälle vorgekommen sind.

Belehrung der Bevölkerung durch Merkblätter, namentlich bei Häufung der Krankheitsfälle.

Granulöse Augenentzündung.

Art der Ansteckung: Erreger der Krankheit noch nicht mit Bestimmtheit aufgefunden. Die Übertragung geschieht durch Berühren der Kranken, namentlich im Gesicht, aber auch durch Gebrauchsgegenstände, Taschen- und Handtücher, Waschgerät usw.

Maßregeln gegen Verbreitung.

Die Erkrankten sind möglichst von den Gesunden getrennt zu halten; Kranke und Gesunde, welche mit ersteren in Berührung kommen, sind über die Infektion zu belehren; sie haben sich besonders im Gesicht und am Auge sauber zu halten. Die Augen der Kranken sind täglich 3 mal mit $1/2\%$iger Karbollösung zu waschen. Die Kranken haben besondere Waschschalen, Handtücher und Taschentücher (zu zeichnen) zu benutzen. Die Wohnräume des Kranken sind täglich ausgiebig zu lüften und feucht aufzuwischen. Bei Auftreten der Krankheit in Schulen, Alumnaten, Pensionen ist besondere Vorsicht angezeigt.

Es sind dort die Kranken von den Gesunden räumlich möglichst zu trennen. Schul- und Wohnzimmer sind täglich zu lüften, mindestens 1 Stunde je vor und nach dem Unterricht. Der Fußboden der Klasse, ferner die Subsellien und Türgriffe sind täglich feucht zu reinigen, letztere am besten mit desinfizierenden Flüssigkeiten.

Die Schulkinder sind mehrfach durch einen Arzt zu revidieren; letzterer hat sich besonders zu hüten, daß er bei der Untersuchung die Infektion nicht weiter überträgt. Bei stärkerem Auftreten der Krankheit sind die Schulen zeitweise zu schließen.

Die Geheilten sind in größeren Intervallen wiederum ärztlich zu untersuchen.

Pest. (Beulenpest.)

Art der Ansteckung: Die Infektionskeime sind bekannt und vorhanden im Bubonneneiter, Blut (nicht konstant), bei Lungenpest vor allem im Lungensekret, in der Leiche oft in allen Organen, ferner im Körper und den Abgängen kranker Ratten, wodurch die Wohnungen, besonders dunkle und unsaubere, infiziert werden können. Die Übertragung auf den Gesunden geschieht meist durch kleinste Hautwunden, seltener (bei Lungenpest) durch Einatmen verspritzter Infektionskeime. Auf Wäsche und dergleichen halten sich Pestkeime ebenfalls längere Zeit, in der Leiche gehen sie nach einigen Tagen meist zugrunde.

Maßregeln gegen Verbreitung: Dieselben werden in Deutschland zunächst durch den beamteten Arzt angeordnet werden, wozu das Seuchengesetz die nötigen Anweisungen und Handhaben bietet (siehe S. 249). Zu beachten ist, daß auch verdächtige Erkrankungs- und Todesfälle anzeigungspflichtig sind. Solche Kranke sind, wie die Umgebung derselben, bis zur Klarstellung der Krankheit, wie wenn Pest tatsächlich vorliegt, zu isolieren und zu behandeln. Eine Überführung in ein Krankenhaus kann event. zwangsweise erfolgen. Desinfektionsmaßregeln werden in möglichst ausgedehntem Maße vorgenommen werden müssen und sich auf alle event. mit dem Kranken in Berührung gekommenen Sachen erstrecken müssen. In schmutzigen Quartieren Desinfektion ganzer Häuser. Vertilgung der Ratten (Rattenleichen verbrennen). Pestdiagnose kann oft schon aus den Krankheitserscheinungen (Fieber, Schwäche, Apathie, schneller schlaffer Puls, Kalkzunge, und besonders starke Schmerzhaftigkeit der geschwollenen Lymphdrüsen) gestellt werden, von verdächtigen Leichen sind Buboneninhalt oder Milz, Lungenstücke dem nächsten bakteriologischen Pestinstitute einzusenden (Transport und Verpackung wie bei Cholera). Schutzimpfungen, meist nur für beschränkte Zeit Immunität sichernd, kommen zunächst nur für den Arzt und das Wartepersonal in Frage.

Durch internationale Übereinkunft ist festgesetzt, daß jeder Staat die bei ihm konstatierten Pestfälle den anderen Staaten anzeigt. Landquarantänen werden nicht eingerichtet. Verseuchte oder verdächtige Schiffe sind wie bei Cholera (siehe dort) zu behandeln. Besondere Aufmerksamkeit auf Schiffen ist den Ratten zuzuwenden. Vom beamteten Arzt für pestinfiziert erklärte Waren sind zu desinfizieren oder bis 14 Tage isoliert zu lagern.

Lepra, Aussatz.

Art der Ansteckung: Der Erreger ist als kleiner Bazillus bekannt, welcher außer in den besonders erkrankten Körperteilen (Lepraknoten) auch in größerer Menge im Nasen- und Mundhöhlensekret Lepröser vorkommt. Übertragen wird die Krankheit wohl am häufigsten durch besonders innige Berührung Lepröser, Zusammenwohnen und -Schlafen, Anhusten, gemeinsame Benutzung von Eß- und Trinkgeschirr. Jedoch ist in Deutschland die Bevölkerung anscheinend wenig disponiert zur Ansteckung.

Maßregeln gegen Verbreitung: Anzeige von Erkrankungs- und Sterbefällen (in Deutschland gesetzlich). Bei vom Ausland eintreffenden Kranken kann der beamtete Arzt die Weiterreise untersagen oder Beobachtung am Reiseziel anordnen. Isolierung der Kranken in besonderen Anstalten (Lepraheimen, in in Deutschland ist ein solches bei Memel in Ostpreußen eingerichtet.) Belehrung der Angehörigen über Art der Ansteckung, Desinfektion wie bei Tuberkulose (siehe dort).

Lyssa, Tollwut, Hundswut.

Art der Ansteckung: Der Erreger ist noch unbekannt, jedoch im Speichel und anderen Sekreten der erkrankten Tiere (Hunde, Katzen, Wölfe) enthalten. Die Infektion wird fast ausschließlich durch Biß bewirkt. Größere Biß- und Rißwunden, sowie solche am Kopfe sind die gefährlicheren. Der Biß kann auch schon in der Inkubationszeit (beim Tier ca. 2–9 Wochen, beim Menschen 3–6 Wochen oder länger) gefährlich sein.

Maßregeln gegen Verbreitung: Nächst sofortigem Ausbrennen, Ätzen oder Desinfizieren der Bißwunde ist eine möglichst baldige Behandlung in einem Wutschutzimpfinstitut dringend zu empfehlen. In Deutschland besteht ein solches Institut in Verbindung mit dem Institut für Infektionskrankheiten, Berlin Norduf̱er, sowie in Breslau im hygienischen Institut. Verletzte sind womöglich dort telegraphisch anzumelden und haben eine Bescheinigung der Behörde mitzubringen. Die Behandlung kann meist ambulatorisch geschehen und dauert etwa 20—30 Tage.

Bei Aufnahme ins Krankenhaus sind pro Kind 45 Mk., pro Erwachsenen 60 Mk. pränumerando zu zahlen.

Tolle Hunde sind sofort zu töten, verdächtige sind wenn möglich einzusperren, bis die Behörde benachrichtigt und ein Tierarzt die Untersuchung vorgenommen hat.

Von dem getöteten tollwutverdächtigen Tier ist Kopf und Hals vom Tierarzt mit Eilpost, im Sommer in Eis verpackt, an eins der erwähnten Institute zu senden. Letzteres benachrichtigt nach Abschluß der Untersuchung (zuweilen erst nach 3 Wochen möglich) die Behörde von dem Resultat.

Bezirke, in denen wutkranke oder verdächtige Hunde frei herumgelaufen sind, sind mit Hundesperre 3 Monate zu belegen.

Desinfektion.

Desinfektion.

Allgemeines:

Unsere Desinfektionsmethoden, welche eine Vernichtung der lebenden Krankheitserreger in möglichst gründlicher und umfassender Weise anstreben, haben in jüngster Zeit durch neuere Forschungen in mehrfacher Richtung eine nicht unwesentliche Änderung erfahren. (Zu unterscheiden von der Desinfektion sind Maßregeln zur Keimbeseitigung ohne Abtötung der Krankheitserreger, die in seltenen Fällen, z. B. bei ubiquitär verbreiteten Krankheitserregern angewendet werden können.)

Bei der Desinfektion ist anzustreben:

1. Möglichst wirksame und schnelle Abtötung der Krankheitskeime.
2. Möglichste Schonung der zu desinfizierenden Objekte, geringe Belästigung der von der Desinfektion betroffenen Personen.
3. Möglichste Billigkeit, Schnelligkeit und Einfachheit der Ausführung.

Bei der Desinfektion ist ferner zu berücksichtigen:

1. Die Widerstandsfähigkeit der verschiedenen in Frage kommenden Erreger, die je nach der Art wesentlich verschieden sein kann.
2. Die Art und Weise der Verbreitung der Erreger.
   (1. und 2. erfordern demnach oft ganz verschiedene Mittel und Methoden, also Individualisieren.)
3. Der Zeitpunkt der Desinfektion.
   a) Fortlaufende häusliche Desinfektion, wird zweckmäßig vom Beginn des Auftretens einer Infektionskrankheit ins Werk gesetzt, verringert wesentlich die während der Krankheit vom Kranken ausgehende Infektionsgefahr und

ebenso die schließlich nötig werdende Enddesinfektion. (Unterweisung darin vom behandelnden Arzt oder durch populäre Anweisungen, die bei der Anmeldung des Krankheitsfalles gratis verabfolgt werden.) (Solche Anweisungen sind für wenige Pfennige vom Verlag von Julius Springer oder Richard Schoetz, beide Berlin zu beziehen.)

b) **Schlußdesinfektion.** Art und Ausdehnung derselben hängt wesentlich von a, ferner von der Krankheit, die vorliegt, ab.

c) **Generelle Desinfektion.** Sie wird nötig, wenn angenommen werden muß, daß die Infektionserreger sich bereits weiter verbreitet haben und ganze Stadtteile (Pest, Pocken), Wasserläufe (Typhus, Cholera) infiziert worden sind.

Unter Berücksichtigung dieser Gesichtspunkte sind zweckmäßig Desinfektionsordnungen von den staatlichen oder städtischen Behörden aufzustellen, sowie Desinfektoren auszubilden, die eine Desinfektion sachgemäß ausführen können.

Eine solche Desinfektionsordnung würde etwa folgende Fassung haben können. (Göttinger Muster.)

Desinfektionsordnung:

1. **Zeitpunkt der Desinfektion:** Die Desinfektion hat möglichst bald nach der bei der Desinfektionsanstalt eingelaufenen Meldung, womöglich noch an demselben Tage zu erfolgen. Der Anmeldende ist zugleich zu benachrichtigen, wann die Desinfektion stattfinden wird und zu instruieren, daß das Zimmer bis dahin geschlossen und ungeheizt bleibt, respektive, daß der Genesene dasselbe nach einem Bade und Wechseln der Wäsche kurz vorher zu räumen hat.

2. **Umfang der Desinfektion:** In der Regel wird es genügen, wenn die Desinfektion auf die in dem eigentlichen Krankenzimmer befindlichen Gegenstände, resp. auf das Krankenzimmer selbst beschränkt wird.

   Sind nach Angabe der Wohnungsinhaber von dem oder den Kranken mehrere Zimmer benutzt worden (z. B. bei Tuberkulose) oder liegt sonstwie Verdacht vor, daß Ansteckungsstoffe weiter in der Wohnung verschleppt sein können, so ist die Desinfektion auch nach den vorliegenden Verhältnissen auf andere

Räume oder Objekte der Wohnung auszudehnen. In zweifelhaften Fällen ist darüber die Entscheidung des behandelnden Arztes oder des beamteten Arztes einzuholen.

3. **Ausführung der Desinfektion:** Dieselbe wird je nach der vorliegenden (bei der Anmeldung anzugebenden) Krankheit verschieden ausgeführt werden müssen.

   a) Bei Unterleibstyphus und Ruhr wird die Desinfektion sich auf das Bett in der Krankenstube, die Leib- und Bettwäsche und die sonstigen von dem Kranken direkt benutzten Gegenstände, wie Eß- und Trinkgeräte, Stechbecken und Aborte, Bücher usw., sowie auf den Fußboden und Wand unter, vor und neben dem Bett in der Regel zu beschränken haben.

   b) Bei Diphtherie und Krupp, Scharlach und Tuberkulose wird die Zimmerdesinfektion mittels Formaldehyd vorgenommen werden müssen, zu welchem Zweck das Zimmer ohne Entfernung von Gegenständen daraus dem Desinfektor zur Verfügung gestellt werden muß.

   Neben der Formalindesinfektion wird es in manchen Fällen (siehe 2.) nötig sein, die besonders mit dem Kranken in Berührung gekommenen Sachen, wie Bettlaken, Taschentücher, Eßbestecke, Fußboden wie bei a) noch besonders zu desinfizieren.

   c) Bei Fällen von Masern, Röteln, Keuchhusten und Influenza wird in der Regel von einer besonderen Desinfektion seitens der städtischen Desinfektoren abgesehen werden können. Dieselbe ist aber auf Wunsch der Wohnungsinhaber oder auf besondere Anordnung des Kreisarztes in der Weise wie bei b) auszuführen.

   d) Bei Fällen von Cholera, Lepra, Fleck- und Rückfalltyphus, Pest, Pocken, Kopfgenickstarre, Rotz, Milzbrand, Tollwut, Puerperalfieber, septischen Erkrankungen, Wundrose und ägyptischer Augenkrankheit muß in jedem Falle der Kreisarzt von der vorzunehmenden Desinfektion benachrichtigt werden und wird solche sodann nach seiner näheren Angabe ausgeführt.

Desinfektionsmittel. Von den zahlreichen Mitteln sind hier nur die für allgemeine Anwendung am meisten zu empfehlenden oder am meisten gebrauchten angeführt.

Gasförmige. Die früher gebrauchten, wie Chlor, Brom und schwefelige Säure sind ganz unzuverlässig, greifen auch die zu desinfizierenden Objekte meist an, so daß von ihrer Anwendung abzusehen ist. Dagegen ist als vorzüglich brauchbares Mittel, namentlich für Desinfektion der Wohnräume, das Formaldehydgas zu bezeichnen.

Es tötet alle in Betracht kommenden bekannten Krankheitserreger bei gewöhnlicher Anwendung (3—7 Stunden Einwirkung), ohne sonst die Objekte zu schädigen.

Allerdings wirkt es nur als Oberflächendesinficiens und macht daher die Dampfdesinfektionsapparate nicht entbehrlich. (Über die Art der Anwendung. Preis usw. siehe bei Desinfektionsanstalten.)

Flüssige. Es sind sehr viele zu gebrauchen; für die Praxis, wo größere Mengen nötig sind, kommen hauptsächlich in Frage:

Ätzkalk. Frisch gebrannter Kalk (Fettkalk) wird in größerer Schale langsam mit ca. der halben Menge Wasser übergossen, wobei er nach kurzer Zeit unter starker Erhitzung (Vorsicht) zu Pulver zerfällt. (100 kg Kalk ca. 6 Mk.) 1 Liter des Pulvers gibt mit 3 Liter Wasser verrührt eine zur Desinfektion brauchbare Kalkmilch.

Einfacher ist oft aus einer Kalkgrube schon gelöschten Kalk zu nehmen, welcher je 1 l mit 3 l Wasser vermischt ebenfalls eine Kalkmilch gibt.

Kalkmilch ist möglichst frisch bereitet zu verwenden (am besten täglich zu bereiten, sonst in geschlossenem Gefäß aufzubewahren und vor dem Gebrauch umzuschütteln).

Zur Desinfektion von Wänden, sowie von Lehm- und Steinfußböden (Ställe) ist sie unverdünnt zu verwenden. Stuhlgänge und Erbrochenes werden zu etwa gleichen Teilen mit der Kalkmilch versetzt und mindestens eine, besser zwei Stunden stehen gelassen. Abortgruben siehe hinten.

Chlorkalk, weißes, lockeres Pulver (10 kg ca. 3,50 Mk.), stark alkalisch, in geschlossenen Gefäßen im Dunkeln aufzubewahren, zersetzt sich allmählich und

Desinfektion.

wird unwirksam (in der Sonne und bei Wärme oft unter Explosion); nur stark riechender Chlorkalk ist zu verwenden.

Anwendung:

als Pulver, zur Desinfektion flüssiger Stuhlgänge, zwei gehäufte Eßlöffel auf $^1/_2$ l Stuhlgang, 20 Minuten stehen lassen,

als Chlorkalkbrei, 1 Tl. Chlorkalk auf 5 Tl. Wasser (in zugedeckten Tongefäßen aufbewahren), zu gleichen Teilen dem Stuhlgang zusetzen, $^1/_2$—1 Stunde stehen lassen,

als Chlorkalklösung, 2 Tl. Chlorkalk mit 100 Tl. kaltem Wasser übergossen und verrührt. Klare Lösung abgießen; zum Waschen beschmutzter Hände, Fußböden, Aborte, zum Tränken von Leichentüchern oder zum Reinigen von Rinnsteinen und leeren Abortgruben.

Um den lästigen Chlorgeruch nach der Desinfektion aus Zimmern, Klosetts zu vertreiben, empfiehlt sich außer Lüften das Aufhängen von Tüchern, die mit Soda- oder Kalkmilchlösung befeuchtet sind.

Einfache Sodalösung 1—2 % (ca. 100—200 g in 1 Eimer Wasser oder eine Handvoll auf 1 l Wasser, desinfiziert nur sicher bei Kochtemperatur und 10 Minuten langer Einwirkung.

Einfache Schmierseifenlösung ca. 1—2 % in weichem Wasser, desinfiziert nur schnell (in wenigen Minuten), wenn sie auf 50—60° erwärmt angewendet wird; lauwarm ist die Desinfektionswirkung ganz unzureichend, dagegen oft sehr vorteilhaft zur mechanischen Entfernung (Keimbeseitigung) von Schmutz (Farbe wird oft angegriffen) anzuwenden.

Karbolkalk ist viel zum Bestreuen von Dungplätzen, Hof- und Straßensinkkästen, Droschkenhalteplätzen und dergl. im Gebrauch, aber sehr unzweckmäßig, da er sehr ungleich in Zusammensetzung und Wirkung ist; als trocknes Pulver sehr mangelhaft sowohl desinfizierend wie desodorisierend, und überhaupt nur, wenn ganz frisch zubereitet; als Karbolkalkmilch der gewöhnlichen Kalkmilch etwa gleich, sehr viel besser daher letztere anzuwenden.

Formalin = ca. 35 %ige wässerige Formaldehydlösung, vor Licht geschützt aufbewahren, ältere Lösungen mit flockigen Ausscheidungen sind nicht mehr zu verwenden.

Anwendung als 1%ige Formaldehydlösung (30 ccm Formalin auf 1 l Wasser) zur Desinfektion von Eßgeschirr, Bürsten, Metallsachen, Pelzwerk und Möbelstoffen. Stechender Geruch.

Lysoform = Formalin in parfümierter Seife gelöst (1 kg = 3,50 Mk.), nicht reizende, fast geruchlose ungiftige in Wasser meist klar sich lösende Flüssigkeit, desodorisiert gut, desinfiziert weniger stark wie gleiche Konzentration von Karbolsäure, ist aber für manche Zwecke (empfindliche Haut und Nasen) doch wohl brauchbar bei etwas längerer Einwirkung.

Rohlysoform = ca. 12% Formaldehyd in fettsaurem Alkali gelöst, ungiftig, keine Hautreizung (1 kg = 1,30 Mk.), zur Wäsche und Auswurfdesinfektion bei längerer Einwirkung 12—24 Stunden in 1—2% Lösung brauchbar.

Weitere Formaldehydpräparate sind noch:

Karbollysoform = $^2/_3$ Lysoform und $^1/_3$ Karbolsäure, ferner Melioform, Formysol, Formazetone und das feste Präparat Festoform, welches auch mit Wasser verdampft zur Raumdesinfektion verwendet werden kann (pro 100 cbm Raum ca. 800 g Festoform und 2 l Wasser).

Sublimat ist schon in starker Verdünnung sehr wirksam 1 : 2000—1 : 5000, in wenigen Minuten werden alle sporenlosen Bakterien abgetötet; wasserklare, geruchlose Lösung, metallischer Geschmack, sehr giftig, in obiger Verdünnung schon 30—60 ccm Maximaldosis; daher Vorsicht in der Handhabung dringend nötig, am besten mit Fuchsin, Eosin oder dergleichen schwach zu färben, um Verwechselungen schwerer möglich zu machen. Angerers Sublimatpastillen zu 1 und $^1/_2$ g in jeder Apotheke zu haben, für Großbetrieb, Desinfektoren, billiger Pastillen zu 5 und 10 g von Merck, Darmstadt. (100 Pastillen 6,75 Mk. und 12,50 Mk.)

Bei Desinfektion von Fäkalien (Eiweißfällung) entsteht ein Niederschlag, der die Desinfektionswirkung herabsetzen kann. Sublimat wird gebraucht für Hände, Auswurf, beschmutzte Fußböden, Türen, Möbel, Pelz und Leder, sowie Gummisachen. Metall wird leicht fleckig.

Eisensulfat (1 kg 0,30 Mk.) wird zur Desinfektion von Fäkalien gebraucht, ist aber teurer wie die sicherer wirkenden Kalkpräparate (siehe dort), dagegen gute desodorisierende Wirkung, praktisch nach der Entleerung von Gruben in diese einzuschütten, und zwar 2 kg Eisensulfat in 6 Liter Wasser pro cbm Grube.

Kupfersulfat (1 kg 0,75 Mk., 100 kg 55 Mk.) ist wie Eisensulfat zu brauchen, aber noch teurer wie dieses und daher wohl entbehrlich.

Karbolsäure, reine, kristallisierte ist teuer, 1 kg 2,40 Mk., daher nur zu brauchen, wo kleine Mengen genügen (Wunden), giftig und ätzend. 2—3% töten schon alle sporenlosen krankheitserregenden Bakterien in wenigen Minuten.

Karbolsäure, rohe, sogenannte 100%ige, 1 kg = 80 Pf. oder 100 kg = 65 Mk., ist in Wasser nahezu unlöslich, daher erst in Lösung zu bringen, und zwar als:

Karbolschwefelsäure. Es werden gleiche Volumina rohe Schwefelsäure (100 kg = 18 Mk.) und rohe Karbolsäure, am besten direkt im Maßgefäß unter Abkühlen (Gefäß in Wasser stellen) und Umrühren gemischt.
  Davon werden 2—3%ige Lösungen gemacht, weißgraue Emulsionen, stark sauer mit öligen Tropfen, welche durch Filterpapier abfiltriert werden können. Nur zur Desinfektion von Fäkalien, Gruben, Rinnsteinen und dergl. zu verwenden. Desinfektionswert etwa gleich der reinen Karbolsäure.

Sanatol, ist der Karbolschwefelsäure ähnlich, enthält ca. 10% freie Schwefelsäure und gibt mit Wasser gemischt milchige Lösungen, die aber wegen stark saurer Beschaffenheit auch nur zur Desinfektion von Fäkalien, Sputum und dergleichen zu gebrauchen sind. (1 kg = 0,50 Mk.)

Karbolseifenlösung ist billig. Es werden 3 Tl. grüne oder schwarze Schmierseife (1 kg = 0,40 Mk.) in 100 Tl. warmem Wasser gelöst = ½ kg Seife in 17 l Wasser (großer Eimer voll), dann auf je 20 Tl. der noch warmen Seifenlösung 1 Tl. rohe Karbolsäure unter Umrühren zugesetzt. Gelbgraue Emulsion. Die Lösung ist lange haltbar, der Desinfektionswert etwa gleich der wässrigen reinen Karbolsäure derselben Konzentration. Infizierte Wäsche und dergleichen müssen eine oder mehrere Stunden in der 5—2%igen Lösung liegen bleiben; sie ist auch zu verwenden zum Reinigen der Fußböden, Wände und Möbel, soweit sie nicht im Dampf desinfiziert werden können (Ledersachen). Die Lösung greift manche Farbenanstriche aber an.

Kresol, rohes, Cresolum crudum, offizinell, aus der rohen Karbolsäure hergestellt, aber wie diese kaum löslich im Wasser, daher nicht direkt zur Desinfektion verwendbar, wohl aber als:

Kresolseifenlösung = Rohkresol mit gleichen Teilen Kaliseife gemischt unter Erwärmen oder einfacher fertig aus der Apotheke bezogen als Liquor cresoli saponatus. Daraus herzustellen:

Kresolwasser = Aqua cresolica. 1 Tl. Liquor cresoli sap. auf 9 Tl. Wasser, enthält 5% Kresol und kann in der Regel zum Gebrauch um die Hälfte verdünnt werden oder aus der Apotheke bezogen werden als:

Verdünntes Kresolwasser = 1 Tl. Liquor cresoli sap. auf 19 Tl. Wasser (oder 50 ccm. auf 1 l.), enthält 2,5% Kresol.

Liquor cresoli und seine Verdünnungen sollen klar sein, mit gewöhnlichem Wasser verdünnt zeigt es aber oft leichte Trübung. Desinfektionswert und Anwendung etwa gleich der reinen Karbolsäure für Kleidungsstücke, Betten, Wäsche, Pelz, Leder und Gummisachen, Fußböden, Wände, Möbel, Ausleerungen, Blut, Eiter und Hände.

Neben dem Liquor cresoli und mit etwa gleicher Wirkung werden oft noch ähnliche Gemische aus Kresolen und Fetten, Ölen, Seifen oder Harzen hergestellt, verwendet. Die gebräuchlichsten davon sind:

Kreolin (1 kg 2,50 Mk.) ist nicht ganz gleich in Zusammensetzung und Wirkung, in eiweißreichen Lösungen ist die Wirkung stark herabgesetzt; sie wird angewendet wie Karbol in 2—3%iger Lösung (Emulsion), gut desodorisierend.

Lysol (1 kg 2,50 Mk.), dem Liquor cresoli saponatus ähnlich, wird angewendet in 2—3%igen Lösungen (klare Lösung) wie die Karbolsäure und ist in der desinfizierenden Wirkung dieser etwa gleich. Für den Handgebrauch gibt es auch Lysoltabletten zu 1 g.

Bazillol (1 kg 0,70 Mk.), verwandt dem Lysol, gibt wenig riechende wässrige Lösungen, Wirkung wie Lysol etwa.

Solutol (1 kg 1,50 Mk.), ziemlich gleich in der Wirkung dem vorigen.

Saprol (1 kg 1,30 Mk.), vorzüglich desodorisierend und durch langsame Abgabe von Kresolen auch desinfizierend, wird gebraucht zur Desinfektion von Abortgruben, Jauchegruben und dergl., wo es auf dem Grubeninhalt schwimmt. Etwa zu 1% dem Grubeninhalt zusetzen oder 400 g pro Kopf und Monat in die Grube gießen.

Alle Karbolpräparate wirken in erwärmtem Zustande bedeutend schneller und sicherer desinfizierend.

Hygienol ist Kresol und schweflige Säure, wirkt schwächer wie Liquor cresoli saponatus, ist aber billig (50 kg = 35 Mk.) und zur Desinfektion von Auswurf und Stuhlgang zu verwenden etwa als 5%ige Lösung

Rohe Salz- und Schwefelsäure (pro 100 kg je 18 Mk.) als 2—4%ige Lösung zu 10% der zu desinfizierenden Flüssigkeit zuzusetzen, etwa gleich einer Kalklösung wirkend, aber ätzend, Holz, Zement angreifend, daher Möglichkeit des Gebrauches beschränkt.

Hypermangansaures Kali (rohes, 100 kg 90 Mk.) ist gut zum Geruchlosmachen von Fäkalien, 2—3 g in einem Glas Wasser aufgelöst genügen für einen Stuhlgang, oder in größeren Mengen 50 g in einem Eimer Wasser gelöst.

Eine Desinfektionswirkung erfolgt nur in stärkerer saurer oder alkalischer Lösung.

Torfmull, gut desodorisierend, gepulvert, gesiebt und getrocknet, saugt es die siebenfache Menge Fäkalien auf, dagegen von ganz unsicherer Desinfektionswirkung. Für Torfstreuklosetts sind pro Kopf und Jahr ca. 25—40 kg nötig. 100 kg kosten ca. 2 bis 4 Mk. Guter Torfmull muß einen Trockengehalt von mindestens 70% haben und das 8—10 fache seines

Gewichtes an Wasser aufsaugen. Am besten ist reiner Moostorf. Bezugsquellen von Torfmull siehe S. 177.

Phosphattorf. Torfmull mit 10 % Phosphorsäure versetzt (Dr. A. H. Meyer, Dömitz a. E.) ist ebenso wie Torfmull zu verwenden, vermag aber gut gemischt in einigen (ca. 6) Stunden Cholera- und Typhusstuhlgänge zu desinfizieren. Mit Schwefelsäure 1—4 % versetzter Torf ist pro 100 kg für ca. 1,60 Mk. zu beziehen ven F. Wolff & Comp., Bremen; W. Ritter & Comp., Ramsloh.

Erde, gut gesiebt und getrocknet, desodorisiert Fäkalien und wird ähnlich wie Torfmull zu Erdklosetts verwendet. Es sind pro Kopf und Jahr ca. 150—200 Liter zu rechnen. Mit frisch bereitetem Kalkpulver (4—8 %) vermengt auch desinfizierend.

Desinfektion durch Hitze.

Verbrennen ist nur bei wertlosen Gegenständen (Speisereste, Papier, billiges Spielzeug, Kehricht usw.) anwendbar, größere Gegenstände (Bettstroh) stets außer dem Hause, kleinere auf dem Feuerherd.

Kochen tötet alle Krankheitserreger in 5 Minuten, für Wäsche- uud Instrumentedesinfektion ist 1—2 % Sodazusatz zu empfehlen.

Trockne Hitze, in Brennkammern, Backöfen, ist nur ausnahmsweise im Notfall anzuwenden, wirkt erst bei 150° sicher, dringt sehr langsam in dickere Gegenstände ein, zerstört oft die zu desinfizierenden Objekte mit.

Feuchter Wasserdampf, von 100° und darüber (bei 1 % Formalinzusatz schon von 70° an), sicher und schnell desinfizierend, nur in geschlossenen Apparaten anwendbar (siehe Desinfektionsanstalten).

Ausführung der Desinfektion im einzelnen.

Personen (Kranke, Wärter, Ärzte, verdächtige Reisende, Desinfektoren).

Seifenbäder von möglichst hoher Temperatur mit energischer mechanischer Reinigung (Bürsten) der Haut und Haare, danach reine Wäsche und Kleider anziehen.

Hände: Abwaschen in Karbol-, Lysol-, Lysoform-, Chlorkalklösung oder Sublimat unter Zuhilfenahme der

Bürste, Lösungen am besten erwärmt, darnach Abspülen mit Wasser und Seife.

Für chirurgische Zwecke 5 Min. Waschen mit warmem Seifenwasser und Bürste, besonders Unternagelraum; 2 Min. Abreiben mit starkem Spiritus auf Watte; 2 Min. Waschen mit 3% warmer Karbolsäure, Lysol und Bürste.

Badewasser ist bei Typhus-, Ruhr- und Cholerakranken stets nach dem Bade zu desinfizieren. Wenn Dampfzuleitung vorhanden, Erwärmung des Wassers auf 80—90°, ½ Stunde stehen lassen. Sonst Sublimatzusatz 2—3 g Pastillen oder einen gehäuften Eßlöffel frischen Chlorkalk oder ¾ Liter gewöhnlichen Grubenkalk pro Bad, gut mit einer Holzlatte umrühren und mindestens 1 Stunde stehen lassen.

Sodann nach dem Ablassen des Bades Ausscheuern der Wände mit heißer Seifenlösung.

Abgänge erkrankter Personen:

Stuhlgang, Harn (Typhus, Cholera, Ruhr) am besten direkt im Stechbecken. Kalkmilch oder Chlorkalk, siehe dort, Reaktion muß deutlich alkalisch sein und nach guter Vermischung und Zerkleinerung etwa fester Kotballen 1—2 Stunden einwirken. Eventuell kann auch Lysol 5% zu gleichen Teilen zugesetzt werden. Stechbecken und Nachtgeschirre sind danach noch mit verdünntem Karbolwasser oder Sublimatlösung auszuscheuern und mit Wasser nachzuspülen. Für Krankenhäuser eventuell Sterilisierung in besonderem Fäkalkocher von Rietschel u. Henneberg, Berlin. Zum Geruchlosmachen allein, hypermangansaures Kali.

Auswurf, Erbrochenes (Tuberkulose, Lungenentzündung, Diphtherie, Influenza, Scharlach, Keuchhusten, Pest). Auffangen in Speigläsern. Mit 3% Karbolseifenlösung oder Kresolwasser gefüllt; vor dem Fortgießen mindestens 1 Stunde stehen lassen. Eine ziemlich sichere Desinfektion von tuberkulösem Sputum wird erst erreicht nach 5—6 stündiger Einwirkung von 1—2‰ oder 1½ stündiger von 5‰ Kochsalzsublimatlösung.

Für Krankenhäuser Sterilisieren der Speigläser (gut gekühltes Glas ca. 15 Pf. pro Stück) durch Dämpfe in Kirchners Apparat für 10 oder 20 Speischalen aus emailliertem Eisenblech (Schale 1 Mk.).

(Jos. Mayer, Würzburg, Eichhornstr. 18, für 10 oder 20 Mk. Gebr. Schmidt, Weimar; oder Dr. Rohrbeck, Berlin NW 6). Ableitung der entstehenden Dämpfe durch besonderen Abzug in den Schornstein.

Ein anderes Verfahren, in Krankenhäusern und Sanatorien den Auswurf zu beseitigen, besteht darin, daß man denselben in kupfernen Kesseln (in besonderem Raum aufstellen und mit Abzug für Dämpfe versehen) täglich 1—2 mal sammelt und in Wasser verdünnt $1/2$ Stunde kochen läßt.

Spucknäpfe zum Aufstellen in Zimmern, auf Korridoren, Treppen usw. Material am besten dickes Glas oder gut emailliertes Eisen.

Form entweder tellerartig 15—25 cm im Durchmesser, flacher Boden, etwa 5 cm Höhe. etwas nach außen abweichender Rand, keine Henkel, oder schalenförmig mit leicht abhebbarem und zu reinigendem Einsatztrichter. Durchmesser der Schale mindestens 15 cm. Trichter nicht zu flach, mindestens 60° zur Horizontalen, da Auswurf sonst hängen bleibt, z. B. von H. Köster, Halver, pro Stück 2 Mk.

Als Füllung kann einfach Wasser genommen werden, das mit dem Auswurf in den Abort entleert oder gekocht wird. Öftere Desinfektion der Schalen ist aber nötig. An Stelle dieser Spucknäpfe empfehlen sich, namentlich wenn der Wasserinhalt leicht verschüttet werden kann (Korridore, Eisenbahnkupés, Pferdebahnen), gewöhnliche flache Spucknäpfe mit verbrennbaren Zellulosesaugplatten, 100 Stück 6—7 Mk. von Fingerhut & Comp. in Breslau; ebenda auch erhältlich vollkommen verbrennbarer Spucknapf, $3^{1}/_{2}$—7 Pf. pro Stück. Spucknäpfe zum Einlassen in die Wand und direkten Anschluß an die Wasserleitung von C. Hülsmann, Freiburg i. Baden, in einfacher Ausführung 20 Mk. oder Kippspucknapf nach Kitt von Stölzle, Kaufhaus für Hygiene, München, Dienerstr. 7 (5 Mk.), endlich billige Wandspucknäpfe für Fabriken etc. vom Bergedorfer Emaillierwerk. Besondere Straßenspucknäpfe auch von K. Meurer, Cossebaude-Dresden.

Taschentücher für Schwindsüchtige, nach der Benutzung zu verbrennen, aus Baumwolle (Jordan, Berlin, Markgrafenstr., pro Dtz. ca. 70 Pf. bis 1 Mk.) oder aus Papier, Rex & Comp., Berlin, oder Dr. Lindemeyer, Stuttgart, 1000 Blatt zu 10 Mk.

Tragbare Speifläschchen für Hustende mit Auswurf in jeder Instrumentenhandlung, aus Glas mit Metalldeckel (55 Pf.) von Bernkessel, Mellenbach i. Thür. oder 10 Stück für 3 Mk. 50 Pf. von Warmbrunn u. Quilitz, Berlin; aus Glas in Metallhülse, sterilisierbar, von Berger u. List, Hannover (2 Mk.); aus Pappe, verbrennbar, ca. 3 Pf. pro Stück, von Fingerhut & Comp., Breslau, Gartenstr.

Wäsche, auch Scheuer und andere Tücher, waschbare Kleider usw. (Abdominal-, Fleck- und Rückfalltyphus, Cholera, Pocken, Ruhr, Diphtherie, Tuberkulose, Scharlach).

Einlegen in $1^0/_{00}$ Sublimat oder $3^0/_0$ Karbollösung oder Kresolwasser, oder Seifenkarbollösung 1—6 Stunden lang, bei schwächeren Lösungen länger. Taschentücher von Tuberkulösen in $1^0/_{00}$ Sublimat, mindestens 5 Stunden lang, oder in Kresolseifenlösung 1:10 6—24 Stunden lang. Dann kann die Wäsche ausgespült und wie gewöhnlich gewaschen werden. Die Gefäße mit den Lösungen werden am besten im Krankenzimmer selbst aufgestellt. Soll die Wäsche sofort rein gewaschen werden, wird sie zunächst in Petroleumseifenwasser (2 Eimer Wasser, 250 g Waschseife, 2 Löffel Petroleum) $^1/_2$ Stunde gekocht, dann in gewöhnlicher Weise gespült und gewaschen. Blut und Eiterflecken werden dadurch aber fixiert und sind nicht wieder zu entfernen; aus demselben Grunde ist Dampfdesinfektion nicht zu empfehlen, da etwaige Flecke festbrennen.

Besondere Wäschedesinfektionsapparate für Krankenhäuser von Rietschel u. Henneberg, Berlin.

Kleider, Matratzen, Teppiche, Vorhänge, Möbel (Notwendigkeit der Desinfektion siehe bei den einzelnen Krankheiten). Ist eine nur oberflächliche Infektion der Sachen anzunehmen, kann eine Desinfektion durch Formaldehyd im Krankenzimmer selbst mit dem letzteren zugleich vorgenommen werden. Sonst Einwirkung von mindestens $100^0/_0$igem Wasserdampf 15—20 Minuten lang.

Ausgenommen müssen werden Pelz- und Ledersachen, Metallsachen, geleimte und fournierte Möbel,

Möbel aus harzreichem Holze (Tannen, Fichten), Gummisachen, Bilder und dergl. Diese sind zu desinfizieren durch Befeuchten mit 1 % Formaldehydlösung oder durch Abreiben mit in Karbol getränkten Lappen oder Bürsten und darauf trockenes Nachreiben oder (Ledersachen, fleckige Wäsche) 24 stündiges Einlegen in 10 % Kresolseifenlösung. Infizierte Kleider können auch in besonderen Schränken durch reichliches Einleiten von Formaldehyd und Wasserdampf in einigen (Tuberkulose 5 Std.) Stunden desinfiziert werden.

Bücher, Briefe, Zeitschriften sind am besten im Krankenzimmer selbst im Ofen zu verbrennen, Briefe und ungebundene Bücher können auch im Dampf desinfiziert werden, leiden aber häufig darunter; event. wäre Räucherung mit Formalin vorzunehmen. Eine sichere Desinfektion von Büchern, ohne daß dieselben leiden, kann in besonderen Apparaten durch trockene Hitze von 75—80°, welche allerdings bis 24 Stunden lang einwirken muß, schneller durch Formaldehydwasserdampf von 75–80° in 30—90 Minuten im Vakuum, wozu ebenfalls ein besonderer Apparat nötig ist (siehe pag. 303), erzielt werden.

Speisereste, Eß- und Trinkgerät. Erstere müssen ausgekocht oder verbrannt werden, letztere sind in kochendes Wasser am besten mit Sodazusatz zu legen, Geschirrdesinfektionsapparate für Küchen usw. liefert unter anderen Apparatebauanstalt „Fortschritt", Köln a. Rh.; Ados, Aachen; Fehrmann, Berlin, Birkenstr.; Ferd. Hauson, Wiesbaden. Verbrennbares Eßgeschirr aus Pappe von Brünn, Saargemünd.

Verbandstücke, Kehricht, alte Spielsachen müssen verbrannt werden, und zwar erstere am besten täglich früh im Krankenzimmer während des Lüftens im Ofen desselben. Wenn Verbrennen nicht angängig, (Zentralheizung) ist wie bei Wäsche zu verfahren.

Arzneien sind in den Abort zu schütten, nicht aber zu verbrennen. (Feuer und Explosionsgefahr).

Wohnräume sind durch Formaldehyd (siehe weiter hinten) zu desinfizieren. Ist dasselbe nicht möglich oder als nicht genügend zu erachten (Räume mit groben Spalten, besonders stark verunreinigte), muß im einzelnen wie folgt verfahren werden.

Luft ist möglichst ausgiebig zu erneuern durch langes (mehrere Tage, wenn angängig) Lüften, am besten unter gleichzeitigem Heizen. Oder Räuchern mit Formaldehyd (siehe dort). Die Lüftung des Krankenzimmers während der Krankheit ist stets so einzurichten, daß die Luft aus dem Zimmer nicht in andere Räume des Hauses gelangt.

Wände. Bei Kalkanstrich (kleine Wohnungen, Ställe) frisches Übertünchen mit Kalkmilch. Zweckmäßig ist oft ein Zusatz von grüner Seife (1 Eßlöffel auf 5 l Kalkmilch), wodurch der Anstrich besser haftet.

Bei Ölfarbenanstrich, Fliesenbelag, Holzpaneel kräftiges Abwaschen mit 2—3%iger Karbol- resp. Kresolseifenlösung oder 1%₀ Sublimatlösung, hinterher mit reinem Wasser.

Bei Leimfarbenanstrich Abreiben wie vorher und frisches Anstreichen mit Farbe.

Bei Tapeten Abreiben mit Graubrod (24 Stunden altes Brod), Brodkrümel verbrennen.

Abwaschbare Tapeten sind besonders zu empfehlen für Kinder- und Schlafzimmer, sie werden wie Ölfarbenwände behandelt.

Desinfizierende Wandanstriche, besonders geeignet für Laboratorien, Krankenhäuser, Klosets usw. sind die Porzellanemaillefarben Vitralin, Pefton und Vitralpef von Rosenzweig und Baumann in Cassel.

Decke des Zimmers zu desinfizieren wird meist nicht nötig sein.

Fußboden. Reichliches Befeuchten mit verdünntem Kresolwasser, welches eine Stunde darauf stehen bleiben muß, darauf reinigen mit Wasser und Seife, oder Anstreichen mit Kalkmilch (Ställe), die nach 2 Stunden wieder abgewaschen werden kann.

Abwässer, Kanalisationswässer.

Zusatz von 1 Tl. frischem Chlorkalk auf 5 bis 20000 Tl. Abwasser durch besondere Mischvorrichtungen. Nach 1—2stündiger Einwirkung ist eine in der Regel genügende Desinfektionswirkung erreicht. Bei stark schmutzhaltigem Wasser und wenn Tuberkelbazillen sicher abgetötet werden sollen, ist ein stärkerer Chlorkalkzusatz (etwa 1 : 1000) erforderlich (siehe Abwasserreinigung). Bei sicherer guter Durchmischung, Fehlen gröberer Partikel in dem Abwasser und längerer (z. B. 24 Stunden) Einwirkung des Desinfektionsmittels, wozu besondere Gruben nötig sind, kann auch mit Kalkmilch, siehe dort, desinfiziert werden.

Zur etwa nötig werdenden Neutralisierung des im Abwasser übrig bleibenden Chlors ist Eisenvitriol, 1 Tl. auf ca. 5—6000 Tl, Abwasser, zuzusetzen. Bei Desinfektion von Krankenhausabwässern empfiehlt es sich vor dem Zusatz von Chlorkalk (1 : 5000) die Schwebestoffe bis 1 mm Durchmesser vorher zu entfernen, die zurückgehaltenen Schwebestoffe sind thermisch zu vernichten. Das so desinfizierte Abwasser kann ohne weiteres dann biologisch gereinigt werden.

Abortgruben und -tonnen (besonders bei Cholera, Typhus, Ruhr).

Zusatz zum Grubeninhalt von Kalkmilch (1 : 4), frisch bereitet und womöglich täglich zugesetzt. Die Reaktion des Grubeninhaltes muß deutlich alkalisch sein. Prüfung einfach durch hineingetauchtes Lackmuspapier, welches stark blau gefärbt werden muß.

In der Regel genügt Zusatz bis zu 2 % des Grubeninhaltes, oder pro Kopf und Tag, wenn keine Wasserspülung vorhanden ist, ca. 0,2 l Kalkmilch. Teurer aber auch wirksamer ist Zusatz von frischem Chlorkalk 1 : 2000 (= 0,5 g auf 1 l) bei mindestens zweistündiger Einwirkung, wodurch der größte Teil desinfiziert wird. Es mag aber ausdrücklich hervorgehoben werden, daß eine absolut sichere Desinfektion, namentlich von festen Kotballen durch keins dieser Verfahren zu erzielen ist.

Misch-(Rühr- und Zerkleinerungs-)vorrichtung in der Grube ist zweckmäßig, aber nur bei vollkommenem Verschluß der Grube möglich (Gestank), siehe auch Saprol. Zum Geruchlosmachen der Gruben nach der Reinigung Eisensulfat. Aborttonnen können auch durch heißen Wasserdampf desinfiziert werden, siehe vorne bei Tonnensystem.

Sitzbretter und Türgriffe der Aborte, welche von Kranken oder Verdächtigen berührt worden sind, müssen möglichst bald hinterher durch Abscheuern mit heißer Kali- oder besser Karbolseifenlösung, in Epidemiezeiten jedenfalls täglich einmal gründlich gereinigt werden.

Rinnsteine, beschmutztes Pflaster, Erdboden und dergleichen werden durch Aufgießen von frisch bereiteter Kalkmilch desinfiziert.

Eisenbahnwagen, sonstige Personenfuhrwerke und Viehwagen werden, wenn sie einigermaßen zu dichten sind, mit Formaldehyd desinfiziert werden können (siehe hinten). Ist Formaldehyddesinfektion nicht möglich, ist wie folgt zu verfahren. Polster womöglich herausnehmen und im Dampf desinfizieren; sonst Abbürsten mit verdünntem Kresolwasser, Sublimatlösung oder 1%iger Formaldehydlösung und hinterher Lüften oder Trockenreiben mit reinen Tüchern. Fußboden wie bei Wohnungen. Zuletzt längeres Lüften des Wagens (6 Tage).

Viehwagen, offene. Waschen mit heißer Sodalösung (2 kg Soda auf 100 l Wasser), bei Erkrankung der Tiere mit Karbolseifenlösung oder Auswaschen des Wagens mit heißem Wasser. Sodann Besprengen des Wageninneren mit 5%iger filtrierter Chlorkalklösung mittels einer Düsenbrause. Apparate von Körting, Hannover 300—350 Mk.

Viehställe. Wände und Fußboden wie bei Wohnungen. Futtertröge und Rampen abwaschen mit verdünntem Kresolwasser, Streu verbrennen oder 1 m tief und entfernt von Brunnen eingraben. Bei Lehmestrich Entfernen desselben unter Durchtränken mit Kresolwasser vor der Desinfektion des übrigen Stalles, dann Desinfektion des letzteren und Einbringen von neuem Lehm.

Düngerstätten, Kanäle auf Höfen etc. müssen reichlich mit Chlorkalk oder Kalkmilch übergossen werden.

Schiffe. Bilschraum ist nötig zu desinfizieren, wenn das Schiff aus einem verseuchten Hafen kommt. Bilschwasser schon in See möglichst auspumpen, ebenso das Trinkwasser, wenn es verdächtig erscheint (durch die Lotsen zu veranlassen). Im Hafen Bilschraum so hoch wie angängig mit 1% Kalkmilch, frisch bereitet, anfüllen, die 12 Stunden im Raum bleibt. Bei Holzschiffen sind ca. 40—60 l Kalkmilch pro Meter Schiffslänge zu rechnen, bei eisernen Schiffen 60—120 l. Bei Schiffen mit getrennten Abteilungen ist jede Abteilung für sich zu behandeln.

Wohnräume des Schiffes werden wie solche auf dem Lande desinfiziert.

Leichen, infektiöse. Einhüllen derselben möglichst bald nach dem Tode und ohne Leichenwaschung in Kresol, Karbol- oder Sublimattücher. Bei Cholera-, Typhus-, Ruhrleichen 10 cm hohe Schicht von Torfmull oder Sägespänen in den Sarg. Letzterer muß aus festem Holz mit gut verpichten Fugen hergestellt sein oder aus Metall.

Hadern, Lumpen sind in gewöhnlicher Weise im Dampfdesinfektionsapparat zu desinfizieren, aber stets für sich allein (Übertragung des Geruchs). Hydraulisch komprimierte Lumpen gebrauchen zur Desinfektion gespannten Dampf und müssen mehrere Stunden im Apparat bleiben.

Brunnen. Eine Desinfektion von Röhrenbrunnen wird in praxi kaum nötig werden, nur bei frisch gebohrten Brunnen wird sie wünschenswert, wenn man sich überzeugen will, ob das Grundwasser überhaupt in der Tiefe des Brunnens schon keimfrei ist.

In diesem Falle pumpt man den Brunnen vorher tüchtig aus, nimmt den Pumpenstiefel nebst oberem Pumpenteil ab und gießt das Rohr bis oben mit Karbolschwefelsäure voll, welche 24 Stunden darin bleibt; dann wird die desinfizierte Pumpe wieder aufgeschraubt, abgepumpt, und wenn kein Karbolgeruch mehr bemerkbar ist und das ausfließende Wasser nicht mehr sauer reagiert, kann es auf Keimgehalt untersucht werden. Sinkt die Karbolschwefelsäure schnell in das Brunnenrohr hinunter nach Eingießen größerer Quantitäten, ist das Rohr mechanisch durch Bürste und Karbolsäure zu reinigen oder mit Dampf zu desinfizieren (siehe unten).

Kesselbrunnen sind schwieriger zu desinfizieren, eine solche Desinfektion wird aber erwünscht oder nötig sein, wenn Verdacht besteht. daß das Brunnenwasser durch Infektionsstoffe verunreinigt worden ist oder diese, was selten der Fall sein wird, direkt im Brunnenwasser aufgefunden werden. In Betracht kommen im wesentlichen nur Cholera, Typhus, Ruhr.

Einer jeden Kesselbrunnendesinfektion hat vorauszugehen eine genaue Okularinspektion des

Brunnens selbst, sowie seiner Umgebung, und Abstellung etwaiger aufgedeckter Mißstände.

Ist sodann Dampf von mindestens 2—3 Atmosph. Spannung zu haben (Lokomobile oder sonstige Dampfmaschine), wird der Pumpenkolben mit Lederteilen aus dem Rohr entfernt, sodann Dampf mittels Schlauch direkt ins Brunnenwasser geleitet, bis dieses auf ca. 90° gebracht ist (Kontrolle durch Maximalthermometer); pro 2 cbm Wasser ca. 3 Stunden Zeit und 2 Zentner Kohlen erforderlich. Pumpenrohr und Wandungen sind ebenfalls durch Bestreichen mit dem Dampfstrahl zu desinfizieren. Kolben mit Lederteilen wird besonders durch Sublimat- oder Karbolseifenlösung desinfiziert. Nach 24 stündigem Stehen kann der Brunnen wieder zusammengesetzt werden.

Röhrenbrunnen (siehe auch vorige Seite) sind in ähnlicher Weise durch Abschrauben der Pumpe und Einbringen eines Dampfschlauches oder Gasrohres in das Brunnenrohr zu desinfizieren. Für kleinere Brunnen wird man mit einem Bierdruckreinigungsapparat auskommen können. Desinfektionsdauer etwa 3—4 Stunden. Zu Versuchen über Keimfreiheit des Grundwassers sind nur ganz frisch gebohrte Brunnen geeignet und nach Abpumpen größerer Wassermengen Entnahme von Wasserproben aus dem Rohre selbst mit besonderem Apparat nötig.

Ist kein Dampf zu bekommen, wird man für Kesselbrunnen folgendes, aber nicht durchaus sicheres Verfahren einschlagen können.

Ausschlammen des Brunnenbodens und Vernichtung des Schlammes. Möglichst lang fortgesetztes Auspumpen des Wassers, Abbürsten des Brunnenstockes und der Brunnenwände mit verdünntem Kresolwasser oder Tünchen mit Kalkmilch, welch letztere erst nach 3 Tagen abgespült wird; dabei Revision der Wände auf Spalten und Zuflüsse, welche sofort zu dichten sind. Zusatz von frisch bereiteter Kalkmilch zum Brunnenwasser unter stetem Umrühren, bis dasselbe deutlich alkalisch ist (mehrfach mit Lackmuspapier zu prüfen). Nach 3 Tagen Abspülen von Brunnenwänden, Pumpenrohr (letzteres ist inwendig ebenfalls mit Kalkmilch zu desinfizieren) mit reinem Wasser und Abpumpen des Brunnenwassers, bis das ablaufende Wasser keine Trübung und keine alkalische Reaktion mehr zeigt. Eine empfindliche Reaktion auf Ätzkalk (Kröhnke) erhält man durch Zusatz von einer wässerigen Kalomelemulsion zu einer Probe des Wassers. Ist Ätzkalk vorhanden, bildet sich ein schwarzer Niederschlag von Quecksilberoxydul.

Es ist selbstverständlich, daß man Brunnen nach der Desinfektion nur wieder dem öffentlichen Betriebe übergeben darf, wenn eine Neuinfektion des Wassers ausgeschlossen ist. Kann letzteres nicht mit Sicherheit geschehen, ist der Brunnen für längere Zeit geschlossen zu halten oder besser zuzuwerfen und ein neuer Brunnen anzulegen, welcher einwandfreies Wasser liefert.

Leitungsdesinfektion. Es wird zuweilen auch erwünscht sein, ein verseuchtes Leitungsnetz zu desinfizieren. Dasselbe ist mehrfach mit Erfolg in folgender Weise ausgeführt worden: Es wird die Leitung nach vorhergegangener Entleerung mit $2\,^0/_{00}$ 60 gradiger Schwefelsäure angefüllt, welche Lösung mehrere Stunden in der Leitung stehen bleiben muß. Sodann wird mit reinem Wasser nachgespült, bis die letzten Spuren der Schwefelsäure entfernt sind. Die Röhren werden nicht dadurch angegriffen. Mit 100 kg Schwefelsäure (ca. 6—7 Mk.) sind ca. 40 cbm Leitungswasser zu desinfizieren (Stutzer). Kürzere Leitungen (80—100 m lang) können auch mit Dampf von einer Lokomobile aus sterilisiert werden. Entleeren der Leitung, Einleiten von Dampf (ca. 4 Atmosph.) unter gleichzeitigem Öffnen der verschiedenen Zapfhähne, bis Dampf daraus 10 Minuten lang geströmt ist.

Desinfektionsanstalten.

Apparate zur Formaldehyddesinfektion. Der Formaldehyd wird zurzeit entweder in wässeriger Lösung verdampft oder versprayt oder aus festem Trioxymethylen durch Erhitzen unter gleichzeitigem Entwickeln von Wasserdampf erzeugt. Für diese Verfahren sind in Gebrauch und in ihrer Wirkung annähernd gleich:

Flüggescher Apparat, größerer kupferner Kochkessel mit feiner Ausblaseöffnung und großem Spiritusheizbassin, für 100—150 cbm Raumdesinfektion reichend. Einfacher, aber gut funktionierender Apparat. Auch außerhalb des infizierten Raumes aufzustellen, was für manche Gelegenheiten von Wert ist. Der Deckel muß aufgefalzt sein und der Füllstutzen, sowie die Verdampfungsöffnung mit Hartlot gelötet. Apparate liefern aus Kupfer G. Härtel, Albrechtstr., Breslau (46 Mk.), oder Metallwarenfabrik Boie in Göttingen für je 40 Mk.; letztere Fabrik fertigt auch in durchaus gleicher Ausführung, aber aus Eisenblech Apparate für 20 Mk., welche bei nicht zu häufiger Benutzung (kleinere Gemeinden) durchaus genügen dürften.

Ähnlich ist der Torrensdesinfektor von Schneider, Wiesbaden, und der Lingnersche Apparat (50 Mk.) von der Deutschen Desinfektions-Zentrale, Berlin-Schöneberg; ferner der Apparat „Berolina" (Lautenschläger, Berlin, Chausseestr., 45 Mk.)

Sprayapparate von Czaplewski oder Praußnitz; das Formalin wird durch eine feine Öffnung zugleich mit Wasserdampf sehr energisch versprayt; Apparate können nur im Zimmer selbst aufgestellt werden.

Apparat von Czaplewski für 50 cbm Raum von Lautenschläger, Berlin N, Chausseestr., für 65 Mk. Apparat von Praußnitz für 100 cbm Raum von Baumann, Wien VIII, Florianigasse, für 55 Kronen.

Kleine Apparate für Schränke 35 Kronen.

Apparate für gespannten Dampf und für besondere Formalinlösungen (Formochlorol) teuer. Innerhalb und außerhalb des Raumes aufstellbar.

P. Altmann, Berlin, Luisenstr. 52. Preis 150 Mk. Formochlorol 2,50 Mk. pro Liter.

Kombinierter Äskulapapparat, verdampft feste Pastillen zugleich mit Wasser. Pro cbm Raum 2 bis 2½ Pastillen erforderlich. Apparat für 100 cbm Raum 60 Mk. von Chem. Fabrik auf Aktien vorm. Schering, Berlin, Müllerstr. Ebenfalls nur im Raum aufstellbar.

Karboformalglühblocks, ebenfalls aus fester Masse, welche angesteckt verglimmt. Dabei muß zugleich noch Wasser im Raum verdampft werden. Pro 80 cbm Raum sind 6 Glühblocks zu rechnen. (Stück zu 50 g Paraformaldehyd 1,50 Mk.) Max Elb, Dresden.

Autan, gelbliches Pulver aus polymerisiertem Formaldehyd und Metallsuperoxyden gemischt, entwickelt bei Übergießen mit Wasser reichlich Formaldehyd und Wasserdampf.

Wirkung bei guter Abdichtung des Raumes (siehe pag. 301) etwa dieselbe wie mit den anderen Verfahren. Sehr bequeme und einfache Anwendung, da außer dem fertig abgemessenen Pulver nur Wasser und ein Holzgefäß nötig ist; die Packung enthält zugleich ein zweites Pulver (Ammon. sulf. und Kalk), das hinterher zur Ammoniakentwickelung ebenfalls durch Übergießen mit Wasser verwendet wird.

Pro cbm Raum sind ca. 40—50 g Antan bei 5-7-stündiger Einwirkung zu rechnen. Die Kosten des Verfahrens sind nicht unbedeutend höher als sonst; es ist zu rechnen für 20 cbm Raum ca. 3,50 Mk., für 80 cbm ca. 12 Mk., für 175 cbm 22,50 Mk. Behörden erhalten das Mittel billiger.

Farbenfabriken Bayer & Comp., Elberfeld.

In der Regel wird es sonst genügen, wenn man pro cbm Raum 5 g Formaldehyd rechnet und dieses 4 Stunden einwirken läßt. Muß der Raum früher wieder benutzt werden oder ist er schwer zu dichten und mit Objekten stark angefüllt, kann man die Menge des Formaldehyds erhöhen oder die Zeit auf 7 Stunden verlängern. Einen Anhaltspunkt über die nötigen Mengen von Chemikalien geben die zunächst für die Flüggeschen Apparate gültigen nachfolgenden Zahlen.

Der Formaldehydverdampfer ist zu beschicken mit:

Raum-größe in cbm	bei 5 g Form. pro cbm Raum			Raum-größe in cbm	bei 5 g Formald. pro cbm Raum	
	Formalin 35%	Wasser	Spiritus 90%		Ammoniak 25%	Spiritus 86%
10	400	600	200	10	150	15
30	650	1000	400	30	400	40
50	900	1350	550	50	600	60
80	1250	1850	800	80	1000	100
100	1500	2250	1000	100	1200	130
120	1750	2650	1150	120	1500	150
150	2100	3150	1350	150	1800	180

Für schwer zu dichtende Räume ist mehr zu nehmen, z. B. (nach Reichenbach) für:

	Formalin 40%	Wasser	Spiritus	Stunden-Einwirkung
Eisenbahnabteile 2. Klasse	1000 cc	2000	750	24
Eisenbahnabteile 3. Klasse	300 -	700	250	7
Eisenbahnwagen 4. Klasse	500 -	1500	400	7
Eisenbahnviehwagen (nach mechanisch. Reinigung d. Fußbodens ca. 30 cbm)	600 -	1900	550	7

Die Vorbereitung des Raumes zur Desinfektion ist im übrigen in allen Fällen dieselbe. Der Raum ist zunächst auszumessen und danach die Menge der zu verdampfenden Lösungen zu nehmen. Alles, was nicht anderweitig (Dampf) desinfiziert werden soll, wird möglichst gut ausgebreitet oder aufgehängt. Alle Spalten und Öffnungen des Raumes werden sorgfältig gedichtet (feuchte Wattestreifen, Papier mit Kleister, event. auch Lehm), sodann Apparate in Betrieb gesetzt. Nach 4 resp. 7 Stunden Einleiten von Ammoniak durch das Schlüsselloch ohne vorheriges Öffnen des Raumes. (Nötige Inventarstücke und spezielle Ausführung der Desinfektion siehe hinten.)

Die Desinfektionskosten sind für die verschiedenen Formalinverdampfapparate annähernd gleich und betragen pro 100 cbm Raum etwa 2 Mk. exkl. Dichtungsmaterial und Arbeitslohn. Die Äskulap- und Autanmethode ist wesentlich teurer.

Improvisieren von Formaldehydapparaten. Im Notfall werden gewöhnliche große Konservenbüchsen oder Kochtöpfe mit kleiner Öffnung (Papinscher Topf) auf große Petroleum- oder Spiritusbrenner gesetzt unter reichlicher Berechnung der Formalinmenge (wegen langsamerer Verdampfung), genügen. An Stelle des flüssigen Ammoniaks kann man auch festes Hirschhornsalz nehmen, welches im Formalinapparat oder in einer beliebigen Pfanne verbrannt werden kann (ca. 150 g auf 250 g Formalin nehmen).

Einfache Formalin- und Ammoniaklampen mit Untersatz für etwa 14 m von Streisgut, Straßburg i. E., Gutenbergplatz. Ein Verdampfen von Formalinlösungen durch Einwerfen von glühenden Steinen oder Ketten (Springfield) in dieselben ist umständlich und wenig angenehm. Dagegen wird ein dem Autan ähnliches Verfahren empfohlen, das jedenfalls sehr einfach und nicht teuer (ca. 3,50 Mk. pro 100 cbm Raum) ist. Es werden zu dem Zweck in einem oder mehreren Metallgefäßen (feuersicher aufstellen, da zuweilen Entzündungen beobachtet) pro 100 cbm 2 kg Kaliumpermanganat, 2 kg Formalin und 2 kg Wasser vermengt. Einwirkungszeit 6 Stunden, Wirkung etwa gleich den sonstigen bewährten Verfahren, also zu Improvisationen wohl geeignet.

Über die weiteren für die Formaldehyddesinfektion noch nötigen Apparate und Transportgeräte siehe weiter hinten bei Inventarausrüstung der Desinfektionsanstalt.

Apparate zum Desinfizieren mit heißem Wasserdampf sind, wenn auch neuerdings viele Objekte durch Formaldehyd genügend desinfiziert werden können, durchaus nicht zu entbehren. Man unterscheidet Apparate:

a) welche mit strömendem Dampf von 100° C ohne Spannung und Überhitzung des Dampfes arbeiten. Dieselben genügen für kleinere Verhältnisse, da eine sichere Desinfektionswirkung zu erzielen ist, wenn auch nur in etwas längerer Zeit wie in den Apparaten sub b); sie sind ferner meist billiger wie letztere, einfacher im Betrieb und unterliegen keiner Beschränkung in der Aufstellung.

Als Desinfektionszeit, nachdem die Objekte in den Apparat gebracht sind und von dem Moment an, wo der Dampf an der Ausströmungsöffnung 100° C (bei 760 mm Barometerstand zeigt, sind bei locker eingebrachten Sachen 35 Minuten als genügend zu erachten; bei fest zusammengepreßten Kleiderbündeln ist die Zeit entsprechend bis zu einer Stunde etwa zu verlängern;

b) welche mit gespanntem Dampf arbeiten. Meist beträgt die Dampfspannung nur $^1/_{20}$—$^1/_{10}$, selten bis $^1/_5$ Atmosphäre. Die Apparate desinfizieren etwas schneller; als eigentliche Desinfektionszeit sind unter gewöhnlichen Verhältnissen 20—30 Minuten zu rechnen; bei größeren, namentlich künstlich zusammengepreßten Objekten (Lumpen) ist die Zeit erheblich zu verlängern. Die Apparate sind meist etwas teurer wie die sub a) angeführten; sie sind ferner meist komplizierter in der Bedienung, und der Dampfentwickler kann unter Umständen nicht überall aufgestellt werden. Sie werden vorzuziehen sein für **größere Anstalten mit permanentem Betrieb**, ferner auch dort, **wo ständig gespannter Dampf** schon für andere Zwecke vorhanden ist;

c) welche mit überhitzten Dämpfen arbeiten oder in denen durch Gase oder mittels erhitzter Luft desinfiziert wird, sind ganz unsicher in ihrer Wirkung und werden auch kaum mehr neu angefertigt;

d) Apparate, welche mit 1% Formalinzusatz zum Wasser unter Zuhilfenahme eines mittels Pumpe hergestellten Vakuums arbeiten, desinfizieren schon bei einer Dampftemperatur von 70° ähnlich wie reiner Wasserdampf von 100°. Sie sind daher auch zum Desinfizieren von Ledersachen, Pelzen, Haaren usw., welche 100° nicht vertragen, brauchbar. Apparate liefern Apparatebauanstalt, A.-G., Weimar; Boy u. Rath, Duisburg; Lautenschläger, Berlin, Chausseestr.

Einzelne Teile der Desinfektionsapparate.

Material. Dasselbe wird meistens Eisenblech sein (für selten gebrauchte oder improvisierte Apparate wird auch wohl Holz genommen). Die Wandstärke des Bleches soll mindestens 3 mm betragen; dasselbe ist gut im Anstrich zu halten, besonders auch innen (Panzerschuppenfarbe).

Form. Für kleinere Apparate zweckmäßig runde Form, größere besser oval oder kastenförmig.

Türen, bei größeren und stationären Apparaten stets an jeder Stirnseite eine vorzusehen. Wo nur eine Tür vorhanden ist, muß bei Aufstellung und Beschickung des Apparates streng darauf geachtet werden, daß die desinfizierten Objekte beim Herausnehmen aus dem Apparat nicht reinfiziert werden. (Aufstellung des Apparates im Freien, Einschlagen der zu desinfizierenden Sachen in mit Kresolwasser oder Sublimatlösung angefeuchteten Leinwandhüllen vor dem Einbringen in den Apparat in der infizierten Wohnung und durch zuverlässiges Personal. (Desinfektoren.)

Der **Dampfeintritt** wird zweckmäßig an der Decke des Apparates durch ein Verteilungsrohr stattfinden, gegen herabtropfendes Kondenswasser eine Schutzdecke oder eine kupferne Rinne mit Ableitung für das Wasser vorzusehen.

Der **Dampfaustritt** erfolgt an der tiefsten Stelle des Apparates, hier auch eine Vorrichtung zum Anbringen eines Kontrollthermometers nötig.

Besondere Isolierung der Wandung des Apparates ist nicht notwendig, jedoch bei stationären größeren Apparaten und wo es auf den Preis nicht ankommt, wegen geringerer Wärmeverluste und geringerer Kondenswasserbildung vorzuziehen. Bei kleineren Apparaten ist die Wand zweckmäßig häufig als Hohlraum ausgebildet, welchen der Dampf durchströmt, ehe er in den Apparat gelangt.

Vorrichtung zur Vorwärmung des Apparates und **zum Nachtrocknen** der Objekte nach beendeter Desinfektion im Apparat ist nicht nötig, für größere Apparate aber immerhin empfehlenswert.

Ist keine Nachtrocknung im Apparat möglich, müssen die aus demselben kommenden Sachen sofort durch Schütteln und Schwenken vom Dampfe befreit werden. Im Winter darf dieses nicht im Freien, sondern nur in einem geheizten Raume geschehen. Das Bedienungspersonal ist genau demgemäß zu instruieren, da sonst Klagen über feuchte und verdorbene Sachen nicht ausbleiben werden.

Dampfentwickler. Derselbe muß so konstruiert sein, daß in nicht zu langer Zeit eine genügende Menge Dampf entwickelt werden kann, um den Apparat vollkommen mit Dampf zu füllen; es soll ferner der Wasservorrat so groß sein, daß wenigstens eine Stunde lang, besser noch länger, ohne Unterbrechung Dampf entwickelt werden kann. Sonst ist jedenfalls für eine gute Speisevorrichtung, eventuell mit Vorwärmung des Wassers, Sorge zu tragen (siehe bei Prüfung der Apparate).

Größe der Apparate. Für öffentliche Anstalten größerer Städte mit ständigem Betrieb ist ein größerer Apparat von 4—5 cbm Inhalt und 2—2,50 m innerer Länge am Platze, eventuell mehrere derselben

Desinfektion.

Größe oder häufig auch besser noch einige kleinere daneben.

Für mittelgroße Städte, größere Krankenhäuser und Anstalten, sowie Quarantänestationen wird ein Apparat von 2 cbm Inhalt und 2 m Länge genügen, jedenfalls, wenn noch ein kleinerer zweiter Apparat daneben zur Verfügung steht.

Für kleinere Städte, ländliche Kreise, kleine Krankenhäuser und dergleichen wird ein Apparat von 2 cbm Inhalt ebenfalls geeignet sein, wenn derselbe in einer gut eingerichteten und zweckmäßig betriebenen Desinfektionsanstalt aufgestellt wird. Sind die Mittel hierfür nicht vorhanden, so sind Apparate von geringeren Dimensionen zu wählen; doch sollten dieselben stets wenigstens so groß sein, daß aufgerollte Matratzen und größere Federbetten bequem in den Apparat hineingebracht werden können. Als Mindestmaße sind etwa anzunehmen 100 cm Länge, 70—100 cm Durchmesser, also etwa 0,7—1 cbm Inhalt.

Transportable fahrbare Apparate haben den Nachteil, daß sie teurer sind, häufiger reparaturbedürftig werden, daß sie auf schlechten Wegen oft schwer oder auch gar nicht fortzuschaffen sind, und daß zuweilen an Ort und Stelle der Desinfektion im Winter ein guter Platz zum Aufstellen nicht zu finden sein wird. Sie werden nichtsdestoweniger in einigen Fällen den stationären Apparaten vorzuziehen sein, z. B. in ausgedehnten ländlichen Kreisen mit guten Wegen, auch wohl bei ärmerer Bevölkerung, wo größere Stücke zur Desinfektion kaum vorkommen. In der Regel wird es dann besser sein, kleinere Apparate zu wählen von 0,7—1 cbm Inhalt, wenn man nicht vorzieht, Transportwagen oder Kisten in einer ständigen Desinfektionsanstalt der Kreisstadt vorrätig zu halten.

Von Firmen, welche Desinfektionsapparate meist in den verschiedensten Größen und zu Preisen von ca. 400—4000 Mk. liefern, seien erwähnt: Rietschel u. Henneberg, Berlin. Schimmel u. Comp., Chemnitz. F. ter Welp, Berlin N. Rud. A. Hartmann, Berlin S. 42. Boy u. Roth, Duisburg. Schäffer u. Walcker, Berlin, A. Lümkemann (System Budenberg), Dortmund. Gebr. Schmidt, Weimar (die Desinfektionsapparate dienen teilweise zugleich als Transportgefäße für die Objekte). Lautenschläger, Berlin. Rohrbeck, Berlin.

Aufstellung der Apparate. Dieselbe kann geschehen in Verbindung mit Kranken-, Armen-, Siechenhäusern, auch Waschanstalten oder in einer selbständigen Anstalt. Im ersteren Fall wird zuweilen schon Dampf, der zu anderem Zweck gebraucht wird, vorhanden sein, auch ist die Bedienung leichter zu beschaffen. Disponible Kellerräume können benutzt werden, wenn sie hell und groß genug sind. Wenn Sachen von auswärts eingeliefert werden sollen, ist ein besonderer Eingang vorzusehen. Besser ist in jedem Fall ein besonderer Anbau oder ein isolierter Bau.

Fachwerk oder Holzbau ist vielfach genügend; für größere Anstalten Steinbau oder Wellblech (Rietschel u. Henneberg, Berlin).

Eine ständige Desinfektionsanstalt soll enthalten einen Raum für infizierte Objekte, mindestens 20 qm groß, einen Raum für desinfizierte Objekte, mindestens 30 qm groß. Beide sind getrennt durch massive Wand (Monier, Wellblech, Stein), in welche der Desinfektionsapparat einzubauen ist. Außerdem ist vorzusehen ein Raum für chemische Desinfektion, mindestens 8 qm groß, und eine Wasch- oder Badezelle für den Desinfektor, 2 qm. Endlich ein Schuppen oder Raum zur Unterbringung eines Transportwagens oder von Kisten für infizierte Objekte. — Der Fußboden der Anstalt ist aus Zement, Asphalt oder gut gefugtem Ziegelsteinpflaster herzustellen. Die Höhe der Haupträume betrage 5—6 m. Eine doppelte Dachschalung (Kondenswasser) und gut verschließbare Dachfirstventilation ist empfehlenswert. Die Wände sind abwaschbar zu machen. Fenster groß, keine dunklen Winkel. Dampferzeuger in der Abteilung für infizierte Sachen. Im anderen Raum besonderer Ofen zur Heizung für den Winter wünschenswert.

Improvisieren von Desinfektionsapparaten.

In ein größeres reines oder gut gereinigtes Faß wird in der Nähe des Bodens ein durchlöchertes, spiralig gebogenes Gasrohr für die Dampfzuleitung eingeführt, darüber kommt ein Holzlattenboden, auf welchen die Objekte locker aufgeschichtet werden; dieselben können auch an Haken (mit Segeltuch umwickeln), welche am Faßdeckel angebracht sind, aufgehängt werden. Wenn die Faßwände nicht vollkommen rein zu machen sind, müssen sie mit Segeltuch oder dergl. ausgekleidet werden. Der Deckel, welcher nicht ganz fest zu schließen braucht oder eine kleine Öffnung für den ausströmenden Dampf haben muß, wird mit Steinen beschwert. Kontrolle des ausströmenden Dampfes durch Thermometer im Deckel. Sobald derselbe $100°$ zeigt, ist noch $^3/_4$ Stunden Dampf zuzuführen. Dampf liefert jeder Kessel (Lokomobile, Lokomotive). Verbindung durch das Dampfpfeifenrohr. Dampfspannung im Kessel am besten 1,5 Atmosphäre.

Kleinere Apparate sind herzustellen mittels Fässer, welche ohne Deckel auf einen Waschkessel gestülpt werden. Im Faßboden sind Haken zum Aufhängen und eine Öffnung für ein Thermometer anzubringen. Dichtung etwaiger Fugen durch feuchtes umgeschlagenes Segeltuch.

Prüfung der Desinfektionsapparate.

Eine solche hat tunlichst nach Aufstellung des Apparates und vor der definitiven Abnahme desselben zu erfolgen. Es soll dadurch festgestellt werden:

1. Ob eine genügende Dampfmenge entwickelt wird, welche den Apparat vollkommen und mindestens für die Dauer einer Desinfektion ohne Unterbrechung der Dampfentwicklung anfüllen kann.

2. Ob und in welcher Zeit der Dampf in die einzelnen Teile des Apparates, namentlich aber in die Tiefe eingebrachter möglichst umfangreicher Objekte eindringt.

Zunächst muß nach vollkommener Füllung des Apparates mit Dampf ein am Ausblaserohr für den Dampf angebrachtes Thermometer dauernd mindestens $100°$ zeigen.

Die vollständige Füllung des Apparates mit Dampf wird ferner ermittelt durch Einbringen von geprüften Maximalthermometern in verschiedene Teile (eventuelle tote Ecken) des Apparates, welche bei der Herausnahme sämtlich mindestens $100°$ zeigen müssen (bei 760 mm Barometerstand). Höher gelegene Orte (z. B. viele Luftkurorte) haben normalerweise oft wesentlich niedrigeren Barometerstand. Es siedet das Wasser

bei 100° C, wenn Barometer 760 mm steht.
„ 99,63 „ „ „ 750 „ „
„ 99,26 „ „ „ 740 „ „
„ 98,88 „ „ „ 730 „ „
„ 98,49 „ „ „ 720 „ „
„ 98,11 „ „ „ 710 „ „
„ 97,71 „ „ „ 700 „ „

Bei Apparaten für gespannten Dampf muß ebenfalls das Manometer, welches nicht fehlen darf, beobachtet werden; dasselbe muß die gewünschte Spannung angeben, während die Thermometer höhere Grade, nämlich bei 0,1 Atm. Spannung 102,7°, bei 0,2 Atm. Spannung 105,2° zeigen müssen.

Das Eindringen des Dampfes in die Objekte wird entweder ebenfalls durch Einlegen von Maximalthermometern in diese nachgewiesen oder bedeutend sicherer durch sogenannte Klingelthermometer, welche den Moment anzeigen, wo der 100 gradige Dampf die Stelle des Thermometers erreicht.

Diese Klingelthermometer können entweder gewöhnliche Kontaktthermometer für 100° C sein oder es kann durch Schmelzen einer Legierung der Kontakt herbeigeführt werden. Solche Thermometer werden komplett für 30—40 Mk. von Lautenschläger (Berlin), Rietschel & Henneberg (Berlin), Schmidt (Weimar) usw. geliefert. Signalthermometer Thüringische Glasinstrumenten-Fabrik Ilmenau. Zu achten ist auf den Barometerstand, da bei sehr niedrigem Luftdruck in Apparaten mit einfach strömendem Dampf das Klingelzeichen zuweilen nicht ertönt. Der Versuch ist dann bei gewöhnlichem Barometerstand oder mit anderen Thermometern zu wiederholen. Einfach und billig sind auch die Phenanthren-Kontrollapparate von Sticher, zu haben bei A. Schmidt, Breslau, Schuhbrücke 44, zu 3,50 Mk., welche durch Schmelzen des Phenanthren anzeigen, daß mindestens 10 Minuten lang an dem Ort ihrer Deponierung eine zur Desinfektion genügende Temperatur vorhanden gewesen ist. Die Apparate können immer wieder benutzt werden.

Eine Prüfung durch Bakterientestobjekte ist nicht unbedingt nötig und jedenfalls nur durch bakteriologisch geübte Ärzte auszuführen.

Als Testobjekte werden am besten Milzbrandsporen von bestimmter Widerstandsfähigkeit oder angetrockneter Staphylokokkeneiter, eventuell auch tuberkulöses angetrocknetes Sputum verwendet; erstere beiden Probeobjekte werden nach dem Versuch in Nährgelatine gebracht (Rollröhrchen), das Sputum zerrieben und aufgeschwemmt Meerschweinchen in das Abdomen injiziert.

Auch diese Proben werden selbstverständlich in das Innere von Betten, Decken oder dergl. gut verpackt in den Apparat gebracht.

Es empfiehlt sich, mehrere Versuche mit Wechsel der Versuchsbedingungen (z. B. einmal einen Bettsack, das zweite Mal ein Kleiderbündel) und unter möglichster Nachahmung der natürlichen Verhältnisse anzustellen.

Nach dem Ausfall der Versuche ist die Desinfektionsdauer zu bestimmen und eine genaue Instruktion für den Desinfektor auszuarbeiten, welche neben dem Apparat aufzuhängen ist.

Es wird endlich gut sein, den Desinfektor gelegentlich zu kontrollieren und die Versuche in gleicher Weise zu wiederholen.

Inventarausrüstung der Anstalt.

Abwaschbare Holzhürden in beiden Abteilungen zum Aufstapeln der Objekte. Chemikalienschrank. Zum schonenden Einbringen der Objekte in den Desinfektionsapparat bei größeren Apparaten eiserne Wagen (300 Mk.) unentbehrlich, für mittelgroße Apparate sind dafür auch weiße Waschkörbe zu gebrauchen, für ganz kleine letztere auch wünschenswert, aber zur Not entbehrlich, event. zu ersetzen durch herausziehbare Leiste an der Decke des Apparates, welche mit Haken zum Aufhängen versehen ist. Sämtliche Eisenteile im Innern des Apparates müssen gegen Rost geschützt (Verzinken) und außerdem mit Leinwand sorgfältig umwickelt werden.

Zum Transport der infizierten Sachen aus der Wohnung ist, wenn der Apparat nicht fahrbar ist, nötig ein leicht zu reinigender allseitig geschlossener Wagen, für Handzug mit ca. 1,5—2 cbm Inhalt, 300—400 Mk. (Lümkemann, Dortmund; Schmidt, Weimar), für Pferdezug größer, 450 Mk. und mehr. An Stelle des Wagens können auch mit Blech ausgeschlagene Kisten verschiedener Größe gebraucht werden (für kleinere Betriebe, längere Wege). Sehr viel weniger gut sind Säcke aus fester Leinwand. Einzelne Desinfektionsapparate sind derart konstruiert, daß Teile derselben direkt als Transportgefäße verwendet werden können (Schmidt, Weimar;

Schmahl, Mainz), sie machen natürlich einen besonderen Wagen unnötig.

Ein Wagen für Rücktransport der Sachen wird für kleinere Anstalten nicht erforderlich sein.

Für je einen Desinfektor ist vorzusehen ein leinener Anzug. (Mütze, Rock, Hose, Schuhe und Mundschwamm in Leinentasche 20 Mk. bei Boie, Göttingen, Weender Chaussee.)

Der Bade- und Waschraum kann ganz einfach gehalten sein, Brausebad ist dem Wannenbad vorzuziehen.

Unumgänglich nötig sind eine Reihe leinerner Beutel als Hüllen für Matratzen, Betten und Kleider, welche nur eingehüllt transportiert und im Dampf desinfiziert werden sollten.

Zur Wohnungsdesinfektion sind noch eine Reihe besonderer Gegenstände erforderlich; ein Verzeichnis derselben, wie sie sich in der Praxis vielfach bewährt haben (Breslau) und wie sie zu den beigefügten Preisen, z. B. von der Metallwarenfabrik Boie, Göttingen, zu beziehen sind, folgt hierunter.

Nr.		Mk.	Pfg.
1	1 Formalin-Verdampfungsapparat, nach Flügge, nebst Trichter (in billigerer Ausführung 20 Mk.)	46	—
2	1 eisernes zusammenklappbares Gestell nebst ledernen Tragriemen (zum Aufhängen von Teppichen, Kleidern, Betten etc. [nicht unbedingt nötig])	26	—
3	1 Ammoniak-Entwickler, komplett, mit Schlauch und Trichter (zum Entfernen des Formaldehydgeruches)	18	—
4	2 Gefäße, verzinkt, innen gefirnißt, ca. 100 Liter Inhalt	12	50
5	1 Maßgefäß, 1 Liter mit ½ Liter-Einteilung	—	75
6	1 Glas ½ Liter mit Teilstrichen . . .	2	—
7	1 große Schere	1	20
8	1 Glaserkittmesser	—	40
9	1 Blechdose mit Glaserkitt (Preis der Dose ohne Inhalt Mk. 0,20)		
10	1 Blechdose mit Stärke (Preis der Dose ohne Inhalt Mk. 0,20)		

Nr.		Mk.	Pfg.
11	1 Blechdose mit Stecknadeln (Preis der Dose ohne Inhalt Mk. 0,10)		
12	1 Kleisterpinsel	—	50
13	1 Paket Watte . . . pro kg Mk. 2,25		
14	1 Paket Wattestreifen „ „ „ 2,50		
15	4 Bogen Packpapier	—	30
16	1 Maßstab 1 m	—	30
17	4 Handtücher	1	60
18	1 Tasche aus Leinen 1 Bluse „ „ 1 Hose „ „ 1 Mütze „ „ 1 Paar Stiefel „	18	—
19	1 Knäuel Bindfaden	—	30
20	1 Wäscheleine	—	85
21	1 Blechflasche mit 2,5 Liter Brennspiritus	1	75
22	1 Glasflasche mit 2 Liter Ammoniak . .	2	30
23	1 Glasflasche mit 2 kg Formalin d. i. Formaldehyd 40 %	4	50
24	1 Glas mit 100 g Sublimatpastillen . .	2	—
25	1 Glas mit Kochsalz Einige Holzklötze		
26	1 Händebürste	—	10

Die unter Nr. 4 aufgeführten Gefäße können auch emailliert zu einem entsprechend höheren Preise geliefert werden.

Sämtliche Sachen können in eine starke Kiste mit Scharnierdeckel-Verschluß und zwei Handgriffen (10 Mk.) für Bahnversandt oder in eine zweiräderige Handkarre gehängt (55 Mk.) verpackt und leicht von einem Mann an Ort und Stelle befördert werden. Andere ähnliche Wagen von O. Feit, Lütgendortmund in Westfalen für 115—135 Mk. Transportkasten mit Zubehör zur Desinfektion nach Flügge auch von A. Tietz, Halle a. S., 147 Mk. Andere Transportkoffer, Tornister oder sonstige Einrichtungen von Lautenschläger, Berlin, medizinisches Warenhaus; ebenda Schmidt, Weimar, oder Apotheker Göbel, Bonn a. Rh., Lisztstr. 10. Formalinschränke und kleine Apparate dazu für Kleiderdesinfektion (Ärzte) von Baumann, Wien, oder Boie, Göttingen. (Apparat 10 Mk.)

Fahrrad mit kompletter Ausrüstung für Wohnungsdesinfektion nach Czaplewski von Cito-Fahrradwerken, Köln-Klettenberg. 175—575 Mk.

Eine weitere Inventarausrüstung, wie sie vor der Anwendung der Formaldehydmethode für die Wohnungsdesinfektion nötig war, wird durch erstere jetzt meist entbehrlich. Da aber die alte Methode doch unter Umständen auch jetzt noch zuweilen nötig anzuwenden wird, sollten die nachstehend aufgeführten Gegenstände (zu beziehen durch Gebr. Schmidt, Weimar) wenigstens in einer größeren Desinfektionsanstalt nicht fehlen.

Ausrüstung der Desinfektoren zur Wohnungsdesinfektion (ältere Methode).

1 Koffer aus verbleitem Eisenblech zum Verpacken der übrigen Sachen	13,75 Mk.
1 Haarbesen, zum Abfegen der Decke und des Fußbodens	5,25 „
1 Handfeger, zum Entfernen des Staubes unter und hinter den Möbeln, Öfen etc.	2,50 „
1 Schrubber, zur Reinigung und Desinfektion des Fußbodens	2,— „
1 Handbürste, zur Desinfektion der nicht polierten Möbelteile und Türen	0,35 „
1 Fensterbürste, zur Desinfektion der Fensterrahmen und der schwer zugänglichen Winkel und Ecken	2,75 „
2 Möbelbürsten, spitz und rund	3,75 „
1 Spritzpinsel, zum Abspritzen der Wände mit desinfizierenden Flüssigkeiten, sehr wichtiges Instrument	1,25 „
1 kleiner Pinsel, zum Reinigen von Metallgegenständen, Bilderrahmen u. dergl.	0,50 „
1 Kamm von verbleitem Eisenblech, zur Reinigung der Bürsten	0,35 „
1 Brotmesser mit langer Klinge in Tasche	1,50 „
1 Holzbrett zum Zerschneiden des Brotes	0,70 „
1 Brett aus verbleitem Eisenblech, Untersatz für die Karbolflaschen	0,75 „
2 Flaschen aus verbleitem Eisenblech zu zwei und ein kg Karbolsäure	4,50 „
1 Seifenbüchse aus verbleitem Eisenblech für 1,5 kg Seife	2,— „
1 Litermaß aus verbleitem Eisenblech zur Herstellung der verdünnten Karbolsäure	1,25 „

1 Maßgefäß aus verbleitem Eisenblech für 100 g	0,35 Mk.
1 Maßgefäß aus verbleitem Eisenblech für 40 g	0,30 „
1 Dtzd. Staubtücher	1,25 „
1 Dtzd. Scheuertücher, für Fußboden und nicht polierte Möbel	3,— „
1 zweiteilige eiserne Leiter, leicht zu desinfizieren und transportieren	10,75 „
1 Paar Gummischuhe für die Leiter zum Schonen des Fußbodens	1,70 „
1 kurzes Eisenrohr zum Verlängern des Handfegers	1,50 „
1 langes Eisenrohr zum Verlängern des Haarbesens und Schrubbers	2,50 „
4 Eimer aus verbleitem Eisenblech in einander passend	20,— „
1 Dtzd. Scheuertücher zum Bedecken der Schränke und Möbel während der Zimmerdesinfektion	3,— „
2 Tragegurte zum Aufheben und Rücken schwerer Möbel	2,— „
3 Lederlappen zum Fensterputzen	1,50 „

Verschiedenes Handwerkzeug, wie Zange, Hammer, Spachtel zum Reinigen der Fußbodenritzen, Schraubenzieher, Schrauben, Nagelbürste, Handtücher.

Bedienungsmannschaft für die Desinfektionsapparate und Anstalt.

Für kleinere Apparate, welche nur gelegentlich gebraucht werden, und zur Wohnungsdesinfektion unter kleinen Verhältnissen genügt zur Not ein Mann, der den Apparat im Nebenamt bedient. Derselbe muß aber gut ausgesucht (gewissenhaft, intelligent) und ebenso ausgebildet werden. Für ständig betriebene, auch kleinere öffentliche Anstalten sind wenigstens 2—4 Leute nötig. Für drohende Epidemien sind mehr auszubilden (Feuerwehrleute, Straßenreiniger, Nachtwächter, Polizeimannschaften). Die Ausbildung erfolgt am besten in einer gut geleiteten Desinfektionsanstalt (8—14 Tage lang), sonst durch einen Arzt (Kreisarzt). (In Preußen in besonders dazu eingerichteten Desinfektorenschulen.) Repetitionskurse und gelegentliche Kontrolle der Mannschaft werden erwünscht sein. Zweckmäßiger Leitfaden für

Desinfektoren von Dr. Kirstein, Verlag von Julius Springer, Berlin.

Genaue Dienstinstruktion ist auszuarbeiten z. B. nach beifolgendem Muster.

Arbeitsanweisung für Desinfekteure zur Wohnungsdesinfektion.

(Zum Teil nach Breslauer Muster.)

1. Für die auf S. 281 unter a angeführten Krankheitsfälle.

Liste der mitzuführenden Sachen	Ausführung der Desinfektion
Arbeitsanzug in Tasche. Transportwagen für infizierte Objekte (Matratzen, Teppiche, Decken). 4 größere Blecheimer (emailliert oder verbleit). Überzüge und Beutel zum Verpacken der Sachen. 1 kg Kresolseife. Sublimatpastillen. Bürste und Schrubber. Maßgefäß. Handwerkskasten mit Handtüchern, Nägel, Handwerkszeug, Maßstab, Bindfaden, Kochsalz.	Arbeitsanzug an. Heißes Wasser. Bereitung der Sublimat- oder Seifenlösung. Abwaschen und Scheuern des Bettgestells und Fußbodens in der Nähe des Bettes, eventuell auch in größerer Ausdehnung, und der Bettwand, sowie Nachtrocknen. Einweichen der gebrauchten Bettwäsche, Leibwäsche, Handtücher usw. in Sublimatlösung. Verpacken von größeren im Dampf zu desinfizierenden Sachen, wie Matratzen, Steppdecken, Bettvorleger, soweit solches nötig erscheint, in die Hüllen. (Liste an Wohnungsinhaber). Desinfektion von Abort, Hof etc. Verpacken des Arbeitsanzuges. Desinfektion von Gesicht und Händen. Instruktion der Wohnungsinhaber über fernere Desinfektion der Abtritte, Wäsche, Lüftung der Räume. Zurück zur Anstalt.

Liste der mitzuführenden Sachen	Ausführung der Desinfektion
	Dampfdesinfektion. Auswaschen des Transportwagens. Eventuell: Desinfektion der Ausleerungen (Fäkalien, Urin, Erbrochenes) und der Aborte, Gruben usw. mittelst Kresolseifenlösung. (Ist ein Transportwagen nicht vorhanden, oder sind die zu transportierenden Sachen zu groß, müssen dieselben in der Wohnung durch Tränken mit Sublimatlösung desinfiziert werden.

2. Für die auf S. 281 unter b—d angeführten Krankheitsfälle.

Liste der mitzuführenden Sachen	Ausführung der Desinfektion

Arbeitsanzug in Tasche.
2 größere Blecheimer.
1 kg Kresolseife.
Sublimatpastillen.
Maßgefäß.
Bürste und Schrubber.
Handwerkskasten mit Inhalt wie bei a).
Alles zur Formaldehyddesinfektion, nämlich:
  Verdampfapparat (eventuell 2 Stück).
  Ammoniakentwickler mit Schlauch.
  Tropfrinne mit Draht.
  Tabelle zum Berechnen.
  Litergefäß und Trichter.
  2 Liter Formalin (40%).
  2 Liter Ammoniak (25%).
  2½ Liter Spiritus.
	Arbeitsanzug an.
	Bereitung der Sublimatlösung 1 : 2000 + 2 Teelöffel Kochsalz.
	Bettbezüge, schmutzige Wäsche hinein.
	Stark beschmutzte Teile (Bett, Fußboden etc.) abwaschen resp. scheuern und trocken nachreiben.
	Pflanzen und Tiere heraus.
	Möbel abrücken, eventuell Schränke und Schubladen aufziehen.
	Gestell aufrichten oder Leinen ziehen.
	Aufhängen von Betten, Kleidern, Teppichen darauf.
	Abdichten des Raumes.
	Abwaschen warmer Ofenteile.

Liste der mitzuführenden Sachen	Ausführung der Desinfektion
Eisengestell zusammengelegt. Wäscheleine. Kasten mit Maßstab, Packpapier, Kartoffelkleister, Pinsel, Schnur, Kitt, Kittmesser, Wattestreifen, Kochsalz, Holzklötze.	Blechrinne und Rohr an Schlüsselloch. Ausrechnen des Rauminhaltes. Einfüllen der darnach abgemessenen Formalin- und Spiritusmengen. Aufstellen des Apparates (feuersicher) und Anzünden desselben. Aufhängen des Arbeitsanzuges. Reinigung von Gesicht und Händen. Abdichten der Tür von außen. Instruktion der Hausbewohner. Nach 3½ oder 7 Stunden Einleiten des Ammoniaks. Öffnen von Tür und Fenster. Rückstellen der Möbel. Instruktion der Hausbewohner. (Abreiben polierter Möbel und Metallteile.)

Vergleiche einiger wichtiger Maße und Gewichte.

Deutschland und die romanischen Länder haben meist das metrische Maß und Gewichtssystem eingeführt.

In Preußen außerdem gebräuchlich:
  1 Fuß = 0,31385 m. 1 Rute = 12 Fuß. 1 Meile = 7,5225 km. 1 Zentner = 51,45 kg. 1 Morgen = 180 ☐ Ruten = 0,255 Hektar.

In England und den Vereinigten Staaten von Nordamerika ist
  1 Fuß = 0,3048 m, 1 Yard = 3 Fuß. 1 Meile = 1609,3 m. 1 Acker = 4046,7 qm. 1 Gallon = 4,5435 Liter. 1 Bushel = 36,35 Liter. 1 Tonne = 1016,06 kg. 1 Registertonne = 2,83 cbm. Eine englische Wärmeeinheit (Thermal-Unit) verhält sich zur deutschen W. E. wie 1 : 3,968.

In Russland ist
  1 Fuß = 0,3048 m. 1 Arschin = 0,7112 m. 1 Werst = 1066,78 m. 1 Dissätine = 10925 qm. 1 Pfund = 409,5 g.

Sachregister.

Abdampfheizung 159.
Abfallstoffe 167.
Abfuhrsystem 169.
Abkühlung 128.
Abkochen von Wasser 33.
Ablagerungsbassins 42.
Abortdesinfektion 294.
Aborte 171.
Abwasserdesinfektion 293.
Abwasserreinigung 195.
Aerogengas 106.
Ätzkalk 282.
Alaun in Wasser 41.
Albokarbon 103.
Ammoniak in Wasser 19.
Anemometer 127.
Ansteckung 244.
Anstriche von Häusern 85.
Anstriche, wetterfeste 85.
Anwachsen der Bevölkerung 169.
Anzeigepflicht 249.
Arbeiterwohnung 144.
Arsennachweis 76.
Asbestfilter 31.
Aufstellung von Heizkörpern 136.
Ausdehnung der Luft 6.
Ausgüsse 190.
Auswahl von Heizungen 161.
Auswurfdesinfektion 289.
Autan 300.
Azetylengas 106.

Bakterien, Entfernung aus dem Wasser 42.
Bakterien im Wasser 16.
Badeeinrichtung 189.
Badewasser, Desinfektion 289.
Baracken 236.
Barometer 6.
Baugrund 54.
Baugrund-Untersuchung 11.
Baumaterialien 56.
Bauplatz 54.
Bazillol 287.
Bebauung 55.
Befeuchtung der Luft 118.
Beseitigung der Abfallstoffe 167.
Betonmauern 58.
Beurteilung von Wasser 13.
Bevölkerungsdichtigkeit 169.
Bevölkerungszunahme 169.
Bezahlung des Wassers 53.
Bilschwasserdesinfektion 295.
Bimssteine 63.
Biologisches Verfahren 201.
Blei im Wasser 50.

Sachregister.

Blockhäuser 61.
Boden 10.
Bogenlicht 108.
Brauchwassermenge 167.
Brausebäder 219.
Brechdurchfall 264.
Brenndauer 109.
Brenner 102.
Brennwert 134.
Bromgas 282.
Brunnen 27.
Brunnendesinfektion 296.
Brunnenlüftung 28.
Brunnenwasser 14.
Bücherdesinfektion 292.
Bücherdruck 228.

Cerebrospinalmeningitis 274.
Chemische Klärung 197.
Chlor in Wasser 18.
Chlorgas 282.
Chlorkalk 282.
Cholera, asiat. 256.
Cholera infantum 264.
Cholera-Kommission 259.

Dach 80.
Dachreiter 122.
Dachventilation 122.
Dampfdesinfektion 288.
Dampfheizung 157.
Dampfstrahlgebläse 126.
Dauerbrandofen 142.
Deflektoren 122.
Desinfektion im einzelnen 288.
Desinfektionsanstalt 309.
Desinfektionsapparate 302.
Desinfektionsmittel 282.
Desinfektoren 313.
Destillation des Wassers 34.
Diatomeenerde 68.
Dichtigkeit v. Heizkörpern 165.
Differenz 223.
Diphtherie 265.

Disposition 244.
Distanz 223.
Drahtglas 66.
Drahtziegel 65.
Dysenterie 264.

Einfallwinkel des Lichtes 91.
Einfrieren v. Wasserleitungen 156.
Einfuhrverbot bei Cholera 261.
Einleiten von Schmutzwasser in Wasserläufe 195.
Einströmungsgeschwindigkeit der Luft 113.
Eisen in Wasser 20.
Eisenbahndesinfektion 295.
Eisensulfat 285.
Eiserne Bauten 62.
— Öfen 141.
Eisschränke 192.
Elektrische Beleuchtung 107.
Elektroglas 66.
Enteisenung 38.
Entnahme von Wasser 22.
Entstaubung der Wohnräume 208.
Erwärmung der Kanäle 123.
Erdklosett 288.
Eßgeschirrdesinfektion 266.
Estrich 73.
Exkremente 167.
Explosionen 101.

Fachwerkbau 61.
Fäkalienmenge 167.
Fallrohre 171.
Farbstoffe, Entfernung aus dem Wasser 42.
Fensterglas 90.
Fenstergröße 90.
Fenster 78.
Fensterventilation 115.
Fernstelleinrichtung 151.

Sachregister.

Fernthermometer 151.
Feuchtigkeit der Fundamente 56.
— — Luft 8.
— — Wohnung 82.
Feste Abfallstoffe 207.
Fettgas 105.
Feuerluftheizung 148.
Filter 31.
Filtrat von Schmutzwasser 201.
Flachbrunnen 29.
Flecktyphus 271.
Fluate 85.
Fluoresceïn 14.
Flußverunreinigung 195.
Flußwasser 27.
Formaldehyddesinfektion 298.
Formaldehydapparate 298.
Formalin 283, 298.
Fürsorgestellen 273.
Fundamente 55.
Fußböden 70.

Gasbrenner 102.
Gase, giftige 3.
Gasglühlicht 103.
Gasöfen 145.
Gefälle von Kanälen 181.
Genickstarre 274.
Geruchprobe 194.
Geschirrdesinfektion 266.
Gipsdielen 64.
Glanz des Lichtes 95.
Glasbausteine 65.
Glasfournierplatten 77.
Glaskuppeln 109.
Gleichstrom 107.
Glühlicht 103.
Granul. Augenentzündung 275.
Grenzzahlen 15.
Grubendesinfektion 294.
Grubenentleerung 170.
Grubensystem 169.
Grundwasser 11, 35.

Gullies 183.
Gurgelungen 266.

Hähne für Wasserleitung 51.
Händedesinfektion 288.
Härte des Wassers 20.
Hausdach 80.
Hauskanalisation 184.
Hauskehricht 169, 207.
Hausmauern 57.
Hausschwamm 86.
Haussubsellien 228.
Heißwasserheizung 155.
Heizgas 145.
Heizkörper, Wärmeabgabe 135.
Heizstoffe 134.
Helligkeitsbestimmung 94.
Himmelsrichtung bei Gebäuden 54.
Hohlziegel 59.
Holzspantapete 77.
Holzwollplatten 65.
Holzzement 81.
Huminstoffe, Entfernung aus Wasser 42.
Humusverfahren 198.
Hustenfläschen 290.
Hygrometer 8.

Jalousien 115.
Improvisieren von Desinfektionsapparaten 306.
Indirekte Beleuchtung 97.
Infektionskrankheiten 244.
Inflektoren 123.
Inkubation 243.
Inspektionsgruben 194.
Intermittierende Filtration 201.
Inventar von Desinfektionsanstalten 309.
Irischer Ofen 143.
Isolieren von Fundamenten 56.
Isolierschichten 57.

Kachelöfen 139.
Kali hypermangan. 287.
Kalk, Entfernung aus Wasser 41.
— als Desinfektionsmittel 282.
Kalkmilch 282.
Kalksandstein 62.
Kalktorf 67.
Kalorie 6.
Kamine 139.
Kanäle, Abwasser 179.
— Dichtungen 179.
— luftabführende 121.
— luftzuführende 119.
— Ventilation 116.
Kanalspülung 183.
Kapillarität 10.
Karbolkalk 283.
Karbolsäure 285.
Karbolseifenlösung 285.
Karburierung 103.
Kehricht, Beseitigung desselben 207.
— Menge 169.
Kellerbeleuchtung 65.
Kerzen 100.
Kesselbrunnen 27.
Keuchhusten 268.
Kieselgurfilter 32.
Kippfenster 115.
Klarheit des Wassers 17.
Klärung 197.
Klassen 215.
Kleiderablage 218.
Kleiderdesinfektion 291.
Kleinfilter 31.
Klosettraum 171.
Klosetts 186.
Klosettspülung 187.
Kochen des Wassers 33.
Kochküchen 240.
Kohlefilter 31.
Kohlenoxyd 4.
Kohlensäure 1.
Kohlensäurenachweis 2.

Kohlenschlacke 68.
Kompostierung 175.
Korksteine 63.
Korngröße 10.
Korridorsystem 235.
Kosten von Beleuchtung 100.
— — Kanalisation 195.
— — Krankenhäusern 243.
— — Schulen 233.
— — Zentralheizung 161.
Krankenhäuser 235.
Kreolin 286.
Krupp 265.
Künstliche Beleuchtung 95.
Kupfersulfat 285.

Lampenschirme 98.
Leitungen für Wasser 48.
Leitungsdesinfektion 298.
Lichteinfallgläser 91.
Lichteinheiten 89.
Lichtverlust der Gläser 97
Lichtprüfer 95.
Lincrusta Walton 77.
Linoleum 74.
Lochsteine 59.
Lockflammen 110.
Lüftungsscheiben 115.
Luftbewegung 6.
Luftdruck 6.
Luftfeuchtigkeit 8.
Luftfilter 117.
Luftgas 106.
Luftheizung 148.
Luftkubus 113.
Luftsauger 122.
Luftstaub 4.
Lufttemperatur 5.
Luftumwälzung 159.
Luxferprismen 91.
Lysol 286.
Lysoform 284.

Mangan im Trinkwasser 16.
— Nachweis 20.
— Entfernung 41.
Magnesit 64.
Mantelöfen 141.
Markisen 129.
Masern 269.
Massive Decken 68.
Mauerfeuchtigkeit 82.
Mauersalpeter 86.
Meidinger Öfen 143.
Mikroorganismen im Boden 11.
Minusdistanz 223.
Mischventile 159.
Mörtel 60.
Monierkonstruktion 65.
Müllbeseitigung 210.
Mundspatel 267.

Nachteile von Heizungen 161.
Natürliche Beleuchtung 90.
— Ventilation 114.
Nernstlicht 109.
Neutrale Zone 114.
Niederdruckdampfheizung 157.
Normalkerzen 89.

Oberflächenwasser 14, 37.
Oberlichtabdeckung 66.
Öfen 139.
Öffnungswinkel 90.
Ölfarbe 76.
Öllampen 100.
Ölpissoir 189.
Operationssaal 240.
Organ. Substanz im Wasser 20.
Ortsstatut 178.
Oxydationsfilter 201.
Ozon 1.
Ozonisieren des Wassers 42.

Papier 228.
Parkett 72.
Pavillonsystem 235.
Permanente Ventilation 114.
Pertussis 268.
Pest 275.
Petroleum 100.
Phosphattorf 288.
Photometer 95.
Pissoirs 188.
Pocken 270.
Porenventilation 114.
Porenvolumen 10.
Porzellanemailfarbe 76.
Porzellanfilter 32.
Poudrette 175.
Preßköpfe 123.
Preßkohlenfeuerung 144.
Prüfung von Desinfektionsapparaten 307.
— von Heizungen 164.
— von Kanalisation 207.
— von Ventilation 127.
Pumpen 27.

Quellfassungen 35.
Quellwasser 26.

Rabitzgewebe 65.
Radiatoren 154, 159.
Rauchprobe 194.
Reflektoren 91, 98.
Reflexion 94.
Regenerativlampen 103.
Regenhöhen 9.
Regenröhren 191.
Regenwasser 25, 168.
Regulativ bei Cholera 256.
Reinigung von Filtern 46.
— von Luft 117.
— von Wasser 38.
Reinwasserreservoire 47.
Reservoire 47.

v. **Esmarch**, Taschenbuch. 4. Aufl. 21

Revisionskasten 194.
Revisionsschächte 182.
Rieselung 203.
Rippenheizkörper 154.
Röhrenbrunnen 26.
Rohrgröße 49.
Rohrmaterial für Wasserltg. 49.
— für Entwässerung 179.
Rohrnetz 48.
Rohrunterbrecher 187.
Rückfalltyphus 271.
Rücktauklappen 194.
Ruhr 264.

Sättigungsdefizit 9.
Salpetersäure 18.
Salpetrige Säure 19.
Salzsäure 287.
Sammelgruben 170, 173.
Sanatol 285.
Sandfänge 184.
Sandfilter 43.
Sandwäsche 46.
Saprol 287.
Sauerstoff 1.
Sauger 122.
Schachtofen 143.
Schallsicherheit von Decken und Wänden 66, 67, 75.
Scharlach 269.
Schieferdach 80.
Schiffsdesinfektion 295.
Schilfbretter 64.
Schlackensteine 62.
Schlamm, Verwendung 200.
Schleudergebläse 126.
Schmelzlegierungen 165.
Schnellfilter 31.
Schnellumlaufheizung 155.
Schöpfstelle 38.
Schornsteinaufsätze 122.
Schornsteine 137.
Schraubenmotoren 125.
Schulärzte 233.

Schulbänke 233.
Schulbrunnen 218.
Schulbücher 228.
Schulhäuser 214.
Schwamm 86.
Schwefelsäure 287.
Schwefelwasserstoff, schädl. Konzentration 3.
Schwefelwasserstoff, Entfernung aus Wasser 41.
Schweflige Säure 282.
Schwemmkanalisation 177.
Schwemmsteine 63.
Schwindsucht 272.
Seewasser 27.
Sehproben 92.
Seifenlösung 283.
Sinkkästen 191.
Siphons 192.
Sodalösung 283.
Solutol 287.
Sonnenbrenner 110.
Sortieren des Kehrichts 212.
Speiflaschen 290.
Spielplätze 218.
Spiritusglühlicht 106.
Sprengen der Straßen 210.
Spreutafeln 64.
Spucknäpfe 290.
Spüljauche 168.
Spülklosett 186.
Spülung der Kanäle 183.
Sputumdesinfektion 290.
Statistik 248.
Staub 4, 207.
Staubabsaugung 208.
Staubassins 199.
Staubbeseitigung 208.
Staubkammern 117.
Steinfilter 31, 46.
Steinkohlengas 101.
Sterblichkeit 248.
Strahlgebläse 126.
Straßenkanäle 179.
Straßenkehricht 209.

Straßenrohrnetz 48.
Streuklosett 177.
Stromgeschwindigkeitsmesser 195.
Stuhlgangsproben. Versendung von 262.
Sublimat 284.
Subsellien 223.

Tageslichtreflektoren 91.
Talsperren 37.
Tapeten 76.
Taschentücher 290.
Teerung von Straßen 209.
Tectorium 66.
Temperatur im Boden 10.
— in Heizkörpern 165.
— in Wohnräumen 130.
Thermometer 5.
Tiefbrunnen 29.
Tonfilter 31.
Tonnensystem 170.
Torfit 189.
Torfmull 287.
Torfmullklosetts 177.
Transport von Fäkalien 174.
Trap 192.
Trennsysteme 177.
Treppen 79.
Trockenapparate 85.
Trockenfäule 86.
Trockenfristen 85.
Trockenöfen 85.
Tuberkulose 272.
Tuffsteine 63.
Tupferröhrchen 267.
Turnhallen 219.
Typhus abdominalis 263.

Undichte Gruben 14.
Untergrundberieselung 205.
Unterleibstyphus 263.
Untersuchung von Heizung 165.

Untersuchung v. Kanalisation 207.
— Ventilation 127.
Uranin 14.
Urinoir 188.

Vakuumreiniger 208.
Ventilation 112.
— und Beleuchtung 110.
Ventilationsfenster 115.
Ventilationskanäle 116.
Ventilationsprüfung 127.
Ventilationssockelleisten 88.
Ventilatoren 125.
Verbesserung von Brunnen 28.
— — Schulen 228.
— — Wasser 30.
Verbleib der Kanalwässer 195.
Verbrennung von Kehricht 212.
Verdunstungseinrichtung 118.
Verdunsten der Wasserverschlüsse 193.
Versendung v. Wasserproben 22.
— — Infektionsstoffen 262.
Viehstalldesinfektion 269.
Viehwagendesinfektion 295.
Voltzsche Platten 64.
Vorhänge 129.

Wände 75.
Wärmeabgabe der Menschen 5.
— von Beleuchtungskörpern 98.
— von Heizkörpern 135.
Wärmebedarf der Räume 132.
Wärmeeinheit 6.
Wärmeregler 160.
Wäschedesinfektion 291.
Wahl der Beleuchtung 111.
Wandanstriche, desinfizierende 293.
Wandtafeln 221.
Warmwasserheizung 152.

21*

Waschbecken 191.
Waschküchen 242.
Wasser 13.
Wasserbedarf 23.
Wasserdestillation 32.
Wasserdruckprobe 194.
Wasserdunstheizung 159.
Wasserfiltration 31.
Wassergas 105.
Wasserheizung 152.
Wasserklosetts 186.
Wasserkochapparat 33.
Wassermesser 52.
Wasserreinigung 30.
Wasserstandfernmelder 48.
Wasserstandmesser 48.
Wasserverschlüsse 192.
Wasserversorgung 25.
Wechselstrom 107.
Weichmachen des Wassers 41.

Windstärken 7.
Wohnungsdesinfektion 292.

Xylolith 64.

Zapfstellen 50.
Zementplatten 58.
Zendrinsteine 63.
Zentrale Wasserversorgung 34.
Zentralheizung 148.
Zerstäubungsapparate 119.
Ziegeldächer 80.
Ziegelmauern 58.
Zimmerluft 112.
Zisternen 25.
Zuglüftung 114.
Zuluftkanäle 116.
Zunahme der Bevölkerung 169.
Zwischendecken 66.

Verlag von Julius Springer in Berlin.

Hygienische Winke für Wohnungssuchende. Von Geh. Medizinalrat Professor Dr. E. von Esmarch. Preis M. 1,—.

Gesundheitswidrige Wohnungen und deren Begutachtung vom Standpunkte der öffentlichen Gesundheitspflege und mit Berücksichtigung der deutschen Reichs- und preussischen Landesgesetzgebung. Von Medizinalrat Dr. H. Haase. Preis M. 1,60.

Der echte Hausschwamm und andere das Bauholz zerstörende Pilze. Von Professor Dr. R. Hartig. Zweite Auflage, bearbeitet von Prof. Dr. C. Freiherr von Tubeuf, München. Mit 33 zum Teil farbigen Textabbildungen. Preis M. 4,—.

Gesundheit und weiträumige Stadtbebauung. Insbesondere hergeleitet aus dem Gegensatze von Stadt zu Land und von Mietshaus zu Einzelhaus samt Abriss der städtebaulichen Entwickelung Berlins und seiner Vororte. Von Reg.- und Baurat Th. Oehmcke. Mit 8 Abbildungen und einem Plan. Preis M. 2,—.

Kleinhaus und Mietskaserne. Eine Untersuchung der Intensität der Bebauung vom wirtschaftlichen und hygienischen Standpunkte. Von Professor Dr. A. Voigt und P. Geldner. Mit Textabbildungen und 1 lithographierten Tafel. Preis M. 6,—.

Leitfaden für Desinfektoren in Frage und Antwort. Von Dr. Fritz Kirstein. Vierte, vollständig umgeänderte und vermehrte Auflage. Preis gebunden M. 1,40; durchschossen M. 1,60.

Grundzüge für die Mitwirkung des Lehrers bei der Bekämpfung übertragbarer Krankheiten. Von Dr. Fritz Kirstein. Preis M. 1,40.

Die Untersuchung des Wassers. Ein Leitfaden zum Gebrauch im Laboratorium für Ärzte, Apotheker und Studierende. Von Reg.-Rat Dr. W. Ohlmüller. Mit 75 Textabbildungen und 1 Lichtdrucktafel. Zweite durchgesehene Auflage. geb. M. 5,—.

Das Wasser, seine Verwendung, Reinigung und Beurteilung mit besonderer Berücksichtigung der gewerblichen Abwässer und der Flussverunreinigung. Von Professor Dr. Ferd. Fischer. Dritte umgearbeitete Auflage. Mit Textabbildungen. geb. M. 12,—.

Untersuchungen des Wassers an Ort und Stelle. Von Dr. Hartwig Klut. Mit 29 Textfiguren. Unter der Presse.

Die Bedeutung der chemischen und bakteriologischen Untersuchung für die Beurteilung des Wassers. Nach den auf der Versammlung der Freien Vereinigung Deutscher Nahrungsmittelchemiker zu Stuttgart am 13. und 14. Mai 1904 gehaltenen Vorträgen von Professor Dr. J. König und Professor Dr. R. Emmerich. Mit einer Tafel. Preis M. 1,20.

Mikroskopische Wasseranalyse. Anleitung zur Untersuchung des Wassers mit besonderer Berücksichtigung von Trink- und Abwasser. Von Professor Dr. C. Mez. Mit 8 lith. Tafeln u. Textabb. M. 20,—; geb. M. 21,60.

Die Verunreinigung der Gewässer. Deren schädliche Folgen sowie die Reinigung von Trink- und Schmutzwasser. Mit dem Ehrenpreis Sr. Majestät des Königs Albert von Sachsen gekrönte Arbeit von Geh. Med.-Rat Professor Dr. J. König. Zweite, vollständig umgearbeitete und vermehrte Auflage. Zwei Bände. Mit 156 Textfiguren und 7 lithographierten Tafeln. Preis M. 26,—; in zwei Leinwandbände geb. M. 28,40.

Zu beziehen durch jede Buchhandlung.

Verlag von Julius Springer in Berlin.

Das Mikroskop und seine Anwendung. Handbuch der praktischen Mikroskopie und Anleitung zu mikroskopischen Untersuchungen von Dr. Hermann Hager. Nach dessen Tod vollständig umgearbeitet und in Gemeinschaft mit Dr. O. Appel, Dr. G. Brandes und Professor Dr. Th. Lochte neu herausgegeben von Professor Dr. Carl Mez. Zehnte, stark vermehrte Auflage. Mit 463 Textfiguren. In Leinwand geb. Preis M. 10,—.

Gesundheitsbüchlein. Gemeinfassliche Anleitung zur Gesundheitspflege. Bearbeitet im Kaiserlichen Gesundheitsamt. Mit Abbildungen im Text und 3 farbigen Tafeln. Dreizehnte Ausgabe.
Preis kart. M. 1,—; in Leinwand gebunden M. 1,25.

Anleitung zur Gesundheitspflege auf Kauffahrteischiffen. Auf Veranlassung des Staatssekretärs des Innern bearbeitet im Kaiserlichen Gesundheitsamte. Vierte, abgeänderte Ausgabe.
Preis geh. M. 1,25; kart. M. 1,40; geb. M. 1,75.

Gesundheitspflege und Wohlfahrtseinrichtungen im Bereiche der Vereinigten Preussischen und Hessischen Staatseisenbahnen. Bearbeitet im preussischen Ministerium der öffentlichen Arbeiten. Preis M. 2,—.

Vorposten der Gesundheitspflege. Von Dr. L. Sonderegger. Fünfte Auflage. Nach dem Tode des Verfassers durchgesehen und ergänzt von Dr. E. Haffter. Preis M. 6,—; in Leinwand geb. M. 7,—.

Vorträge über Säuglingspflege und Säuglingsernährung, gehalten in der Ausstellung für Säuglingspflege in Berlin im März 1906 von A. Baginsky, B. Bendix, J. Cassel, L. Langstein, H. Neumann, B. Salge, P. Selter, F. Siegert, J. Trumpp. Herausgegeben von dem Arbeitsausschuss der Ausstellung. Preis M. 2,—.

Pflege und Ernährung des Säuglings. Ein Leitfaden für Pflegerinnen. Zweite, verbesserte Auflage. Von Dr. M. Prescatore.
Kart. Preis M. 1,—.

Krankenpflege. Handbuch für Krankenpflegerinnen und Familien. Von Sanitätsrat Dr. J. Lazarus. Mit zahlreichen Abbildungen.
In Leinwand geb. Preis M. 4,—.

Merkblätter des Kaiserlichen Gesundheitsamtes. Alkohol-Merkblatt. Cholera-Merkblatt. Diphtherie-Merkblatt. Ruhr-Merkblatt. Typhus-Merkblatt. Tuberkulose-Merkblatt. Bandwurm- und Trichinen-Merkblatt. Blei-Merkblatt. Dasselfliegen-Merkblatt. Merkblatt für Chromgerbereien. Merkblatt für Feilenhauer. Schleifer-Merkblatt. Preis dieser Merkblätter je 5 Pf., 100 Expl. eines Merkblattes M. 3,—; 1000 Expl. M. 25,—. Das Porto beträgt für: 1—4 Expl. 5 Pf., 13 Expl. 10 Pf., 27 Expl. 20 Pf., 56 Expl. 30 Pf., 275 Expl. (Postpaket) 50 Pf. Plakatausgabe des Alkohol- und Tuberkulose-Merkblattes: 100 Expl. M. 6,—; 1000 Expl. M. 50,—.
Pilz-Merkblatt. (Mit einer Tafel in farbiger Ausführung.) Haustier-Schmarotzer-Merkblatt. Milch-Merkblatt. Preis dieser Merkblätter je 10 Pf. (einschl. Porto und Verpackung je 15 Pf.); 50 Expl. eines Merkblattes M. 4,—; 100 Expl. M. 7,—; 1000 Expl. M. 60,—. Das Porto beträgt für: 1—3 Expl. 5 Pf., 10 Expl. 10 Pf., 23 Expl. 20 Pf., 50 Expl. 30 Pf., 250 Expl. (Postpaket) 50 Pf.

Spezialitäten und Geheimmittel. Ihre Herkunft und Zusammensetzung. Eine Sammlung von Analysen und Gutachten. Zusammengestellt von Ed. Hahn und Dr. J. Holfert. Sechste, vermehrte und verbesserte Auflage. Bearbeitet von G. Arends. In Leinwand geb. Preis M. 6,—.

Volkstümliche Namen der Arzneimittel, Drogen und Chemikalien. Eine Sammlung der im Volksmunde gebräuchlichen Benennungen und Handelsbezeichnungen. Zusammengestellt von Dr. J. Holfert. Fünfte, verbesserte und vermehrte Auflage. Bearbeitet von G. Arends.
In Leinwand geb. Preis M. 4,—.

Kurze Anweisung zur Hausapotheke des Laien. Von Hermann Peters. Mit 2 Blatt Etiketten. Dritte Auflage. Preis M. 1,—

Zu beziehen durch jede Buchhandlung.

Verlag von Julius Springer in Berlin.

Prozentige Zusammensetzung und Nährgeldwert der menschlichen Nahrungsmittel nebst Ausnützungsgrösse derselben und Kostsätzen. Graphisch dargestellt von Geh. Reg.-Rat Professor Dr. J. König. Neunte verbesserte Auflage. Preis M. 1,20.

Die Milch, Gemeinfassliche Darstellung der Eigenschaften, Bestandteile und Verwertung der Milch, der Versorgung der Städte und der Ernährung durch Milch. Von Alexander Bernstein. Preis M. 1,40.

Der theoretische Nährwert des Alkohols. Vortrag, gehalten in den wissenschaftlichen Alkoholkursen in Berlin am 24. April 1908. Von Professor Dr. Max Kassowitz in Wien. Preis M. 1,—.

Hilfsbuch für Nahrungsmittelchemiker zum Gebrauch im Laboratorium für die Arbeiten der Nahrungsmittelkontrolle, gerichtlichen Chemie und anderen Zweige der öffentlichen Chemie. Von Dr. A. Bujard und Dr. E. Baier. Mit Textabbild. Zweite Auflage. geb. M. 10,—.

Die Nahrungsmittelgesetzgebung im Deutschen Reiche. Eine Sammlung der Gesetze und wichtigsten Verordnungen betr. den Verkehr mit Nahrungsmitteln, Genussmitteln und Gebrauchsgegenständen, nebst den amtlichen Anweisungen zur chemischen Untersuchung derselben. Von Geh. Oberreg.-Rat Dr. K. von Buchka. Mit Textfiguren. kart. M. 4,—.

Gesetz betreffend die Schlachtvieh- und Fleischbeschau vom 3. Juni 1900 nebst Ausführungsbestimmungen. Herausgegeben und erläutert von Geh. Oberreg.-Rat Dr. K. von Buchka. (Zugleich Ergänzung zu: Die Nahrungsmittelgesetzgebung desselben Verfassers.) kart. M. 2,40.

Chemie der menschlichen Nahrungs- und Genussmittel. Von Geh. Reg.-Rat Prof. Dr. J. König. Vierte verbesserte Auflage. — In drei Bänden. Erster Band: Chemische Zusammensetzung. Bearbeitet von Dr. A. Bömer. Mit Textfiguren. — In Halbleder geb. Preis M. 36,—. Zweiter Band: Herstellung, Zusammensetzung und Beschaffenheit, nebst einem Abriss über die Ernährungslehre. Von Dr. J. König. Mit Textfiguren. — In Halbleder geb. Preis M. 32,—. Der dritte Band „Die Untersuchung, Nachweis der Verfälschungen etc." befindet sich in Vorbereitung.

Mikroskopie der Nahrungs- und Genussmittel aus dem Pflanzenreiche. Von Dr. Josef Moeller. Zweite, gänzl. umgearb. u. unter Mitwirk. A. L. Wintons verm. Aufl. Mit 599 Figuren. Preis M. 18,—; in Leinwand geb. M. 20,—.

Der Nahrungsmittelchemiker als Sachverständiger. Anleitung zur Begutachtung der Nahrungsmittel, Genussmittel und Gebrauchsgegenstände nach den gesetzlichen Bestimmungen. Mit praktischen Beispielen. Von Professor Dr. C. A. Neufeld. Preis M. 10,—; in Leinw. geb. M. 11,50.

Die Anstalten zur technischen Untersuchung von Nahrungs- und Genussmitteln sowie Gebrauchsgegenständen, die im Deutschen Reiche bei der Durchführung des Reichsgesetzes vom 14. Mai 1879 und seiner Ergänzungsgesetze von den Verwaltungsbehörden regelmässig in Anspruch genommen werden. Statist. Erhebungen i. A. der Vereinigung Deutscher Nahrungsmittelchemiker unter Mitwirkung einer Anzahl Fachgelehrter bearbeitet von Professor Dr. J. König und Professor Dr. A. Juckenack. Preis M. 6,—.

Vereinbarungen zur einheitlichen Untersuchung und Beurteilung von Nahrungs- und Genussmitteln sowie Gebrauchsgegenständen für das Deutsche Reich. Ein Entwurf, festgestellt nach den Beschlüssen der auf Anregung des Kaiserlichen Gesundheitsamtes einberufenen Kommission Deutscher Nahrungsmittel-Chemiker.
Heft I: M. 3,—; II: M. 5,—; III: M. 5,—. Alle 3 Hefte zus. geb. M. 15,—.

Zeitschrift zur Untersuchung der Nahrungs- und Genussmittel, sowie der Gebrauchsgegenstände. Organ der Freien Vereinigung Deutscher Nahrungsmittelchemiker. Herausgegeb. von Professor Dr. K. v. Buchka, Professor Dr. J. König, Dr. A. Bömer. Redaktion: Dr. A. Bömer. Erscheint monatlich zweimal. Preis für den Band (Kalenderhalbjahr) M. 20,—.

Zu beziehen durch jede Buchhandlung.

Verlag von Julius Springer in Berlin.

Die neueren Arzneimittel in der ärztlichen Praxis. Wirkungen und Nebenwirkungen, Indikationen und Dosierung. Von Dr. A. Stutetzky, Mit einem Geleitwort von Professor Dr. J. Nevinny.
Preis M. 7,—; in Leinwand geb. M. 8,—.

Anleitung zur Beurteilung und Bewertung der wichtigsten neueren Arzneimittel. Von Dr. J. Lipowski. Mit einem Geleitwort des Geh. Med.-Rat Professor Dr. H. Senator.
Preis M. 2,80; in Leinwand geb. M. 3,60.

Die Arzneimittel-Synthese auf Grundlage der Beziehungen zwischen chemischem Aufbau und Wirkung. Für Ärzte und Chemiker. Von Dr. Sigmund Fränkel. Zweite, umgearbeitete Auflage.
In Leinwand geb. Preis M. 16,—.

Mikroskopie und Chemie am Krankenbett. Für Studierende und Ärzte bearbeitet von Professor Dr. Hermann Lenhartz. Fünfte, wesentlich umgearbeitete Auflage. Mit 85 Textfiguren und 4 Tafeln in Farbendruck.
In Leinwand geb. Preis M. 9,—.

Medizinisch-klinische Diagnostik. Lehrbuch der Untersuchungsmethoden innerer Krankheiten für Studierende und Ärzte. Von Professor Dr. F. Wesener. Mit röntgen-diagnostischen Beiträgen von Dr. Sträter in Aachen, sowie Textabbildungen und 21 farbigen Tafeln. Zweite, umgearbeitete und vermehrte Auflage.
In Leinwand geb. Preis M. 18,—.

Leitfaden der Therapie der inneren Krankheiten mit besonderer Berücksichtigung der therapeutischen Begründung und Technik. Ein Handbuch für praktische Ärzte und Studierende. Von Dr. J. Lipowski. Zweite, verbesserte und vermehrte Auflage.
In Leinwand geb. Preis M. 4,—.

Kosmetik. Ein Leitfaden für praktische Ärzte. Von Dr. Edmund Saalfeld. Mit 14 in den Text gedruckten Figuren.
In Leinwand geb. Preis M. 3,60.

Die Ätiologie der Syphilis. Von Professor Dr. Erich Hofmann. Mit 2 Tafeln.
Preis M. 2,—.

Die experimentelle Syphilisforschung nach dem heutigen Stand unserer Kenntnisse. Von Geh. Med.-Rat Professor Dr. A. Neisser.
Preis M. 2,40.

Der Krebs der Gebärmutter. Ein Mahnwort an die Frauenwelt. Nach einem in Göttingen gehaltenen Vortrage von Geh. Med.-Rat Professor Dr. Max Runge.
Preis 50 Pf.

Das Weib in seiner geschlechtlichen Eigenart. Nach einem in Göttingen gehaltenen Vortrage von Geh. Med.-Rat Professor Dr. Max Runge. Fünfte Auflage.
Preis M. 1,—.

Die Ursachen des Kindbettfiebers und ihre Entdeckung durch J. Ph. Semmelweis. Einem allgemein gebildeten Leserkreise geschildert. Von Professor Dr. Theodor Wyder.
Preis M. 1,—.

Hebammen-Lehrbuch. Herausgegeben im Auftrage des Königl. Preussischen Ministers der geistlichen, Unterrichts- und Medizinal-Angelegenheiten. Mit zahlreichen Abbildungen im Text.
In Leinwand geb. Preis M. 3,—; in Halbleder geb. M. 3,50.

Anleitung zu medizinal-chemischen Untersuchungen für Apotheker. Von Dr. W. Lenz. Mit 12 Textabbildungen.
In Leinwand geb. Preis M. 3,60.

Zu beziehen durch jede Buchhandlung.

MIX
Papier aus verantwortungsvollen Quellen
Paper from responsible sources
FSC® C105338

If you have any concerns about our products,
you can contact us on
ProductSafety@springernature.com

In case Publisher is established outside the EU,
the EU authorized representative is:
**Springer Nature Customer Service Center GmbH
Europaplatz 3, 69115 Heidelberg, Germany**

Printed by Libri Plureos GmbH
in Hamburg, Germany